ヨーロッパ農村景観論

藤田幸一郎

日本経済評論社

目　次

序　論　日本人のヨーロッパ農村景観論 ………………………… 1

    1　和辻哲郎『風土』 1
    2　大塚久雄『共同体の基礎理論』 8
    3　飯沼二郎『風土と歴史』 15

第1章　ヨーロッパの耕地制度 ………………………………… 23

    1　マイツェンのドイツ耕地制度論 23
    2　グレイのイギリス耕地制度論 26
    3　マルク・ブロックのフランス耕地制度論 29
    4　ヨーロッパ耕地制度の四類型 31
    5　耕地制度と集落形態の地理的分布 41

第2章　フーフェ制研究小史 …………………………………… 57

    1　メーザーのマンスス論 57
    2　ハンセンの「耕地共同体」論 65
    3　マウラーの「マルク共同体」論 70
    4　フュステル・ド・クーランジュのマウラー批判 74
    5　ランプレヒトの「フーフェ制衰退」論 79
    6　マルク・ブロックの「マンス分解」論 84
    おわりに──ミッテラウアーの「ヨーロッパの特殊な道」── 87

第3章　イギリスの開放耕地における牧羊の歴史的意義 ····· 97

　　はじめに　97
　　1　牧羊の地域分布　100
　　2　イングランド農村の地域区分　101
　　3　白亜丘陵地域（ウォルズとダウンランド）の牧羊　108
　　4　ヒースランドの牧羊　113
　　おわりに　116

第4章　ヨーロッパにおける囲い込み地の系譜――生け垣と水路の景観史―― ·· 119

　　はじめに　119
　　1　イングランドの囲い込み農地と生け垣の古さ　121
　　2　ブルターニュのボカージュ　128
　　3　西北ドイツのマルシュとゲーストにおける囲い込み地　131
　　4　シュレスヴィヒ・ホルシュタインのコッペル　137
　　おわりに　144

第5章　ヨーロッパ耕地制度における「内畑・外畑制」の意義 ··· 149

　　はじめに　149
　　1　西北ドイツ農村の耕地形態と定住形態　151
　　2　エッシュとカンプの関係　155
　　3　北ヨーロッパ諸地域の内畑・外畑制　160
　　おわりに　168

第6章 「大飢饉」前のアイルランド西部農村 …………… 173

はじめに 173
 1 農村定住史と地域区分 174
 2 農地開発 182
 3 西部農村の土地細分化 191
 4 農村人口問題とジャガイモ生産の拡大 199
 5 ジャガイモに依存する零細農と農村労働者 203
おわりに 215

あとがき 221
欧文参考文献 223
邦文参考文献 235
索引 239

序論　日本人のヨーロッパ農村景観論

　イギリスの産業革命以後、近代ヨーロッパから大きな衝撃をうけた日本人はヨーロッパ文化の理解に努めてきたが、その一環として、歴史的に形成されてきたヨーロッパの文化景観、とくに農村景観の特質の認識にも努めてきた。そこには、日本人のヨーロッパ観の特徴が如実にあらわされているようにおもわれる。ここでは、とくに戦前から戦後の日本人の代表的なヨーロッパ農村景観論をとりあげることによって、日本人のヨーロッパ文化観の特徴の一端をあきらかにしてみたいとおもう。

1　和辻哲郎『風土』

　戦前の日本人のヨーロッパ農村景観論の代表は、いうまでもなく和辻哲郎の『風土　人間学的考察』であろう。1935年に公刊されたこの作品は、今日まで多くの日本人に愛読されているといってよい。彼の風土論が愛読されてきた最大の理由は、彼が風土をたんなる自然風土ではなく、歴史的に形成されてきた「歴史的風土」としてとらえ、これを基軸にきわめて鮮やかな東西文明比較論を展開したことにある。彼の叙述にしたがえば、
　「ある人間の有限的・無限的二重性格は人間の歴史的・風土的構造として最も顕わになる。これが風土性の現われる場所である。ここにおいて人間は単に一般的に『過去』を背負うのではなくして特殊な『風土的過去』を背負うのであり、一般的形式的な歴史性の構造は特殊的な実質によって充実せられることになる。人間の歴史的存在がある国土におけるある時代の人間の存在となるのは、右のことによって初めて可能なのである。しかしまたこの特

殊的実質としての『風土』は、単なる風土として歴史と独立にあり、その後に実質として歴史の内に入り来るというのではない。それは初めより『歴史的風土』なのである。一言にして言えば、人間の歴史的・風土的二重構造においては、歴史は風土的歴史であり、風土は歴史的風土である」[1]。

和辻によれば、人間の存在は歴史的・風土的なる特殊構造を持っている。この特殊性は風土の有限性による風土的類型によって顕著に示される。「もとよりこの風土は歴史的風土であるがゆえに、風土の類型は同時に歴史の類型である」[2]。こうした風土および歴史の類型として設定されているのは、1）アジアの「モンスーン」型、2）中東の「沙漠」型、3）ヨーロッパの「牧場」型であり、これに応じて人間についてもアジアの「モンスーン的人間」、中東の「沙漠的人間」およびヨーロッパの「牧場的人間」の3類型が設定されている。これら「歴史的風土」の3類型における「モンスーン」型の特徴は「湿潤と暑熱による自然の暴威」であり、そこでの人間類型の特徴は「自然の暴威への忍従」である。第二の「沙漠」型は「乾燥と渇きによる死の脅威」、その人間類型は「自然との対抗と戦闘」を特徴とする。第三の「牧場」型は「地中海気候における夏の乾燥と冬の湿潤の総合、従順な自然」、その人間類型は「合理的な自然支配」を特徴とする。

和辻の3類型論は哲学的論究であることはいうまでもないが、彼自身の留学体験にもとづく見聞も随所にみうけられ、それが本書の大きな魅力をなして、旅行記のように広く愛読されているのかもしれない。しかし、それだけに彼の類型論には少なからぬ問題点も含まれているようにみえる。ここでは、アジアの「モンスーン」型と中東の「沙漠」型についての議論は差し控えることとして、とくにヨーロッパの農村景観とのかかわりで、和辻の「牧場的風土」論について検討してみたい。

和辻によれば、「ヨーロッパの風土は湿潤と乾燥との総合として規定せられる。それはモンスーン地域のごとく暑熱がもたらす湿潤ではない。従って夏は乾燥期である。が、沙漠地域のごとく乾いてもいない。だから冬は雨季である。この特性は、南と北との著しい相違にもかかわらず、ヨーロッパを通じての特性

和辻の理解では、南北ヨーロッパの間に気候の違いはあるが、「南は文化史的に言ってまず初めにヨーロッパであった」[4]という理由によって、北よりもむしろ南の「牧場的風土」が重視されなければならない。彼は南ヨーロッパ的風土の最大の特徴を「夏の乾燥と冬の湿潤」[5]に見いだす。そこでは「夏の乾燥は夏草を成育せしめない。草は主として冬草であり牧草である。ヨーロッパ大陸の夏の野を覆うものはかかる柔らかい冬草である。が、地中海地方のみは冬草を夏の野に見ることができぬ」。イタリアでは「山野は文字通りに夏枯れによって黄ばみ、それがまた緑になり始めるのは雨季の始まる十月ごろである。牧場は冬の進むにつれて再び美しい緑の色を回復する。それはちょうど我々にとっての麦畑の緑色と同様である」[6]。

　和辻が南欧における夏の乾燥と牧場とを結びつける最大の理由は、夏季における雑草の欠如である。和辻にとって夏草は雑草と同義であるが、彼は「イタリアのように太陽の光の豊かなところで夏草が茂らない、それは全く不思議のようである。しかし事実はまさにそのとおりなのである」。と驚嘆を隠さない。南欧では夏草＝雑草が育たず、冬草＝牧草が生い茂るという事実が、ヨーロッパの「牧場的風土」という概念の成立根拠とされているのである。和辻は、京都大学農学部の大槻教授から教わったという「ヨーロッパには雑草がないという驚くべき事実」が「自分にはほとんど啓示に近いものであった。自分はそこからヨーロッパ的風土の特性をつかみ始めたのである」[7]と述べている。

　これに対して、ルネサンス以後ヨーロッパ文化の中心として興隆したアルプス以北の地域は和辻によって「西欧」と呼ばれる。「西欧の風土が牧場的であることは、それが湿潤と乾燥との総合、夏の乾燥、というごとき点において地中海沿岸と共通であることによってすでに示されている。しかしここでは地中海沿岸におけるように太陽の光が豊かでなく、従って温度ははるかに低い」。「西欧」の冬は日本よりはるかに寒いが、「人間を萎縮させずにはおかないような、暴圧的な寒さはないと言える」[8]。しかも「西欧」は「南欧のごとき烈しい夏を持たない」。「イタリアでは五月に黄ばんで刈り取られる麦が、ドイツで

は七月の末から八月の末へかけて刈り取られ、イタリアでは五月に麦とともに姿を消す牧草が、ドイツでは夏を通じて青々と茂っている。だから西欧の夏は南欧の晩春初夏に過ぎぬのである」9)。

　南欧における夏草＝雑草の欠如が、冬の牧草の生育にとっての恵みとなり、これがヨーロッパの「牧場的風土」の成立根拠とみなされているのに対して、「西欧」における雑草と牧草の関係についてはほとんど何も触れられていない。「西欧」は南欧に成立した「牧場的風土」の延長としてとらえられているといってよい。地中海沿岸の古代ギリシア・ローマの文化が中世以降「西欧」へ継承されたことはたしかであり、中世「西欧」では南欧以上に牧場が拡大したことも疑いない事実である。だが、南欧で夏季の雑草の欠如が冬季の牧場の成立を可能にしたという論理は、「西欧」にはあてはまらない。和辻が京都大学農学部の大槻教授から教わったという「ヨーロッパには雑草がないという驚くべき事実」は、「西欧」には見られないからである。夏に雨が降り、乾燥も暑熱もない「西欧」では夏草が生育し、除草作業は農業に不可欠である。もちろん「西欧」では「モンスーン」地域ほど雑草が繁茂することはないので、雑草との厳しい格闘を強いられることがないのはたしかである。それでも、除草が不可欠であることは否定できない。

　それ以前に、和辻の「牧場」のとらえ方に問題がある。彼がヨーロッパの「牧場」というとき、それはドイツ語の Wiese あるいは英語の meadow の意味で用いられている。彼の表現によれば、「Wiese に当たる言葉が日本にないということは Wiese というものが日本にないことを意味する。日本の草原は利用価値のない、捨てられた土地である。しかるに Wiese は、同じく草原でありながら、畑と同じ意味を持っている。畑が人間の食料を栽培する土地であるのに対して、Wiese は、同じく草原でありながら、畑と同じ意味を持っている。畑が耕されるに対して Wiese は耕されはしない」10)。この文章は、彼が Wiese の概念を非常に正しくとらえていたことを示している。だが農業史では一般に Wiese あるいは meadow を「採草地」と訳すことが多く、「牧場」と訳すことは稀である。それは、「採草地」(Wiese, meadow) を「放牧地」(Weide, pasture）から区別するためである。前者の多くは栽培牧草地であり、後者は家畜を春から秋にかけて舎外で放し飼いするための草地である。「採草地」は一般に希少価値があり、これに対して「放牧地」はきわめて広大である。和辻が「モンスーン地方から沙漠地方を経て地中海に入り、古のクレータの南方海上を過ぎて初めてイタリア南端の陸地を瞥見し得るに至った朝、まず我々を捕えたのはヨーロッパの『緑』であった」[11]。その際、「最も自分を驚かせたのは、古のマグナ・グレキアに続く山々の中腹、灰色の岩の点々と突き出ているあたりに、平地と同じように緑の草の生い育っていることであった。羊は岩山の上でも岩間の牧草を食うことができる。このような山の感じは自分には全然新しいものであった」[12]。このような牧草地には「採草地」も一部含まれていたかもしれないが、その多くは「放牧地」だったとおもわれる。「採草地」は牧草の生育に適した湿気の多い渓谷の低地にあることが多く、これに対して「放牧地」は比較的乾燥した高地に多く分布するからである。「採草地」はかなり肥沃な土地で高い価値をもっているが、「放牧地」は耕地に適さないやせた土地が多く、和辻が感嘆したような豊かな緑地というより、羊を放牧する以外にあまり利用価値のない雑草だらけの不毛地であることが多いのである。

　「採草地」と「放牧地」の混同にかかわる問題は、ほかにも指摘できる。和辻によれば、「このようなWieseは自然的なものもあり人工的なものもあるが、それらはいつでも畑に直し得られる。人工的なWieseは通例畑の輪耕の一段階である。ちょうど日本の麦畑がある年にれんげ草の畑となっているのに等しい」[13]。ここで指摘されている「人工的なWiese」というのは、輪作における飼料作物栽培農地のことを指しているとおもわれるが、和辻が眼にしていたのは近代のいわゆる「農業革命」によって導入された輪作農法の成果であり、それ以前は麦畑が人工的な「採草地」に転換されることは稀であり、三圃制に見られたように、一般にはむしろ家畜の「放牧地」として利用されていた。したがって、ヨーロッパの「牧場的風土」は歴史的には「採草地」というより、むしろ「放牧地」に求めるべきであっただろう。

　だが、「牧場的風土」の中心をなすべき「放牧地」は、和辻が考えるような

ヨーロッパの「温順な自然」とはかならずしもいえない。和辻の理解では、ヨーロッパの「温順な自然は、ただその温順さからのみ見れば、人間にとって最も都合のよいものである。温順の半面は土地が痩せていることであり、従って一人の支配する土地の面積は広くしなくてはならないが、しかし一人の労力をもって何倍もの土地を従えて行くことができるのは、自然が温順だからである。昔ゲルマン人が半遊牧的な原始共産主義の社会を作っていたころには、そこは暗い森に覆われた恐ろしい土地であったかもしれない。しかし、一度開墾され、人間の支配の下にもたらされるとともに、それはそむくことなく従ってくる自然となったのである。実際西欧の土地は人間に徹底的に征服させられているといってよい。……だから西欧には利用され得ない土地はほとんどないと言ってよい」[14]。

　「西欧」の土地は開墾によって完璧に征服されてしまったかのように、和辻には見えたようであるが、ヨーロッパの開墾の歴史をふりかえると、第一に11～14世紀初期の「大開墾時代」、第二に16世紀の低地諸国の北海沿岸干拓事業、第三に18～19世紀の「農業革命」が挙げられよう。中世盛期の「大開墾時代」は主に森林の伐採による農地開発がおこなわれ、大陸のエルベ川以東ではいわゆる「東方植民」が展開された。近代初期の干拓事業では、北海沿岸低湿地の堤防建設と干拓による農地開発がオランダを中心に進められた。第三の「農業革命」では休閑地への飼料作物栽培と、未墾の荒蕪地として残されていた湿原、泥炭地の開拓がおこなわれた。これらの開墾と農地開発はそれほど容易な事業であったわけではない。最初の「大開墾時代」の反動として、14世紀半ばにペストが蔓延し、人口の激減と農地の荒廃が全ヨーロッパに広がり、多くの開墾地が森林に逆戻りしたといわれる。第二の干拓では、北海沿岸の堤防で守られた低地は絶えず海からの浸食に脅かされ、洪水のたびに多くの生命と財産が失われた。第三の「農業革命」期の「囲い込み」が多くの紛争をひきおこしたことはよく知られているが、湿原と泥炭地の開墾農民が味わった辛酸は想像以上に過酷なものであった。したがって、開墾による土地の征服の過程はかなり起伏に富んでおり、とうてい平坦な道のりとはいいがたい。

和辻も認めているように、「西欧」の土地は「モンスーン」地帯と比べてあまり肥沃とはいえなかった。ヨーロッパの土地生産性が低いことは、農民の保有地面積が近世の日本と比べて、はるかに大きかったことからもわかる。近世日本の百姓の土地面積は一般にはせいぜい2～3ヘクタールだったとおもわれるが、同じ時代のドイツの標準農民は1フーフェの土地をもつとされ、これは地域によって大きさが異なるが、日本の農民の5倍程度、10～15ヘクタールほどの土地をもっていたといってよい。

　とくにヨーロッパの「牧場的風土」の中心をなすべき「放牧地」は、決して効率の良い土地利用形態ではなかった。草地への家畜放牧の形態は、一般的にいって、1）遊牧、2）移牧、3）定住地放牧に分類されるが、ヨーロッパで主に見られるのは移牧と定住地放牧であり、移牧として知られているのはとくにスペインの「メスタ」と呼ばれる牧羊組合による羊の大群の移動やスイスのアルプスにおける牛の移牧である。スペインの移牧では、夏季の間は北の山岳地域の草地に羊を放牧し、冬が近づくと南部の平野の草地を求めて山をおりた。スイスではその逆に冬の間はふもとの村で過ごす牛は、夏期になると高地の草を求めて山を登った。ブローデルによれば、地中海沿岸で牧草を求めて羊の群れを移動させる移牧には、低地から高地への移牧と、高地から低地への移牧の二種類が認められたという[15]。いずれにしても、こうした移牧地域の土地は農耕にはあまり適さないやせた土地であった。

　ヨーロッパで最も一般的だった定住民の放牧はすべての家畜についておこなわれ、村の周辺の放牧地や休閑地で牛、馬、豚、羊などを共同で放牧した。この村人たちの共同放牧こそ、「農業革命」以前のヨーロッパの「牧場的風土」の体現者といえるかもしれない。定住民の放牧地には継続的放牧地と一時的放牧地の二種類があった。継続的放牧地は村の周辺にある共同放牧地で、その多くは耕作には適さない荒蕪地で、乾燥した原野である「ヒース」（イギリス）あるいは「ハイデ」（ドイツ）、湿った酸性土壌の湿原や泥炭地などからなっていた。ヨーロッパ北部の寒冷な山地は、そうした土地が非常に多いことが特徴である。これに対して一時的放牧地は、耕作地の一部を一時的に休閑地として

家畜の共同放牧に利用した農地のことであり、三圃制の小麦や大麦の刈り跡畑がその典型をなす。また大西洋、北海、バルト海などに面した沿岸地帯は地下水が豊富で、牧草の生育には適していたが、耕作には不利で、耕作がおこなわれる場合でも、2～3年間穀物を栽培した後、5～10年間も放牧地として利用する「穀草式農法」が一般的であった。三圃制の場合、農民は保有地の三分の二を穀物の耕作にあてることができたが、穀草式農法の場合は毎年三分の一以下の土地しか耕作に利用することができず、非常に非効率な土地利用形態といえる。そうした穀草式農業地域は最も牧草地の割合が多く、「牧場的風土」の代表をなしたが、それは土地の肥沃度も、農業生産性も低いことを意味した。

近代の農業革命以後、穀作より酪農、畜産がしだいに有利となっていったため、牧草地の割合が増加し、とくにイギリスでは1800年頃耕地が国土の30パーセントを占めていたのに対して、牧草地が国土の45パーセントも占め[16]、1888年の統計では小麦、大麦、オート麦の耕作地総面積が979万エーカーに対して、牧草のクローバーの栽培面積が598万エーカー、放牧地面積が2,670万エーカーと、牧草地が圧倒的比率を占めた[17]。それはまさに和辻が目の当たりにした「西欧の牧場的風土」というにふさわしい農村景観ではあったが、近代の産業革命と農業革命によってはじめて「西欧」の土地が「人間に徹底的に征服させられ」た結果だったともいえるのである。

2　大塚久雄『共同体の基礎理論』

戦前のヨーロッパ農村景観論の代表が和辻哲郎であったとすれば、戦後の代表は大塚久雄であろう。彼の『共同体の基礎理論』は和辻の『風土』ほど広く一般に読まれているわけではないが、多くの経済史家に強い影響を及ぼし、2000年に岩波現代文庫として刊行され、今もってこの著作が少なからぬ人々に共同体論の教科書とみなされていることは、2007年に『大塚久雄「共同体の基礎理論」を読み直す』という本が出版されたことにもうかがえる[18]。

大塚の共同体論は、マルクスの『資本主義に先行する諸形態』に大きく依存

しているといってよい。マルクスのこの著作は、彼の史的唯物論における発展段階論の共同体版とみなされ、資本主義以前の共同体の歴史を三つの発展段階においてとらえようとした試みである。すなわち、原始共産制を最初の出発点として、アジア的、古典古代的および封建的生産様式を経て資本主義にいたる発展段階に対応して、資本主義に先行する共同体の形態も「自然生的種族共同社会」を基礎として、「アジア的」、「古典古代的」および「ゲルマン的」共同体という発展段階をたどる。これらの共同体の形態を区別する基準とされているのは、共同体的土地所有と個人の私的土地所有との関係である。「自然生的種族共同社会」では私的所有はまったく存在しなかったが、「アジア的」共同体では「個々人の所有ではなく、占有だけがある、共同体が本来の現実的所有者であり――したがって所有は土地の共同的所有としてのみ現れる」。「古典古代的」共同体では、共同体的所有は国家の公有地であり、これに対して「個々人は共同体成員として私的所有者である」。そこには「国家的土地所有と私的土地所有との対立的形態」が認められる。「ゲルマン的」共同体では、「個人的土地所有は、ここでは共同体の土地所有の対立的形態として現れることもないし、またその共同体によって媒介されたものとして現れることもなく、むしろその逆である。共同体は、これらの個人的土地所有者相互の交渉のうちにだけ存在する」[19]。いずれも、マルクス特有の難解な哲学的表現ではあるが、共同体がその内部における私的土地所有の成長にしたがって、「アジア的」、「古典古代的」、「ゲルマン的」形態という三段階の発達をとげたととらえられている。

　大塚の共同体論も、マルクスにしたがって共同体における土地の共同所有と私的所有の関係に注目し、「共同体固有の二元性」という概念を提起した。すなわち、「土地の共同占取と労働要具の私的占取」は共同体固有の内的矛盾をなし、共同体における生産力と生産関係の矛盾として共同体の歴史変化の動因として作用する[20]。原始共同態では土地の私的所有は存在しなかったが、社会的分業の発展とともに生産手段が私有化され、家父長制的家族共同態が成立し、私的土地所有の端緒的形態として宅地と庭畑地の家族による私的占取を意味する「ヘレディウム」（heredium）が成立する[21]。

大塚によれば、「ヘレディウム」成立後の共同体には「三つの基本形態」があり、それぞれ次のような特徴をもっている。

(1) アジア的形態[22]

私的所有の契機は「ヘレディウム」にとどまり、共同体の基本構造もまだもっぱら血縁関係にもとづく「種族共同体」である。このような共同体はケルト民族、インカ文明、インドのパンジャブ地方に見られ、そこで妥当する「土地分配の原則は実質的平等」である。

(2) 古典的形態[23]

私的所有の契機は「ヘレディウム」を基地としてさらに「フンズス」まで拡大されており、共同体の基本構造も「都市共同体」となってくる。戦士共同体としての「都市共同体」の土地占取関係は私有地（ager privatus あるいはフンズス fundus）と公有地（ager publicus あるいは ager Romanus）からなり、土地を私的に占取することが許されたため、私有地による公有地の侵食が進行する。

(3) ゲルマン的形態[24]

私的所有の契機は農業経営単位としての「フーフェ」（Hufe）という形をとりつつ、共同体の基本構造もいまや土地占取そのものに密着した「村落共同体」となる。カエサルの『ガリア戦記』やタキトゥスの『ゲルマーニア』で描かれている「共同体」は「ゲルマン的」共同体ではなく、むしろ、フランク王国のメロヴィング期以後の「共同体」が「ゲルマン的形態」とみなされる。

このように大塚にあっては、共同体における「私的所有の契機」の拡大にしたがって、共同体の形態に違いが生まれる。彼が土地の「私的所有の契機」をことさらに重視するのは、マルクスの『資本論』の基本命題、すなわち資本主義では「商品」が「富」の基本形態をなすのに対して、「富」の包括的な基盤ともいうべき「土地」こそが、共同体の物質的基盤をなすという命題に立脚し

ているからである。だが、土地所有は共同体の性格を示す一面でしかない。共同体には土地の共同利用というもう一つの重要な側面があることを忘れてはならない。マルクスと大塚の共同体論は、もっぱら富としての土地所有という側面からのみ共同体を抽象的に把握しようとしており、多様な自然環境に適応した人間社会の土地利用形態の違いをまったくかえりみない。もっぱら土地所有の観点から共同体をマルクスのように三つの発展段階、あるいは大塚のように三類型に抽象化することは、狩猟採取、稲作、麦作、牧畜、果樹栽培など土地利用形態の多様性を捨象してしまうことを意味している。

そうした抽象的共同体論はどのような問題をはらんでいるのか、ここではヨーロッパ中世以降の農村景観の基本をなしたとみなされる共同体の「ゲルマン的形態」について、検討してみよう。大塚によれば、「ゲルマン的形態」において私的に占取される土地は次のような三種類からなる[25]。

(1) 宅地および庭畑地＝「ヘレディウム」
(2) 共同耕地
　　共同耕地は幾つかの耕区に区分され、各耕区には多数の短冊状の土地区画が混在し、各共同体員はこれらの細長い地条をそれぞれ個別に占取する。混在地制と耕区制を基本とする農業の主要な形態は三圃制である。
(3) 共同地
　　ローマの公有地と異なり、無主地ではなく、共同体の総有のもとに置かれ、一定の共同使用権として個別的な持分の形で私的占取の対象となる。

これら三種類の土地は村落共同体においてフーフェという一つの農業経営単位をなし、村落の標準農民は原則として誰もが1フーフェをもつ。これが「ゲルマン的」共同体における「形式的平等の原理」であり、その基礎は共同耕地の耕区制にある。

このような「ゲルマン的」共同体の本質は、大塚の理解では「耕区制」にある。つまり、フーフェ保有農民は村内の多数の耕区のいずれにも一つずつ小区画地を保有し、たとえば村内の土地が30耕区に区分されている場合、どのフーフェ農民も平等にそれぞれ30の小区画地を保有することになる。こうした「耕

区制」は農民保有地の混在にもとづく一定の共同耕作を意味しており、その意味で共同耕地制といってよい。つまり、大塚は「ゲルマン的」共同体の大きな特徴をフーフェ制と共同耕地制に見いだしているのである。大塚によれば、こうした「ゲルマン的」共同体はメロヴィング期つまり紀元5世紀以降に成立したという[26]。

「ゲルマン的共同体」の基本的特徴の一つとされるフーフェ制にかんするヨーロッパの耕地制度史研究をみると、フーフェ制の起源をカロリング期つまり紀元8世紀以降と考える歴史家が多いようである。ただし、イギリスではフーフェ制に対する関心が希薄で、その起源にかんする研究も乏しい。フーフェ制への関心が最も高いのはドイツであり、19世紀にはフーフェ制の起源をゲルマン民族移動以前のタキトゥスの『ゲルマーニア』の時代に求めるマウラー[27]やマイツェン[28]らの見解が有力であったが、最近ではむしろ8世紀以降のカロリング期に求めるリュトゲ[29]、レーゼナー[30]、ミッテラウアー[31]らの見解が優勢であるといってよい。ベルギーの中世史家フルフユルスト[32]も、フーフェ制の成立をカロリング期とみなしている。フーフェ制の起源をメロヴィング期に求める大塚説は、これら第二次大戦後の歴史家たちのカロリング期説より早期ではあるものの、フーフェ制の成立をヨーロッパにおける封建制の成立と重ねあわせてとらえるという考え方は、基本的には同じといってよい[33]。

大塚のいうように、フランク王国時代に成立したフーフェ制が「ゲルマン的共同体」の根幹をなしたとすれば、それはいつまで存続しえたのかという問題が残されるだろう。これについて、大塚自身は『共同体の基礎理論』では触れていない。だが、すでに1931年にフランスの歴史家マルク・ブロックは、フランスでは11世紀以降フーフェ制が跡形もなく消滅したという見解を表明している[34]。第二次大戦後、デュビーもこの見解を継承し、ドイツのフーフェに相当するフランスのマンスは11世紀に分解が始まり、「13世紀にはパリ地方とフランドルで古来のすべてのマンスは、アルザスやシュワーベンと同様、解体してしまった」[35]と述べている。彼らの見解によれば、マンスは7世紀にフランスにあらわれ、13世紀までには消滅した。彼らの見解が正しいとすれば、フラン

スではフーフェ制の存続期間は約600年ほどだったことになるだろう。もっとも、彼らによればフーフェ制はフランスで最も早く消滅し、少し遅れてイギリスでも消滅に向かい、ドイツでは比較的遅くまで残存したとみなされている。

　他方、大塚の「ゲルマン的共同体」のもう一つの特徴をなす耕区制あるいは共同耕地制の盛衰については、ヨーロッパで最も早くから囲い込み運動による共同耕地制の廃止がおこなわれたイギリスで研究が活発である。イギリスで共同耕地制というとき、二圃制または三圃制が支配的な形態であり、これらは森林が乏しい平野地帯のミッドランド農村に集中していたため、「開放耕地制」あるいは「ミッドランド・システム」と呼ばれることもある。論者によって、「共同耕地制」、「開放耕地制」、「ミッドランド・システム」の定義は異なるが、ここではさしあたって「共同耕地制」という言葉を用いることにする。イギリスにおける共同耕地制の起源については、アングロサクソン時代と中世盛期の12〜13世紀とに大きく見方が分かれるようである。古くはシーボームによって、7世紀に大陸からサクソン人が導入したとする見解が示され[36]、グレイもアングロサクソン時代にはすでに二圃制が存在し、13世紀には三圃制があらわれ、ミッドランドの西部と北部に普及したとみなしている[37]。他方サースクの見解によれば、共同耕地制は長い時間をかけて徐々に成長し、アングロサクソン時代にすでに共同耕地制の一つの特徴である地条が存在していたが、12〜13世紀が「最初の共同耕地制の発展期」とみなされる[38]。またフォックスは、ノルマン・コンクェスト以後三圃制の発展がみられたが、それ以前のアングロサクソン後期にはすでに共同耕地制が存在していた、と主張する[39]。これらの諸説を参考にすれば、未成熟な形態の共同耕地制はアングロサクソン時代から徐々に形成されていたが、三圃制として確立したのは12〜13世紀以後といえるかもしれない。

　このように見ると、「ゲルマン的共同体」の特徴をなすとされるフーフェ制と共同耕地制との間には、成立から解体にいたる過程に少なからず時期的な差あるいはズレが認められるだろう。つまりフーフェ制は7〜8世紀頃に成立し、フランスでは13世紀までに消滅し、イギリスでもやや遅れて消滅に向かい、ド

イツでは多くの地域で19世紀まで残存したとみられる。他方の共同耕地制はその萌芽が7〜10世紀に見られたが、三圃制として確立したのは中世盛期12〜13世紀以後のことであり、近代の囲い込みまで多くの地域で長く存続した。この限りで、フーフェ制よりも共同耕地制の方が遅れて発展したといってもよい。両者が中世から近代まで長く共存したのはドイツだけであり、フランスとイギリスでは両者の共存期間は長くはなかった。とくにフランスでは、12〜13世紀の三圃制の確立とほぼ時を同じくしてフーフェ制の解体が進行した点が注目される。

このように「ゲルマン的共同体」の基本的特徴とされるフーフェ制と共同耕地制とはかならずしも不可分一体ではなく、両者の発展には少なからず時期的なズレが認められる。それだけではなく、とくに「ゲルマン的」共同耕地制は地理的にヨーロッパのいたるところで普及したわけではなかった。イギリスの国土は大きく「ウッドランド」と呼ばれる西北部の高地と「チャンピオン」と呼ばれる東南部の平野に分けられることは、ホーマンズ以来よく知られた事実であり、共同耕地制はミッドランドを中心とする東南部の「チャンピオン」に発展したのに対して、西北部の「ウッドランド」ではそれほど発展をみなかった[40]。次章で見るように、グレイは前者を「ミッドランド・システム」と呼んで、後者の「ケルト・システム」と区別しただけでなく、イギリス東南部沿岸の「ケント・システム」とも区別している[41]。グレイのとくにケルト耕地制度論は今日必ずしも是認されているわけではないが、西北部の耕地制度が「ゲルマン的共同体」と異なることだけは確かである。

フランスでも、とくにマルク・ブロックによる耕地制度の地域区分はよく知られている。彼によれば、フランスの耕地制度は、1）開放・長形耕地、2）開放・不規則耕地、3）囲い込み地の三種類に分けられる[42]。このうち「ゲルマン的共同体」に相当するのは、1）開放・長形耕地であるが、2）開放・不規則耕地は南フランスの二圃制、3）囲い込み地は北海沿岸の低地や山間部の「ボカージュ」と呼ばれる孤立農圃制のことである。南フランスの二圃制は古代ローマ以来の地中海沿岸の耕地制度として、その起源も性格も「ゲルマン的

共同体」とは異質である。また、「ボカージュ」はイギリス西北部の「ウッドランド」に類似した性格をもつといわれる。したがって、フランスではゲルマン的な共同耕地制は地理的に一部の地域に限られていた。

　ドイツはイギリスやフランスより共同耕地制が広範囲に及んでいたが、ここでもとくに北海沿岸の西北部には孤立農圃制が見られる。「マルシュ」と呼ばれる北海沿岸の堤防で守られた低地の多くは干拓地で、共同耕地制は欠如し、農地は水路に囲まれた孤立農圃だったし、少し内陸の「ゲースト」と呼ばれる高地でも一部は共同耕地からなっていたが、多くは孤立農圃であった。それ以外のドイツの大部分は三圃制を中心とする共同耕地制が支配的だった。こうして、イギリス、フランス、ドイツ三カ国を見ると、共同耕地制が大部分の地域で支配的だったのはドイツだけであり、フランスはむしろ「ゲルマン的」な共同耕地制と異なる耕地制度の方が優勢だった。イギリスは両国の中間的な性格を示すといってよい。

　こうして、共同体の「ゲルマン的形態」といわれるものはヨーロッパの歴史において時間的にも空間的にも限られたものだったことが確認されるだろう。「ゲルマン的共同体」の基本特徴をなすフーフェ制は、フランスとイギリスでは中世盛期以降衰退傾向を示したし、共同耕地制の普及はフランスとイギリスでは地域的に限定されていた。ここでとりあげた三カ国のうち、フーフェ制と共同耕地制がともに中世全体をとおして支配的地位を保ちえたのはドイツだけであるといってよい。したがって、「ゲルマン的共同体」とは実質的には「ドイツ的共同体」のことであるといっても過言ではないほどであるが、そのドイツにおいてさえ、マックス・ウェーバーが認めたように西北ドイツの孤立農圃制地帯には「ゲルマン的共同体」論は妥当しないことを忘れてはならない[43]。

3　飯沼二郎『風土と歴史』

　大塚久雄はもっぱら土地所有の視点から共同体の性格を論じようとしたため、その議論はあまりにも理論的、抽象的で、ヨーロッパの農村景観論としては具

体性を欠いていたといってよい。これに対して、気候の影響を重視する立場から、ヨーロッパの農村景観の特質を描いたのは飯沼二郎である。彼の議論の特徴は、気候風土における乾燥と湿潤が農業に及ぼす影響を基本として、ヨーロッパ農業の性格をとらえようとしたところにある。

和辻哲郎の直感的な風土論とは異なり、飯沼の気候風土論は科学的である。彼は「マルトンヌの乾燥指数」を用いて、世界の地帯区分をおこなう。それによれば、世界は降雨の季節性と年間の平均乾燥度によって、次の四地帯に区分される[44]。

冬雨地帯
    Ⅰ　乾燥地帯——西南アジア、地中海南部
    Ⅱ　湿潤地帯——地中海北部
夏雨地帯
    Ⅲ　乾燥地帯——パンジャブ、華北
    Ⅳ　湿潤地帯——北ヨーロッパ、東南アジアと東アジア

また、こうした地帯区分に応じて、世界の農業は次のような四類型に分けられる。

乾燥地帯の農業
    1．休閑保水農業（乾燥度大）
    2．中耕保水農業（乾燥度小）
湿潤地帯の農業
    3．休閑除草農業（乾燥度大）
    4．中耕除草農業（乾燥度小）

湿潤地帯に属する日本農業が中耕除草農業の性格をもつのに対して、ヨーロッパは南北とも伝統的に休閑農法を基本とし、乾燥した南部の地中海沿岸では休閑保水農業、湿潤な北ヨーロッパでは休閑除草農業がおこなわれる。南部の休閑保水農業においては二圃式農法が一般的であり、耕地は二つに区分され、冬麦栽培と夏季の休閑が交互にくりかえされる。夏季の休閑は、土地を浅く耕して毛細管現象を切断し、耕地の表面から水分を蒸発するのを防ぐことを目的

とする。これに対して、北部では三圃式農法が支配的であり、三つに区分された耕地で冬麦、夏麦、休閑が交互にくりかえされる。三年に一度の休閑は除草を目的としておこなわれ、重輪犂による深耕によって雑草を土中に埋めて除草する。

南北ヨーロッパにおける二圃式および三圃式農法の相違の理由を、乾燥と湿潤という気候の違いに応じた保水農業と除草農業によって説明する飯沼の論理は説得力をもっている。和辻哲郎は「牧場的風土」にもとづくヨーロッパ農業の南北間の違いをうまく説明できなかったし、大塚久雄はヨーロッパ農業における北部の「ゲルマン的共同体」を重視するあまり、南部の農業のことををすっかり忘れさってしまった。これら両者に対して、南北の風土と農業の性格の違いにかんする飯沼の説明原理は、それ自体としてはきわめて明快である。

だが、乾燥地帯に属する南ヨーロッパの二圃式農法を「休閑保水農業」とすることにとくに強い異論はないとしても、北ヨーロッパの農法を「休閑除草農業」とみることには問題があるようにおもわれる。飯沼は北ヨーロッパ農業における休閑の最大の目的を除草に求めているが、はたしてそうだろうか。わが国で飯沼とともに、除草を目的とする休閑の役割を強調するのは、加用信文である[45]。飯沼と加用は、北ヨーロッパ農業の性格を「休閑除草農業」とみる点では完全に共通の立場に立っている。休閑の機能については飯沼より加用の方が詳細に論じているので、ここでは加用の休閑論について検討してみよう。

加用は、休閑期間中に２～３度おこなわれる犂耕を「休閑耕」と呼んで、「休閑耕」の機能を高く評価する。「休閑耕」は堅くしまった土を犂によってほぐし、雑草を土中に埋めて土壌を肥沃にするなど、少なからぬ効果が一般に認められている。だが、加用はこうした「休閑耕」の意義を認めつつも、耕地の休閑自体についてはその意義をまったく認めていない。たとえば休閑を耕地の「休息」とみなす古来の見解に対しては、土地は放置しておいてもその養分が回復されることはないと批判し[46]、また休閑地における家畜放牧に対しても「放牧中に食べた草の養分が完全にその土地に排泄分として還元されるとしても、結局その休閑地の地力自体が増進しないことは明らかである」[47]と主張する。

飯沼と加用が伝統的な休閑地放牧の意義を認めないのは、彼らの大局的な農業史観にその原因があるとおもわれる。加用はヨーロッパにおける農法の歴史的発展過程を「焼畑式→三圃式→過渡的な輪換式（穀草式）→近代的な輪栽式農法」[48]ととらえ、三圃式農法の前に支配的だった粗放な穀草式農法を看過している。飯沼は北ヨーロッパの農業発展の三段階を「1．穀物段階→2．穀物牧草段階（穀物＋牧草類）→3．根菜段階（穀物＋牧草類＋根菜）」[49]ととらえ、具体的には第一段階では「二圃式と三圃式」、第二段階では「改良三圃式あるいは改良穀草式」、第三段階では「四年輪栽式」が支配的農法だったとみなしている。飯沼の場合も、二圃および三圃式の前に支配的だった伝統的穀草式農法を無視している。

　加用と飯沼によって示された農業発展の段階論は、三圃式農法解体後の近代農業の発展を主眼としたものであり、三圃式以前の古い北ヨーロッパ農業、とくに粗放な穀草式農法の意義を十分に把握していないことに特徴がある。すなわち、まず第一に三圃式の普及以前に支配的だった穀草式農法においては、耕地は2～3年間の穀作の後5～6年間以上も家畜放牧地に転換された。その場合、農業は穀作よりもむしろ畜産に重点が置かれ、休閑は除草ではなく、家畜放牧を主たる目的としておこなわれた。第二に12～13世紀に三圃式が普及した後も、北ヨーロッパの多くの地域で旧来の穀草式農法が維持され、三圃式と穀草式農法とのいわば共存時代が長く続いた。したがって、飯沼と加用が三圃式のみを農業革命前の北ヨーロッパの農業とみなして、もっぱら三圃制の休閑地における除草の意義を強調するのは事実誤認というべきであり、休閑地は多くの地域の畜産にとって重要な意義を持ち続けたのである。第三に、三圃式における休閑地への家畜放牧は「休閑地の地力自体の増進にはつながらない」という加用の見解も、妥当性を欠いている。休閑地への家畜放牧が土地の肥沃度の増進に大きな役割をはたした典型として、イギリスで広範囲に普及した「牧羊・穀作混合農法」（sheep and corn husbandry）を挙げることができる。イギリスの白亜丘陵地帯の二圃式あるいは三圃式農業では、羊の休閑地放牧は耕地の土壌の肥沃化に不可欠であった。もっとも穀物の刈り跡畑の限られた草だ

けでは、とうてい多数の羊群の飼料を確保できなかったので、昼間は本来の牧羊地に羊群を放牧し、夜間だけ休閑地に柵を設置して、そのなかに羊を入れて肥料用の糞尿を確保するという方法がとられた[50]。この点で、三圃式においても休閑地を介して穀作と畜産の連携がはかられたことを看取しうるだろう。飯沼の「休閑除草農業」論は、穀作を重視するあまり、和辻の「牧場的風土」論に含意されていた畜産の意義をみのがしてしまったというべきだろう。

　中世北ヨーロッパにおける農業を「休閑除草農業」としての三圃式農業に一元化できないだけでなく、南ヨーロッパにおける農法も単純に「休閑保水農業」としての二圃式農業とみなすことには、問題が残されているようにおもわれる。南ヨーロッパの農業史研究は北ヨーロッパほど盛んではなく、それにかんするわが国の情報も乏しいが、ここではとくに次のような二点を指摘しておきたい。第一に、小麦生産に限れば、南ヨーロッパでは二圃式農業が主要な役割を担ってきたことは疑いないにしても、古来よりブドウ、オリーブ、オレンジなどの果樹栽培も非常に盛んであり、これが地中海沿岸農業の大きな特徴の一つをなしてきた。とくにイタリア北部と中部では、樹木、ブドウ、穀物の栽培と畜産とを結合した「混合耕作」（coltura promiscua）が発達したことで知られ、これはかならずしも二圃式農業と同一視できない性格をもっていた[51]。第二に、牧畜形態の違いも南北ヨーロッパの農業の性格をとらえるうえで重要である。北ヨーロッパの三圃式農業の休閑地における定住放牧とは異なり、南ヨーロッパの二圃式では乾期の夏に休閑地の牧草が乏しくなるため、家畜放牧には不利であり、この点で農業における休閑地放牧を媒介とする穀作と牧畜との関連は希薄であった。地中海沿岸で高地と低地との間で移牧が盛んにおこなわれたのは、そのためであろう。これら二点を考慮にいれるとき、南ヨーロッパの農業の特徴を単純に「休閑保水農業」としての二圃式農業のみに求めることができるか、問題が残されよう。北ヨーロッパだけでなく、南ヨーロッパの農村景観も多様性に富むものとしてとらえられるべきではないだろうか。

　1）　和辻［1979］p. 20。

2 ）　和辻［1979］p. 28。
3 ）　和辻［1979］p. 78。
4 ）　和辻［1979］p. 79。
5 ）　和辻［1979］p. 87。
6 ）　和辻［1979］p. 86。
7 ）　和辻［1979］p. 77。
8 ）　和辻［1979］p. 123。
9 ）　和辻［1979］p. 125。
10)　和辻［1979］p. 75。
11)　和辻［1979］p. 76。
12)　和辻［1979］p. 77。
13)　和辻［1979］p. 75。
14)　和辻［1979］p. 131。
15)　ブローデル［1991］p. 134以下。
16)　Prince［1978］p. 403.
17)　Mulhall［1892］p. 12.
18)　小野塚・沼尻［2007］大塚の共同体論を基本とする住谷［1985］のような著作がある一方で、大塚を批判する小谷［1982］のような著作もある。
19)　マルクス［1963］pp. 24-25。
20)　大塚［2000］p. 37。
21)　大塚［2000］p. 45。
22)　大塚［2000］p. 61以下。
23)　大塚［2000］p. 81以下。
24)　大塚［2000］p. 115以下。
25)　大塚［2000］p. 132以下。
26)　大塚［2000］p. 117。
27)　Maurer［1896］.
28)　Meitzen［1895］.
29)　Lütge［1962］.
30)　Rösener［1993］.
31)　Mitterauer［2003］.
32)　Verhulst［2002］.
33)　フランク王国における農村経済の概況については、堀越［1997］。
34)　ブロック［1959］。

35) Duby [1968] p. 117.
36) Seebohm [1915].
37) Gray [1915] p. 154.
38) Thirsk [1964] p. 23.
39) Fox [1981] pp. 64-111.
40) Homans [1960].
41) Gray [1915].
42) ブロック [1959]。
43) ウェーバー [1954] p. 60, 74。
44) 飯沼 [1970] [1994]。
45) 加用 [1996]。
46) 加用 [1996] p. 157。
47) 加用 [1996] p. 158。
48) 加用 [1996] p. i。
49) 飯沼 [1987] p. 30。
50) 本書3章を参照。
51) Sereni [1997] p. 68, 137, 261. 堺 [1988] p. 77以下。

第1章　ヨーロッパの耕地制度

　序章でとりあげた議論は日本人のヨーロッパ観に少なからぬ影響力を与えたが、いずれもヨーロッパの農村景観の一面を強調することによって、その多面性を軽視する傾向をもっていた。それでは、ヨーロッパ人自身は農村景観をどのように認識してきたのだろうか。ヨーロッパ各国で農村景観形成の主要因をなす耕地制度・定住様式の歴史研究が19世紀以来熱心にとりくまれてきたことは、いうまでもない。ここでは、イギリス、フランスおよびドイツにおける耕地制度の地域的類型にかんする三人の歴史家の古典的見解をかえりみることによって、ヨーロッパ耕地制度類型論の検討の手がかりとしたい。

1　マイツェンのドイツ耕地制度論

　ヨーロッパで耕地制度と定住様式にかんする研究が最も早くから進められたのは、ドイツであろう。それは、次のような事情によるものとおもわれる。フランスでは、すでに述べたように、中世盛期からフーフェ制の解体が進み、古い農民共同体の関係もかなり早い時期に弛緩していった。イギリスでも、中世末期以降フーフェ制は解体していき、とくに16世紀以降農村毛織物工業をはじめとする商品生産の発達によって農村共同体は大きな変貌をとげ、とくに18世紀の囲い込みによって解体されていった。これに対してドイツでは、フーフェ制は近代まで解体されることなく維持され、17世紀の30年戦争による大きな打撃も農村社会の疲弊と停滞の要因としてはたらき、18世紀末以降の領邦政府による「農業改革」まで農村共同体は大きな変化をこうむることなく存続した。そのため、ドイツではイギリスやフランスよりも農村の共同体的伝統に対する

関心ははるかに強く、とくに19世紀前半の農業改革期にフーフェ制や共同耕地制にかんする歴史研究が盛んにおこなわれ、グリム、マウラーをはじめ多くの著名な歴史家を輩出し、ここからドイツ「歴史学派」の一大潮流がつくり出されていったのである。

　初期のドイツ歴史学派の歴史家たちの主要な関心は、もっぱらゲルマン人の村落共同体の形成に向けられ、いわゆる「ゲルマン的共同体」の起源、中世とくにフランク王国のカロリング期における荘園制の発達にともなう村落共同体の形成が問題とされ、理論的に非常に精緻な共同体論が展開された。その場合、ほとんどの歴史家が想定していたのは、共同耕地制とりわけ三圃制にもとづく村落共同体であった。ここから、歴史的に古くはタキトゥスの『ゲルマーニア』あるいはそれ以前の時期にまでさかのぼる「ゲルマン的共同体」神話が生み出されてきたといっても過言ではなく、この神話はわが国の研究者にも少なからぬ影響を及ぼしてきたといってよい。

　19世紀における「ゲルマン的共同体」論の隆盛のなかにあって、定住様式の民族的特質の差異に注目して、「ケルト的共同体」論を提唱したのはマイツェンである。彼がケルト的共同体に関心をもつきっかけとなったのは、イギリスにおける開放耕地制研究の先駆者として知られるシーボームのウェールズとアイルランドのケルト的耕地制の研究ではなかったかとおもわれる。というのは、シーボームはすでに1883年の『イギリスの村落共同体』のなかで、イギリスには歴史的に二種類の開放耕地制が存在することを指摘していたからである。シーボームによれば、その一つはアングロサクソン的荘園制および農奴制と結合した開放耕地制であり、他方はケルト的部族制と結合した開放耕地制である。シーボームは前者を「マナー・システム」、後者を「部族システム」と呼んでいる。つまり、イングランドのマナーには「その外枠として最も組織された形態の開放耕地制があり、これは三圃制、耕区、2分の1〜1エーカーの地条、犂き余し地（headlands）、ヤードランド（標準は30エーカー）、散在耕地、8人のチームによる二頭立ての1年間の犂耕を表すヤードランド、そしてチームの1日の犂耕労働の尺度たるエーカーの地条を有する」[1]。だが、「マナー的開

放耕地制と並んで、より早期で、より簡単な形態の開放耕地農業がウェールズの自由部族民と隷属民によっていとなまれたことを忘れてはならない」[2]。そこにはマナーも農奴制も存在せず、血縁関係にもとづく部族的土地保有が一般的であった。開放耕地では犂による共同耕作がおこなわれたが、「ランリグ」(runrig) あるいは「ランデール」(rundale) と呼ばれる耕地区画の定期的再配分が親族間でおこなわれ、耕地形態は三圃制のような地条形態ではなく、不規則な方形をなした。また、その集落はイングランドのような大きな密集村落ではなく、まばらな小集落であった。

シーボームはアイルランドの耕地制度もとりあげて、これをウェールズより古い形態の「部族システム」とみなしているが、彼の議論はヨーロッパのなかでもかなり特異な性格をもつウェールズやアイルランドの耕地制度にかんする先駆的研究として注目すべき業績といってよい。マイツェンはこのシーボームの「部族システム」論を検討したうえで、シーボームとは著しく異なる見解を導き出した。すなわち、シーボームの見解によればケルト人定住地には「耕地共同体」が存在し、「ランデールあるいはランリグ制度と呼ばれる保有地の混在地制が存在していた」[3]が、マイツェンはこの考え方には賛同せず、紀元600年頃に混在地制から孤立農圃制への移行がおこなわれたと考えた。彼によれば、「人口の顕著な成長が定住耕作に移行することを強制したために」、共有地の分割が開始された。とくにこの分割を推進したのは修道院であり、「修道院は農業をおこなう定住地を創出しようとして、排他的な土地保有を要求した。修道院形成の基本部分は農業を基礎としていた。修道僧は孤立農圃にもとづくガリアの農業とその高度な発展に精通していた」[4]。その場合、ランデール制における土地の部族的共同保有は孤立農圃制と矛盾するようにみえるが、マイツェンは、「周期的に割替えられ、くじ引きで分配される用益をともなう、一定の土地の共同保有がアイルランドでもウェールズでもスコットランドでも現在まで存在し、初期には恐らくかなり普及していたという疑いない証拠がある」ことを認めつつも、そうした部族的土地保有は「孤立農圃への土地の一般的区分と矛盾しない」[5]と主張したのである。

このように、マイツェンはシーボームの開放耕地制説に対して、孤立農圃制説の立場に立った。しかも、ケルト人の孤立農圃制はアイルランド、ウェールズのみならず、「フランスのロワール川からピレネー山脈までの地域」にも見いだされ、ドイツのヴェーザー川以西のヴェストファーレンとニーダーラインも孤立農圃制地帯に属する。マイツェンによれば、ドイツのこの地域にも「エッシュ」(Esch) と呼ばれる開放耕地制が存在するが、「原生的開放耕地村落が今日のヴェストファーレンの孤立農圃へ転換したことは、完全に否定されなければならない。ヴェストファーレンの広範囲の地域において、エッシュはまったく存在しない」。「古い開放耕地の形跡らしきものがあるとしても、後から来た古ザクセン人がもたらしたものであろう。だが、それは孤立農圃制地域への浸透であるにすぎず、原生的開放耕地村落からの転換とはみなされない」[6]。

こうしてマイツェンは、西北ドイツの孤立農圃制の起源を古代ケルト人の定住に求め、「ゲルマン的共同耕地制」と「ケルト的孤立農圃制」という二類型の耕地制度論を提起したのである。だが、その後のドイツでは、リーペンハウゼンらの研究によって、西北ドイツで「カンプ」(Kamp) と呼ばれる孤立農圃は「エッシュ」よりもむしろ新しい時期に成立したことが明らかにされ、孤立農圃制を古ケルト人の定住に由来する耕地制とみなすマイツェン説は否定されるにいたった[7]。そのため、今日では共同耕地制の起源を古ゲルマン人の定住、孤立農圃制の起源をケルト人の定住に求めるマイツェンの見解を支持する者はもはやいないことはたしかである。とはいえ、すくなくとも孤立農圃制が優位を占める西北ドイツと共同耕地制が支配的なドイツの他地域との違いを明らかにしようとした点で、マイツェンの功績は大きいといってよい。

2 グレイのイギリス耕地制度論

ドイツのマイツェンと同じように、イギリスにおけるアングロサクソン的開放耕地制とケルト的耕地制度との相違に注目したのは、アメリカの歴史家グレイである。彼はイギリスの主要耕地制度を (1) ミッドランド・システム、(2)

ケルト・システム、(3) ケント・システム、(4) イースト・アングリア・システムの四類型においてとらえている。これらは、それぞれ次のような性格をもっている。

(1) ミッドランド・システム

グレイは開放耕地制をミッドランド・システムと呼ぶ。それは、開放耕地制が12世紀末にはじめてミッドランド地方に二圃制または三圃制として姿をあらわしたからである。彼の見解では、12世紀から13世紀初期に二圃制から三圃制への移行がある程度おこなわれたことはたしかだが、両者のうちどちらが支配的だったかは、16世紀まではっきりしない。ミッドランド・システムは近代の囲い込みによって消滅していったが、その過程は急激ではなく、むしろ徐々に進行した。すなわち、断片的な囲い込みは、開放耕地の全廃の危険をおかそうとはしない人々によって試みられた。16世紀までに一部の村落では耕地の一部に垣根がつくられ、残りの耕地は開放されたままだった。また、技術革新による多圃耕地制の形をとる場合も見られた[8]。

(2) ケルト・システム

グレイはケルト・システムをシーボームの開放耕地制論、マイツェンの孤立農圃制論のいずれとも異なって、内畑・外畑制（infield-outfield system）ととらえている。彼によれば、スコットランドでは耕地は内畑と外畑に分けられ、農地の五分の一を占める内畑は穀物の継続的耕作がおこなわれる。内畑は均等に3分割され、1）大麦、2）オート麦（エン麦）、3）オート麦が栽培される。つまり、内畑では休閑をともなわない三圃制が一般的である。他方の外畑は不均等に二分されて、小さい方はフォールド（fold）、大きい方はフォー（faugh）と呼ばれる。フォールドは10区画に分けられて、それぞれ耕地と草地とが交替する。4～5年間続けてオート麦が栽培され、次の5～6年間草地として放置される。フォーもこれと同じ穀草式農法によって耕作がおこなわれるが、フォールドが一時的な囲い込み地として利用されるのに対して、フォーは囲い込

み地とはされない。

　内畑は休閑地を欠いた三圃制耕地であり、耕地区画はミッドランド・システムと同様に細長い地条形態をとる。ミッドランド・システムと異なるのは、「ランリグ」と呼ばれる地条の定期的割替えである。内畑の土地保有者は毎年あるいは数年おきにその保有地の再配分をおこなう。こうした土地の定期的割替えは、土地の共同保有者たちの間の均分相続慣行と深いかかわりがあり、農地の細分化による小農の顕著な増加をもたらす要因をなしている。

　こうしたケルト・システムはスコットランド、ウェールズおよびアイルランドの耕地制度の特徴をなし、イングランド北部のノーサンバーランドやカンバーランドにもその影響が見られ、この北部地域は定住様式においてミッドランド・システムとの中間地帯に属する[9]。

(3) ケント・システム

　イングランド南部のケント地域の耕地制度は、マイツェンによってとりあげられた西北ドイツの孤立農圃制と共通の性格をもち、16世紀にはすでに囲い込み農地が支配的であった。ケントの農民保有地は「ユグム」(jugum)といわれ、ローマに起源をもつといわれる。その形状は四角形で、面積は通常24エーカーで、ミッドランドにおける「ヴァーゲイト」(virgate)[10]に相当した。だが、それはミッドランド・システムやドイツのフーフェ制に見られるような農民の農業経営単位ではなく、地代貢納単位を意味した。ケルト・システムと同様、ここでも均分相続が盛んであったため、「ユグム」の細分化が進行した。ケントの作物の輪作は多様で、ミッドランドに似ていることもあれば、休閑地をともなわない連作の場合もあるといわれ、農業や輪作にかんするグレイの叙述はあまり明瞭ではないが、15世紀からは囲い込み地がこの地域の耕地制度の特徴をなすようになったと断言されている[11]。

(4) イースト・アングリア・システム

　イングランド東部のイースト・アングリアの耕地制度は、グレイの考えによ

れば、その起源においてケント・システムに似ていたが、ノルマン・コンケスト以前にデーン人の定住とマナー制度の形成をつうじて修正され、13世紀までには固有の放牧制度の編成と農民の土地保有単位を発達させた。固有の放牧制度とは、三圃制の農民保有地に対して領主が行使することができた放牧特権のことであり、農民は領主の「牧羊コース」(fold course)への立ち入りを禁止された。これによって村の休閑地は領主の牧羊の必要に応じて分割されたため、村民の共同放牧地としての利用が困難となり、休閑地をともなう三圃制は修正を余儀なくされた。また、「テネメンタム」(tenementum)と呼ばれる農民の土地保有単位は、ミッドランドのヴァーゲイト、ケントのユグムに相当したが、相続人の間で分割され、ケントと同様に農地細分化が進行した[12]。

　こうしてグレイの見解にしたがえば、ミッドランド・システムは開放耕地制、ケルト・システムは内畑・外畑制、ケント・システムは囲い込み地制、イースト・アングリア・システムは不規則な開放耕地制ととらえられる。今日では、グレイとは異なった基準にもとづくキャンベルの5類型論[13]やオーヴァトンの6類型論[14]も提示されているが、グレイの議論は、「ケルト・システム」に見られるような耕地制度の民族的起源の問題を別にすれば[15]、基本的に今なお有効性を失っていないようにおもわれる。

3　マルク・ブロックのフランス耕地制度論

　フランスの耕地制度の地域的分布については、マルク・ブロックの3類型論がわが国でもよく知られているので、あらためて詳しい紹介は必要あるまい。彼は「フランスにおける農業文明の三つの型」として、(1) 北フランスの三圃制、(2) 南フランスの二圃制、(3) 囲い込み地制を挙げている[16]。

(1)　北フランスの三圃制

　冬畑、夏畑、休閑地からなる三圃制は、アルザスはじめ北フランスの多くの地域に普及した。マルク・ブロックはこれを「開放・長形耕地」と呼んで、そ

の特徴として耕区制、休閑地における共同放牧を重視している[17]。

(2) 南フランスの二圃制

南フランスでは冬畑と休閑地が交互にくりかえさえる二圃制が支配的であった。北フランスの三圃制における「開放・規則耕地」に対して、二圃制は「開放・不規則耕地」と分類される。両者の違いをもたらした要因としてブロックが重視するのは、南北間の犂の違いである。北フランスでは重い有輪犂が耕作に用いられ、これは方向転換が容易でないため、長い耕地を要求したが、南フランス使用される軽い無輪犂は方向転換が容易であるため、耕地を正方形に近づけた。こうした犂の型の違いが、南北の耕地形態の違いを生み出した[18]。

(3) 囲い込み地制

垣根で囲まれた耕地は「ボカージュ」（bocage）と呼ばれ、ブルターニュ、コタンタン、メーヌ、ペルシュ、ポワトゥ、ヴァンデその他の地域に見られた。ブロックによれば、ボカージュは樹木で囲まれた耕地として、イギリスの「ウッドランド」（woodland）と呼ばれる囲い込み地と同じ性格をもっていた。ボカージュは一般に土地がやせた地域に多い。それは荒蕪地における一時的耕作に由来するためであり、こうした一時的耕作地は「冷たい土地」と呼ばれ、継続的に占有され耕作される肥沃な「暖かい土地」と対照的性格をもち、広大な荒蕪地の一部は共有地として利用され、他の一部が個人的占有地として囲い込まれた。こうし囲い込み地でおこなわれる一時的耕作は、穀作と牧草地とが数年おきに交互にくりかえされる穀草式農業にほかなるまい。ブロックは囲い込み地の起源にかんして、孤立農圃制の起源をケルト的定住制度に求めたマイツェン説を否定し、耕地制度を一定の種族や民族と結びつけることに強く反対し、フランスにおける耕地制度の3類型はむしろ文明の3類型としてとらえられると述べている[19]。

4 ヨーロッパ耕地制度の四類型

　これまでとりあげたマイツェン、グレイ、ブロックの耕地制度類型論は19世紀末から20世紀初期に提起された英独仏三ヵ国の古典的学説であり、今日までこれらに対してさまざまな批判がなされ、修正が試みられたのは当然である。そのなかで、とくに農業と耕地制度の地域的多様性にかんする研究が最も盛んにおこなわれているのはイギリスであり、サースクを中心に非常に精密な地域史研究が進められてきた[20]。イギリスは囲い込みが最も大規模におこなわれた国であるだけに、囲い込みの対象となった開放耕地制についての研究がとくに盛んで、耕地規制の強弱に重点を置いた耕地制度の分類法が農業史家キャンベルやオーヴァトンによって提唱された。キャンベルは5類型の耕地制度を提起し、オーヴァトンはキャンベルの5類型を基礎としつつ、次のような6類型の耕地制度を設定している[21]。
　(1) 標準的共同耕地制（ミッドランド）
　(2) 完全な収穫規制をともなう不規則共同耕地制（ミッドランドの一部）
　(3) 部分的に収穫規制がおこなわれる不規則共同耕地制（イースト・アングリア）
　(4) 収穫規制のない不規則共同耕地制（ノーフォークやデヴォン）
　(5) 非共同耕地制（リンカンシャーの沼沢地、ケント）
　(6) 内畑・外畑制（放牧地域）
　このうち、(1) から (4) までは、とくに収穫規制の強弱に応じて共同耕地制が4段階に分類されている。これはイギリスの開放耕地制あるいは共同耕地制のきめ細かな分類には役立つものの、全ヨーロッパ的な耕地制度の分類基準としては、いささか細かすぎるといえるかもしれない。
　われわれは、イギリスのキャンベル、オーヴァトンによって提起された類型論も参考にしつつ、マイツェン、グレイおよびブロックによって示された耕地制度論から、中世から近代にいたる西ヨーロッパについて、さしあたり次のよ

うな四種類の主要耕地制度を導き出すことができるだろう。

　(1) 二圃制（不規則開放耕地制）
　(2) 三圃制（規則的開放耕地制）
　(3) 囲い込み地制
　(4) 内畑・外畑制

(1) 二圃制（不規則開放耕地制）

　これは、マルク・ブロックの「南フランスの開放・不規則耕地」に相当し、イタリアやスペインなども含む南ヨーロッパの夏季の乾燥気候のもとで発達した耕地制度である。一般に、二圃制には北ヨーロッパの三圃制のような細長い地条の混在は見られない。二圃制の土地区画は、多くの場合不規則な方形である。マルク・ブロックによれば、それは犂の形態と関連しており、北ヨーロッパでは重い土を深く耕耘するために、役畜に牽引される重輪犂が用いられたため、比較的長い距離の耕耘に適しており、それによって土地区画も細長い短冊状の地条をなした。これに対して乾燥度の高い南ヨーロッパでは、比較的浅い耕耘のための軽い無輪犂が用いられ、短い距離の耕耘に適していたため、土地区画は正方形に近い方形をなした。こうした軽量犂の使用は、飯沼二郎のいう「休閑保水」を目的とした「乾地農法」とみなすことも可能である[22]。

　ただし、南ヨーロッパでは二圃制における小麦生産のほかに、ブドウ、オリーブ、オレンジ、桑、コルクガシなどの樹木性作物の栽培が盛んであった。セレーニによれば、イタリア北部のロンバルディア地方のマントヴァ周辺では、13世紀に穀物播種地は農地全体の三分の二を占めていたのに対して、樹木とブドウは全体の三分の一を占めていたといわれる[23]。また同じ地方のクレモナ周辺では、16世紀に農地の42パーセントがブドウ畑、30パーセントが樹木をともなう穀物播種地、21パーセントが灌漑牧草地であったといわれる[24]。こうしたセレーニの指摘をみるかぎり、かなり早い時期からブドウと樹木が穀物とともに重要な地位を占めていたとおもわれる。

　とくにイタリア北部と中部では穀物、ブドウ、樹木を同じ農地に栽培する

「混合耕作」(coltura promiscua) といわれる独特の農法が発達した。「混合耕作」は樹木をブドウの支柱に利用するだけでなく、夏期に不足する家畜の飼料を樹木の枝や若葉で補うことも可能であり、トスカーナ地方では「樹木に採草地を育てる」ということわざがあったという[25]。「混合耕作」は、小麦の収穫という点では、冬小麦と夏の休閑からなる二圃制の性格をもっていたようにみえるが、樹木とブドウの栽培に注目するなら、春の生育開始から秋のブドウ収穫まで、夏季休閑はおこなわれないので、本来の二圃式農法とはあきらかに異なった性格をもっていた。その景観も開放耕地とは異なり、耕地に並ぶ樹木が景観の基本的特徴をなし、耕地の並木はイタリア北部のポー川流域では「ピアンタータ」(piantata)、中部では「アルベラータ」(alberata) と呼ばれる[26]。同様な並木の景観は、西南フランスのワイン生産地として名高いボルドー周辺のアキテーヌ地方でも見られ、ブリュネによって「アキテーヌ景観」と呼ばれている[27]。こうしたブドウをはじめとする樹木性作物の生産地は本来の二圃制地帯から派生した準二圃制地域、あるいは独立した「混合耕地制」の地域として扱われるべきかもしれない。

　夏の乾燥気候に適した二圃制は、主に南ヨーロッパの地中海沿岸に集中していたが、問題となるのは、北ヨーロッパ各地にも点在していた二圃制の性格である。近代ドイツで二圃制が見られたのはライン川中流域とその支流のモーゼル川流域である。近代イギリスでは、とくにコッツウォルズやリンカンシャー・ウォルズなど石灰質土壌の多い丘陵地帯に二圃制が多く見られた。これらは、南ヨーロッパの二圃制と同じ性格をもっていたのであろうか。北ヨーロッパの二圃制についての研究はきわめて乏しいが、これまで次に述べるような二つの見方があるようにおもわれる。

　一つは、二圃制を古い形態の耕地制度とみなし、中世盛期の北ヨーロッパで二圃制から三圃制への移行と発展がおこなわれたとする考え方である。たとえばグレイは二圃制をアングロサクソン時代の主要な耕地制とみなし、13世紀初期から三圃制がミッドランドに普及したと考えている。同じようにドイツの歴史家レーゼナーも、カロリング期までは「農民耕地は圧倒的に長期の休閑期を

ともなう粗放な二圃制または穀草式農法の形態で耕されていた。穀物の栽培面積の拡大にともなって、休閑は中世盛期にはしだいに穀物栽培の第三年度に限られるようになり、それと同時に村落耕地は三つの大耕圃に区分され、村落のすべての農民がこれにかかわりをもった」[28]と述べている。こうした見解にもとづけば、近代の北ヨーロッパ各地に見いだされる二圃制を、中世盛期以降の三圃制農業の発展から取り残された辺境の農地システムとみなすことも不可能ではないが、ドイツのライン・モーゼル流域やイギリスのコッツウォルズの二圃制が、三圃制と比べてとくに劣っていたという証拠は乏しい。この点で中世における二圃制から三圃制への歴史的発展論は、近代の北ヨーロッパ各地に二圃制が存続していた理由をかならずしも合理的に説明しきれないのである。

これに対して、二圃制を農業の地域的特性と結びつけてとらえようとする見方もある。たとえばホーマンズは、イギリスの二圃制は肥沃でない石灰質土壌の高地に多く、三圃制は肥沃なローム層土地に多いという見解を表明した[29]。イギリスのヒルトン、ジェニングズ、フォックスらの地方史研究も二圃制がとくにコッツウォルズなどの丘陵地に多いことを明らかにしている[30]。ヒルトンによれば、コッツウォルズでは土壌が軽く、浸食されやすく、中世全体をとおしてその農法は毎年耕作面積の半分以上を休閑地とする必要があった。またドイツでも、シュレーダー=レムプケはライン・モーゼル流域に二圃制が多い理由として、次のような農業事情を重視している。「二圃制は乾燥気候と石灰分に富むレス土壌における無肥料農業に適している。採草地と森林に乏しいレス土壌地域では粗野な穀草式農法はほとんど認められず、むしろ二年交替の農業を想定しうる」[31]。つまりイギリスでもドイツでも、あまり肥沃でない石灰質の軽い土壌で二圃制が優位を占めていたと考えられているのである。

北ヨーロッパの二圃制は、南ヨーロッパの二圃制よりも北ヨーロッパの三圃制に近い性格をもっていたようにおもわれる。19世紀初期のドイツの農学者シュヴェルツによれば、モーゼル地方の二圃制では休閑除草がおこなわれ、冬穀物の前の休閑年度には犂による耕耘が4回くりかえされ、夏大麦の前の休閑年度には犂による耕耘が2回おこなわれるという[32]。こうした休閑除草は地中海

沿岸の二圃制では見られない農作業であり、この点でモーゼル地方の二圃制農法は、ヨーロッパ南部の二圃制とは異なった性格を示唆している。

また、イギリスのヨークシャー・ウォルズの東側に位置するホールダーネス地方の支配的農地システムとしての二圃制では、ヘイによれば、個々の耕地区画の形態は三圃制と同じような規則正しい細長い地条をなし、南ヨーロッパの不規則な方形耕地とはかなり異なった形状を呈していた[33]。この点でも、南北ヨーロッパ間に重要な違いが認められるといってよい。とはいえ、両者の間に共通点が見られないわけではない。たとえばイギリスのコッツウォルズの二圃制では、休閑の主要な目的はこうした休閑除草よりもむしろ耕地への施肥のための羊の休閑地放牧にあったといわれる[34]が、休閑地への羊の放牧は近代スペインの二圃制農業でもおこなわれたといわれており[35]、この点では両者の間に共通性が認められる。しかし、ライン・モーゼル流域の二圃制地帯では、牧羊はあまり盛んとはいえなかった。このように、近代の北ヨーロッパ各地に点在した二圃制は地域によって、栽培作物、除草、犁耕方法、耕地区分、休閑地への共同放牧などにおいてさまざまな個性をもち、その一般的性格をとらえることは今なお容易ではないが、イギリスでは三圃制とともに「開放耕地制」あるいは「共同耕地制」の一種とみなされているように、多くの点で南ヨーロッパの二圃制よりもむしろ北ヨーロッパの三圃制に近い性格をもっていたといえるだろう。

(2) 三圃制（規則的開放耕地制）

南ヨーロッパの二圃制に対して、北ヨーロッパを代表する耕地制度はいうまでもなく三圃制であった。これはイギリスではグレイの「ミッドランド・システム」あるいは「開放耕地制」、フランスではマルク・ブロックの「北フランスの開放・長形耕地」、ドイツではマイツェンの「ゲルマン的共同耕地制」あるいは「混在地制」に相当する。ここで「三圃制」というとき、次の点に注意を要する。第一に「三圃制」という言葉はしばしば中世北ヨーロッパで優勢だった三圃式輪作農法の意味で用いられることがあり、その基本的特徴は、冬麦、

夏麦、休閑という三年周期の輪作にある[36]。第二に、「三圃制」はそうした輪作農法にもとづく耕地制度をも意味し、村落耕地全体が冬畑、夏畑、休閑地に三区分されたうえで、これら三種類の土地が多数の耕区に区分され、各耕区も細長い地条に細分されて各土地保有者に割り当てられるという複雑な耕地システムがその基本的特徴をなす[37]。とくにイギリスではこうした複雑な耕地制度としての三圃制の成立と発展過程をめぐって多くの議論がおこなわれており[38]、グレイやホーマンズらは、個人の土地が囲い込まれていないことを重視する立場から三圃制を「開放耕地制」という概念でとらえたが[39]、農地の共同利用を重視するサースクやケリッジらは「共同耕地制」の主要形態とみなし、このほかに土地の分散を重視して「細分耕地制」（sub-divided field system）と表現するドッジションのような歴史家もいる[40]。

　三圃制における複雑な土地細分システムの成立の理由について、とくにアメリカとイギリスで従来の歴史研究の方法とは異なる斬新な手法による研究が試みられている。その一つはマクロスキーの数量経済史的アプローチであり、彼は開放耕地制における耕地分散が穀物栽培における自然災害や病虫害などのリスクを分散あるいは回避する方法として合理的だったことを数量経済史的手法で証明しようとした[41]。これに対してダールマンは新制度派経済学の方法にもとづいてマクロスキーを批判し、耕地の分散は「取引コスト」を増大させると主張し、開放耕地制における共同体規制の理由を市場「取引コスト」が最小におさえられることに求めた[42]。ところがダールマンと同じ新制度派経済学に依拠するホップクロフトは、「共同体的開放耕地制は他のシステムよりも高い取引コストを含む。これは不確実性を増し、発展を抑制する」[43]という仮説を設定して、共同体的規制の強い耕地制度が農業発展を阻害することをヨーロッパ各国について証明しようと試みた。これらの諸研究は、手法こそ斬新で興味深い議論の材料を提供してくれてはいるが、ダールマンとホップクロフトが同じ「取引コスト」概念を用いながら正反対の見解を導き出していることに見られるように、いまだ理論的仮説の域を脱しておらず、信頼に足る実証的裏付けに乏しいといわざるをえないだろう。

三圃制は錯綜した耕地制度ではあったが、次のような点で、中世から近代初期ヨーロッパにおいて穀作に最も適したシステムであった。第一に三年に一度の休閑をともなうとはいえ、三圃制では穀物栽培のための施肥、犂耕、播種、収穫などの農作業がほとんど中断なくおこなわれ、粗放な穀草式農法あるいは内畑・外畑制の一時的な耕作に比べて高い穀物生産性を実現しえた。第二に食糧用冬穀物の生産に限定された二圃制に比べて、三圃制は冬穀物と夏穀物の二種類の穀物を生産することによって、夏穀物のオート麦や大麦を家畜の飼料やビールなど酒類の原料として利用しうる可能性を生み、家畜飼養の拡大や酒造業の発展の契機となった[44]。こうした点で三圃制は、南ヨーロッパの二圃制、穀草式農法にもとづく囲い込み地制、内畑・外畑制よりも、穀物生産において優れており、きわめて複雑な耕地区画と土地保有システムにもかかわらず、とくに大所領を有する領主の主導のもとに12〜13世紀に広く北ヨーロッパの平野に普及したと考えられる。

(3) 囲い込み地制

囲い込み地は、イギリスにおけるグレイの「ケント・システム」、フランスにおけるブロックの「ボカージュ」、ドイツにおけるマイツェンの「孤立農圃」に相当する。三ヵ国の囲い込み地制に共通するのは、穀作よりも畜産に適した立地条件にもとづき、農地が穀作地よりも牧草地として利用される傾向をもっていたことである[45]。

囲い込み地制の最大の特徴は、三圃制とは対照的に、農地区画が垣根や塀、水路などによって区切られ、他者から独立した農場経営が可能だという点にある。しかし、囲い込み地制はその分布範囲が三圃制に比べて限定されていたうえに、小麦やライ麦の食糧供給にも微々たる役割しかはたさなかったため、これまで三圃制ほど強い関心をもたれることはなかった。

囲い込み地制は、多くの場合畜産に重点を置く穀草式農法と結びついていた[46]。あまり肥沃でない原野では、その一部を囲い込んで、数年間穀物を収穫した後に、この土地を草地にもどし、家畜の放牧地として利用したためである。

こうした粗放な穀草式農法は三圃式農法に先行する古い農法といわれ、そのかぎりで穀草式農法にもとづく囲い込み地制は三圃制よりも古い歴史をもつ[47]。だが、三圃制よりも新しい囲い込み地制も少なからず見いだされ、その代表はオランダをはじめとする北海沿岸の干拓地に普及した酪農である。北海沿岸の干拓地や大河川下流の沖積地はかなり肥沃な土地に恵まれ、穀作も不可能ではなかったが、水分を多く含む低湿地は穀作よりも質の良い牧草の生育に適しており、水路で囲まれた土地区画に豊かな牧場が多数つくられた。また、北海に接していない西北ドイツの内陸のヴェストファーレンでは、オランダの干拓と同じ時期に、原野が開墾されて多くの囲い込み地がつくられ、孤立農圃制が発達した。こうして近代初期の干拓や開墾によって、ヨーロッパ各地で新しい囲い込み地制が発達をみた。こうした点で、囲い込み地の歴史は古くもあり新しくもあり、その性格は単純ではない。

(4) 内畑・外畑制

　内畑・外畑制は、イギリスにおけるグレイの「ケルト・システム」に相当し、フランスにおけるブロックの「ボカージュ」、ドイツにおけるマイツェンの「ケルト的定住」とも関連性をもつ。一見したところ、内畑・外畑制はウェールズ、スコットランド、アイルランド、フランスのブルターニュなどケルト人居住地域に集中していたように見える。だが、ケルト人地域以外にも内畑・外畑制はかなり広範囲に見いだされる。たとえば、西北ドイツのシュレスヴィヒ・ホルシュタインから西に向かってオストフリースラントまで延びる「ゲースト」(Geest) と呼ばれる地帯では、デーン人、ザクセン人、フリース人、オランダ人など民族や部族の違いにかかわりなく、内畑・外畑制の優位が確認される。それは、ゲーストの気候や土壌が耕地制度の形成に深いかかわりをもっていることを示唆する。

　内畑・外畑制の特徴は、耕地制度の複合的性格にある。内畑は一般に一圃制、二圃制、三圃制などの形態の開放・共同耕地、外畑は囲い込み耕地であり、土地保有者は内畑と外畑に性格の異なる二種類の耕地を保有する。内畑と外畑は

イギリスではそれぞれ「インフィールド」(infield) と「アウトフィールド」(outfield)、フランスのブルターニュでは「メジュー」(méjou) と「ボカージュ」(bocage)、西北ドイツでは「エッシュ」(Esch) と「カンプ」(Kamp) と呼ばれる。

　内畑は常設耕地で、多くの場合細い地条に区分され、スコットランドの内畑は休閑をともなう三圃制であるが、夏穀物のオート麦が二年続けて栽培されることが多い。フランスのブルターニュではしばしば二圃制、西北ドイツの内畑は一圃制で、毎年ライ麦が連作され、休閑地への家畜放牧による施肥のかわりに、肥沃な芝土が客土として利用される。他方、外畑は荒野のなかに個別に開墾された囲い込み地であり、一般に粗放な穀草式農法によって数年間の一時的耕作地と放牧地とが交互にくりかえされる。したがって、内畑・外畑制は開放耕地制と囲い込み地制の両者の混合形態をなし、全耕地面積のうち外畑の割合が大きい場合は囲い込み地制に接近し、内畑の割合が大きくなれば逆に開放耕地制に接近する。フィッティントンの推計によれば、スコットランドでは内畑と外畑の面積比は1対3であるといわれる[48]。西北ドイツでは囲い込み地制と内畑・外畑制との地域的境界は判然とせず、狭い地域圏内で両者が共存する場合もみられる。そうした事情はフランスのブルターニュなどでも見られる。

　内畑と外畑の面積比とともに重要であるのは、内畑と外畑それぞれの成立期の問題である。西北ドイツでは内畑は外畑より早く成立したといわれる。中世初期から盛期に小集落の近傍にまず内畑（エッシュ）がつくられ、集落外縁の荒野で外畑（カンプ）が開墾されたのは近代初期のことであるとみられている。フランスのブルターニュでは内畑（メジュー）と外畑（ボカージュ）の成立期を明確に確認することはできない。同じくスコットランドやアイルランドの内畑と外畑についても、その起源は確定されておらず、かなり古い時期から両者の関係は流動的だったといわれている。全体として、内畑・外畑制が普及していた地域では、気候や土壌が穀作には不利で、近代まで未墾地が多く残されており、荒野のなかに開墾された外畑で粗放な穀草式農法にもとづく耕作がおこなわれていたといってよい。

内畑・外畑制において見過ごすことができないもう一つの問題は、土地割替制であろう。スコットランドとアイルランドの内畑・外畑制には「ランリグ」、「ランデール」と呼ばれる土地の共同保有と定期的割替が見られるが、フランスやドイツの内畑・外畑制の地域には、土地割替制は見いだされない。ドイツに土地割替制がなかったわけではなく、ライン・ファルツ地方のトリーア周辺に「ゲヘーファーシャフト」（Gehöferschaft）と呼ばれる土地割替制が知られており[49]、ランプレヒトは土地割替が外畑でおこなわれたことを指摘している[50]。他方、フランスのブルターニュなどの内畑・外畑制地域には土地割替制の慣習は認められないし、アイルランドでも割替制の普及は西北部に限られていた。そうだとすれば、スコットランドやアイルランドの「ランリグ」や「ランデール」も内畑・外畑制とは直接にかかわりのない別の要因にもとづいて成立した可能性がある。いずれにしても、個人主義が発達をとげた近代ヨーロッパで、土地の共同保有と定期的割替制が存在していたという事実そのものはきわめて興味深い問題であり、章をあらためてとくにアイルランドについて考える機会をもつことにしたい。

　以上の四類型以外にも、各地に独自の耕地制度が存在していたことはたしかである。たとえばドイツのシュレスヴィヒ・ホルシュタイン東部に位置するバルト海沿岸部丘陵地帯では18世紀まで穀草式農法にもとづく多圃制が存在し、これは共同耕地制の一種ではあったが、三圃制のような開放耕地制ではなく、上記四類型のいずれにも属さなかった。またイギリスのイースト・アングリアの耕地制度も、本来の三圃制とは異なる性格をもっていたといわれる。二圃制が優位を占めたといわれる南ヨーロッパでも、乾燥気候の地中海沿岸では穀作よりオリーブやブドウなど樹木性作物の栽培が盛んで、農業と耕地制度は多様であった[51]。今後の地域研究の進展によって、多種多様な耕地制度が見いだされる可能性はなお残されてはいるが、さしあたり現時点では西ヨーロッパ全体としては四類型が主要な耕地制度をなしたといってよいのではないだろうか。

5　耕地制度と集落形態の地理的分布

　農村景観の構成要素として耕地制度とともに忘れてならないのは、集落形態である。耕地制度と集落形態はしばしば密接な相関関係をなしており、その歴史は「定住史」としてとくに歴史地理学の重要な研究テーマをなすが、農業史においても多くの歴史家がこれに関心をもち、ヨーロッパ各国で耕地制度と集落形態の地理的分布についてできるだけ正確な見取り図を描こうと試みてきたのは当然である。ここでは、まず英独仏三カ国それぞれの定住様式の地域分布をみたうえで、西ヨーロッパ全域についても一定の空間的イメージを獲得しうるようにつとめたい。

(1)　イングランド

　イギリスではサースクらの農業地域史研究がきわめて盛んであるだけでなく、囲い込み運動の本国だっただけに、とくにイングランドの開放耕地制あるいは共同耕地制の分布にかんしては、かなり正確な地図がつくられている。図1-1はゴナーによって作成された地図であり、「共有地または共同耕地のない土地」が多い地域は囲い込み地が優位を占める地域を意味し、逆に共有地または共同耕地が少ない地域は二圃制、三圃制が優位を占める地域を意味する。この地図から、イングランド西北部と東南部は囲い込み地制が優勢で、両者の間に位置するミッドランドは開放あるいは共同耕地が優勢であったことを確認しうる。

　図1-2は現代の集落形態の分布を示す地図であり、図1-1の耕地制度の分布と多くの点で共通性が見いだされ、開放・共同耕地制のミッドランドでは集村が多く、囲い込み地制が優位を占める西北部と東南部は比較的小村あるいは独立農場が多いことが確認されるだろう。

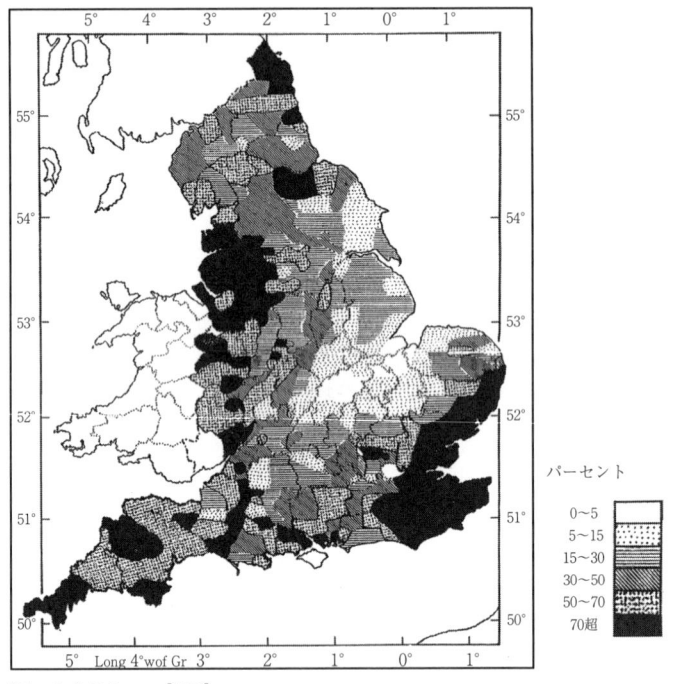

図1-1　共有地または共同耕地のない土地の地域分布（16世紀末のイングランド）

出典：E. C. K. Gonner [1912].

(2)　フランス

　伝統的に北フランスが東の三圃制地帯と西のボカージュ地帯に分かれることは比較的よく知られているものの、二圃制が優位を占めたといわれる南部の定住様式の実態についてはあまり正確に知られてないようにおもわれる。図1-3は、ブリュネによる20世紀半ばのフランスの農村景観の地域分布にもとづいて作成した概略図である。これは比較的新しい時代の分布なので、古くからの農村景観と一致するとは断定できないが、18～19世紀以前の耕地制度とかなり深い関連性をもつようにおもわれる。

　東北部の「開放耕地」圏は、伝統的に三圃制を主たる耕地制度とした地域と

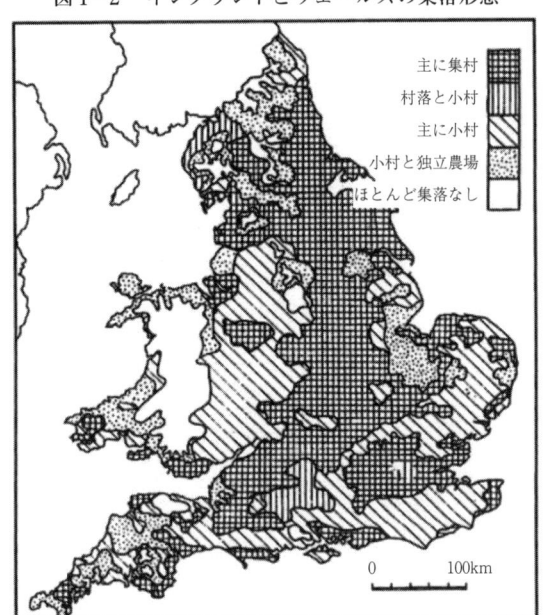

第1章 ヨーロッパの耕地制度　43

図1-2　イングランドとウェールズの集落形態

凡例：
- 主に集村
- 村落と小村
- 主に小村
- 小村と独立農場
- ほとんど集落なし

出典：Thorpe [1964] p.361.

みなされる。西部と中部に多い「囲い込み地」は生け垣で囲まれたボカージュに相当するといってよい。「囲い込み地」に隣接する「半ボカージュ」圏は、内畑としての小規模開放耕地、外畑としてのボカージュから構成される内畑・外畑制地域とみなされる。他方、西南部の「アキテーヌ景観」と南部の「農業的特徴の乏しい景観」の地域については、その耕地制度の歴史的系譜はかならずしも明確ではない。ブリュネによれば、ボカージュが生け垣に囲まれた農地であるのに対して、アキテーヌ圏では「生垣よりもむしろ樹木の並木が重要であり」、ブドウなどの果樹園も多く、こうした樹木がボカージュとは異なる景観を生んでいるというが、それは必ずしもこの地域の農村景観の構成する基本要因ではないともいわれる。ピットも、アキテーヌ地方の景観について、「まわりをすべて囲まれた耕地はまれである。生け垣はしばしば耕地区画の一つか二つの辺を縁どるにすぎず、共同耕地のような規則性もない。ボカージュ以上

44

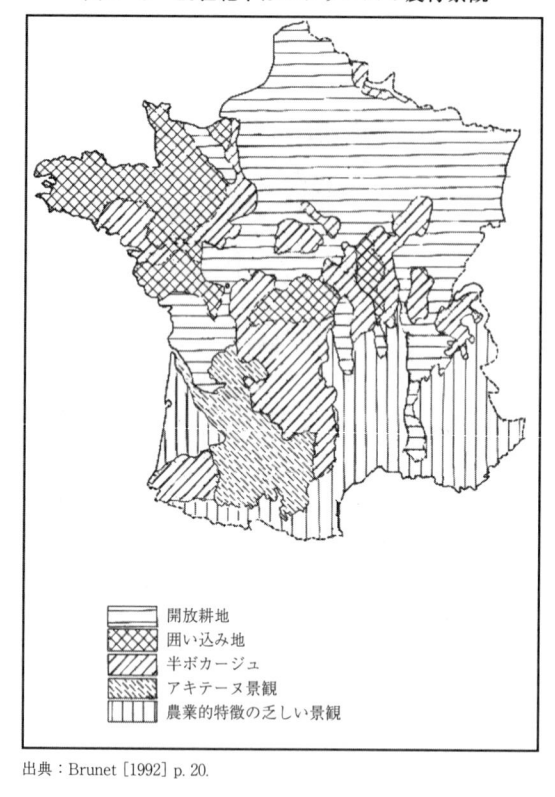

図1-3　20世紀半ばのフランスの農村景観

凡例：
開放耕地
囲い込み地
半ボカージュ
アキテーヌ景観
農業的特徴の乏しい景観

出典：Brunet [1992] p. 20.

に、南部では温暖な気候とローマから受け継がれた樹木への愛着との結合によって生まれた樹木景観について語ることができるようにおもわれる」[52]と述べている。

　他方、フランス東南部は、「永続的耕作のために整備された地域よりも多くの未墾地、森林および高地牧場を含む」とされ、実際に東南部には「不規則形態の小開放耕地」、「荒蕪地のなかに孤立した開放耕地」のほか、「干拓地」、「灌漑地」、「森林」、「高地牧場」、「灌木林」、「多様な景観と森林・荒蕪地との混合」など、相異なる特徴をもつ諸地域が含まれている。西南部のアキテーヌ地方が「半ボカージュ」圏に近い性格をもつのに対して、東南部のプロヴァンスやラ

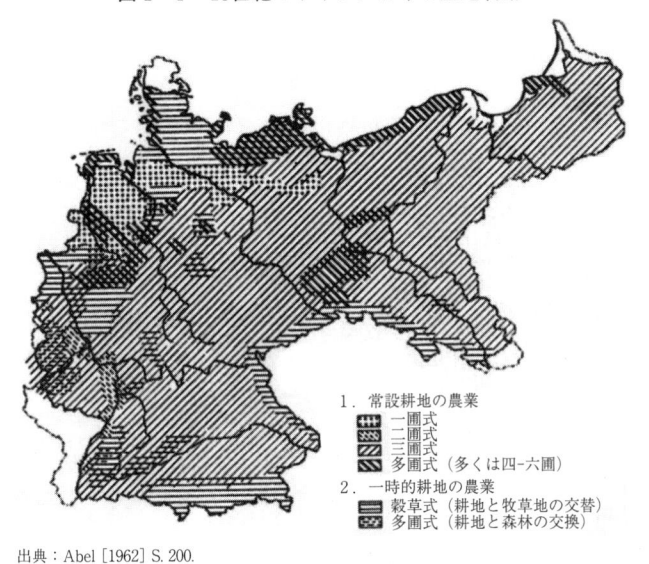

図1-4　18世紀のドイツにおける土地利用

1．常設耕地の農業
　　一圃式
　　二圃式
　　三圃式
　　多圃式（多くは四-六圃）
2．一時的耕地の農業
　　穀草式（耕地と牧草地の交替）
　　多圃式（耕地と森林の交換）

出典：Abel [1962] S. 200.

ングドックは伝統的に二圃制を主たる形態とする不規則開放耕地制の地域圏とみなすことができるかもしれない。

(3)　ドイツ

　ドイツについては、耕地制度および集落形態それぞれについてかなり正確な地図が作成されている。図1-4は厳密には農法の分布を示すが、ほぼ耕地制度の分布に一致するといってよい。ドイツの農法と耕地制度において圧倒的に優位を占めるのは三圃制である。「一圃式」農法はもっぱら西北ドイツ内陸の内畑・外畑制における内畑農業を意味する。そこでは毎年ライ麦が連作された。「二圃式」農法はライン・モーゼル川流域に限定される。また「多圃式」は主にメクレンブルク以東のバルト海沿岸地に18世紀に導入された農法であり、穀草式多圃制農法と三圃式農法との結合によって生まれた。これらについては後の章で触れる機会があるだろう。「一時的耕地」における「穀草式」農法と「焼畑式」農法は、この地図では主に北ドイツのシュレスヴィヒ・ホルシュタイン

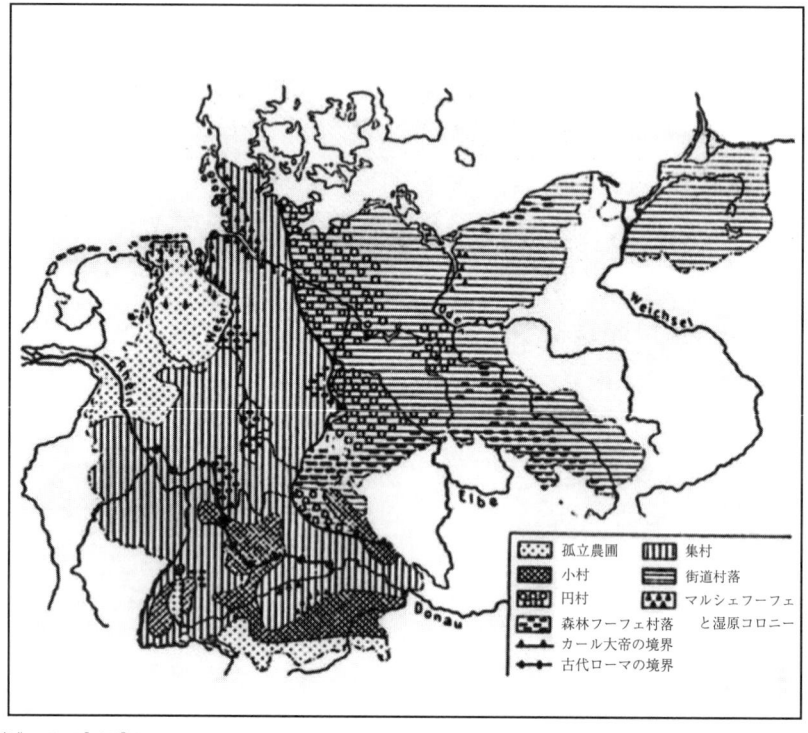

図1-5 ドイツの集落形態

出典：Abel [1962] S. 66.

および北海沿岸低湿地、南ドイツの山間部などに限定されているが、西北ドイツの「多圃式」農法というのは実際には「穀草式」農法にもとづくことが多く、この点でこの地図は正確とはいえないかもしれない。

　図1-5の集落形態の分布で地域的に大きな割合を占めるのは西ドイツでは集村、東ドイツでは街道村落[53]であるが、両者とも三圃制とともに発達した集落形態として共通性をもつ。東ドイツには街道村落のほかに円村[54]も多いが、ともに計画的入植によって三圃制の導入とともにつくられた集落形態である。これと対照的に、非三圃制地帯には孤立農圃、小村、マルシュフーフェ、森林フーフェなどが見られる。このうち、マルシュフーフェは北海沿岸の低湿地

(マルシュ)、森林フーフェはザクセン山岳地帯に計画的入植によってつくられた定住地として、集落形態に共通性が見られる。いずれにしても、耕地制度における三圃制の優位にしたがって、集落形態においても集村(街道村落と円村を含む)が支配的である。

(4) 西ヨーロッパ全域

ヨーロッパ各国でそれぞれ精密な国内定住史研究がおこなわれてきたとはいえ、国によって耕地制度と集落形態の把握方法が異なるため、現状では国際的統一基準にもとづくヨーロッパ全体像を正確にとらえることは困難である。ここでは、西ヨーロッパ全域の定住様式について見取り図を描こうとした幾つかの試みをとりあげよう。それによって、ヨーロッパ的定住様式の分布についてある程度空間的イメージをもつことが容易となるだろう[55]。

①シュリューターの「定住形態分布地図」

最初にとりあげるのは、20世紀初期にドイツの地理学者シュリューターによって作成された地図である(図1-6)。シュリューターは、上述のマイツェンの学説にもとづいて、この地図を作成した。まず、エルベ川以東の東ドイツやポーランド等の地域は「スラヴ的円村」と「スラヴ的街道村落」、地中海沿岸は「ローマ的定住」として、アルプス以北の西北ヨーロッパから区別されている。またアルプス以北のヨーロッパで支配的な定住形態をなすのは、「ゲルマン的ゲヴァン村落」と「ケルト的起源の孤立農圃」である[56]。とくに「ケルト的起源の孤立農圃」の範囲が広く設定されており、スコットランド、アイルランド、ウェールズはもちろんのこと、フランスの大部分もケルト的孤立農圃制地帯に属する。これに対して、「古来のゲルマン的ゲヴァン村落」、すなわち三圃制を中心とする共同耕地制の地帯はイギリス、フランス、ドイツの中心部を占めてはいるものの、全体としてその範囲は「ケルト起源の孤立農圃」地帯と比べて小さい。これは明らかにマイツェンのケルト的孤立農圃制論の影響を示すものにほかならない。

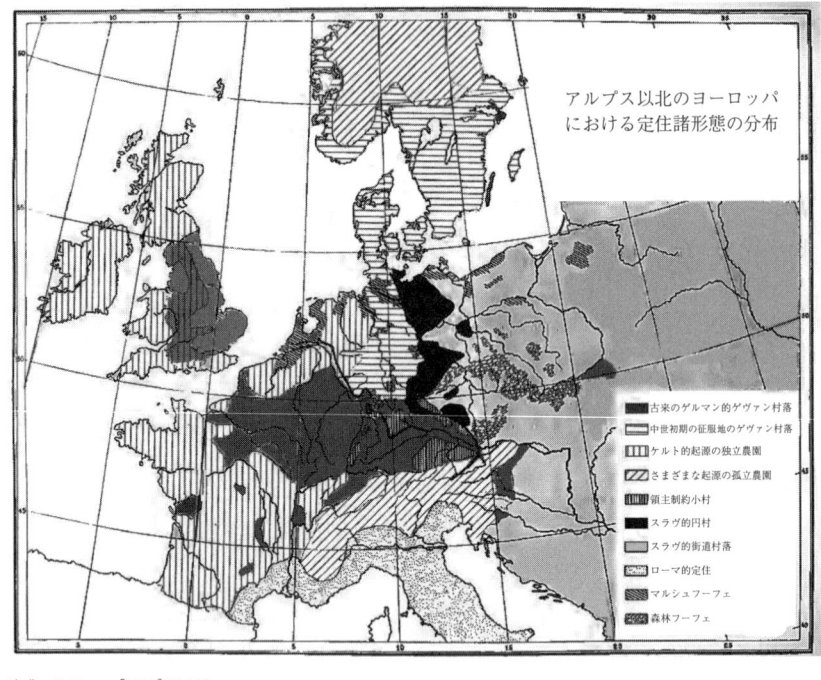

図1-6　シュリューターによる「アルプス以北の定住諸形態」

出典：Schlüter [1911] S. 482.

　この地図は「マルシュフーフェ」や「森林フーフェ」、エルベ川以東の「円村」と「街道村落」などの分布について比較的正確といえるが、デンマーク以北の北欧における「中世初期の征服地のゲルマン的ゲヴァン村落」と「さまざまな起源の孤立農圃」との間の境界についてはあまり正確とはおもわれない。だが何よりも、この地図の最大の欠陥がマイツェンのケルト的孤立農圃地帯の過大評価にあることは否めないだろう。

②ホフマンの中世定住史地図
　次に、ヨーロッパの定住様式の全体像を示そうとする比較的新しい試みとして、カナダの中世史家ホフマンによる「1300年頃の西北ヨーロッパにおける農

図1-7 ホフマンによる中世盛期西北ヨーロッパ「農業システム」

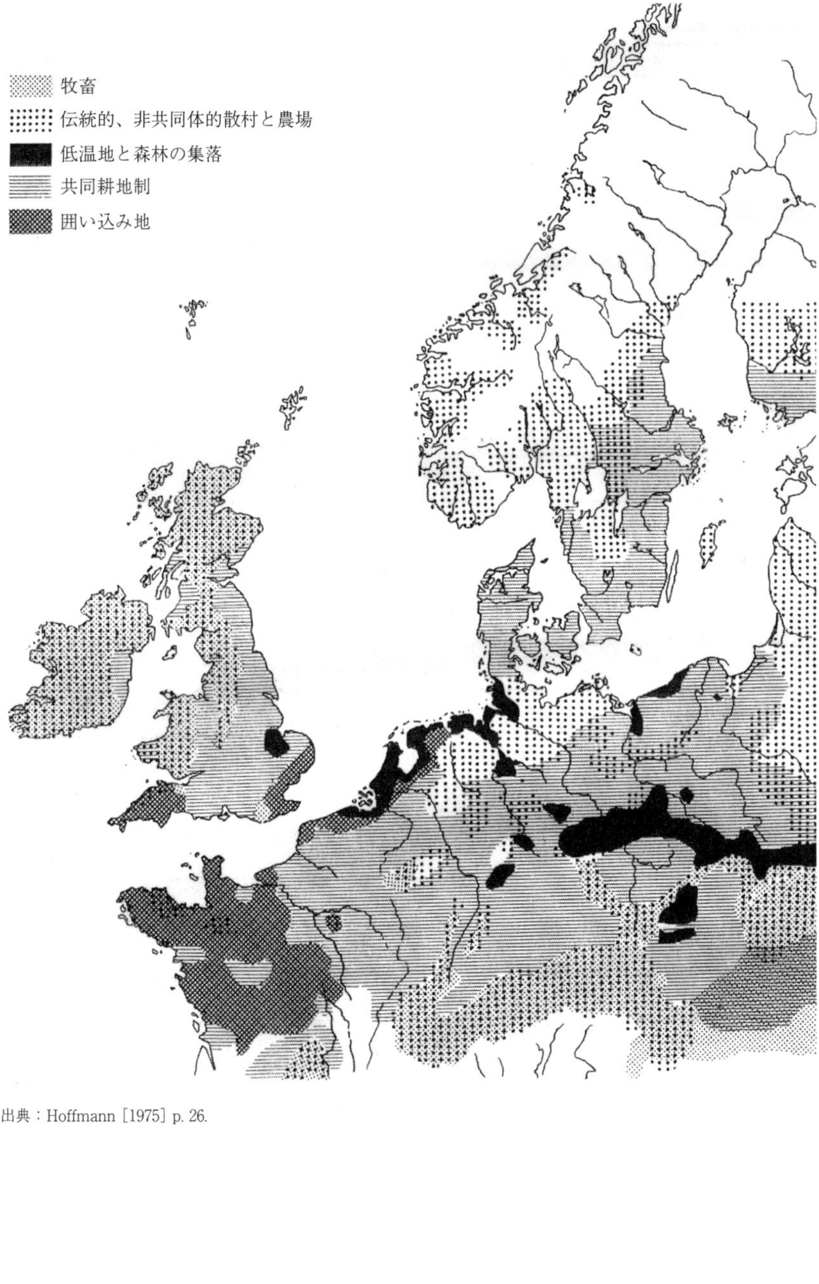

- 牧畜
- 伝統的、非共同体的散村と農場
- 低温地と森林の集落
- 共同耕地制
- 囲い込み地

出典：Hoffmann [1975] p. 26.

業システム」が挙げられる（図1-7）。この地図はアルプス以北の西北ヨーロッパの定住様式を示しており、南ヨーロッパ、フランス南部の二圃制地帯を含んでいない。この図の特徴は、一枚の地図上に耕地制度と集落形態とが複合的に示されていることである。

　この地図には、マイツェンのケルト的孤立農圃論の影響はもはや認められない。三圃制を中心とする「共同耕地制」がアルプス以北の北ヨーロッパで大きな部分を占めており、しかも英独仏三ヵ国の中心部に位置していたことが示されている。これに対して、「伝統的、非共同体的な散村と農場」、「囲い込み地」は周縁部の牧畜地域に存在している。この場合、「伝統的、非共同体的な散村と農場」の性格はかならずしも明確ではないが、その多くはスコットランド、アイルランド、ウェールズや西北ドイツなどの内畑・外畑制と密接な関連をもっていたとおもわれる。この地図ではフランス西部のボカージュ地帯はほとんどすべて「囲い込み地」とみなされているが、すでに指摘したように、ボカージュ地帯にもしばしば小規模開放耕地が見いだされ、その場合の耕地制度はむしろ内畑・外畑制とみなされるべきであろう。

③ブリュネによるヨーロッパの伝統的農村景観
　上掲のホフマンの地図はアルプス以北の西北ヨーロッパの地理的分布については詳しいが、南ヨーロッパについての情報がまったく欠けている。これに対して地中海沿岸の定住様式について詳しいのは、図1-8のブリュネによる「ヨーロッパの伝統的農村景観」である。この地図の最大の特徴は、スペイン、ポルトガル、イタリア、バルカン半島なども含む西ヨーロッパ全体の農村景観の分布を示している点にある。ただ、この地図にはいくつか注意すべき点がある。まず第一にイングランドと北欧諸国の一部が近代の囲い込み運動によって形成された「大規模囲い込み地」として、フランスやドイツの伝統的「開放耕地」とは区別されている。また第二に、この地図は1992年に作成されたため、古くからの「伝統的景観」とはいいがたい第二次大戦後の東ドイツやハンガリーなど社会主義的集団農業もかなり大きな地域圏として示されている。第三

第1章 ヨーロッパの耕地制度　51

図1-8 ブリュネによる「ヨーロッパの伝統的農村景観」

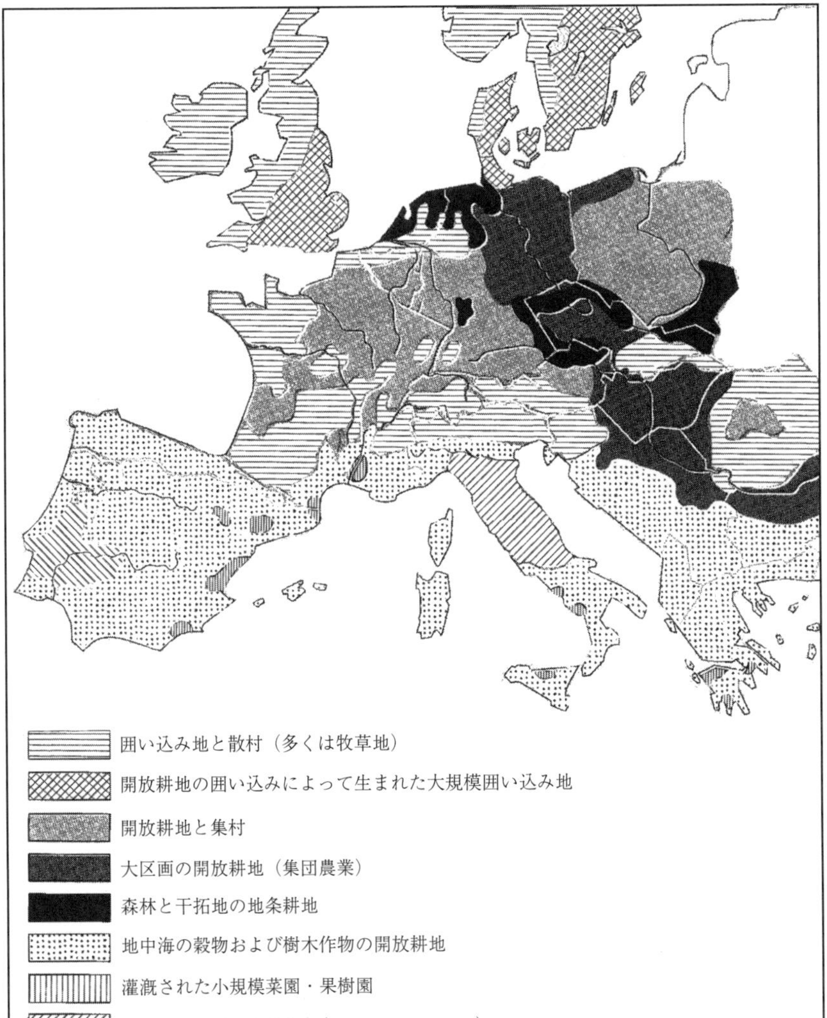

- 囲い込み地と散村（多くは牧草地）
- 開放耕地の囲い込みによって生まれた大規模囲い込み地
- 開放耕地と集村
- 大区画の開放耕地（集団農業）
- 森林と干拓地の地条耕地
- 地中海の穀物および樹木作物の開放耕地
- 灌漑された小規模菜園・果樹園
- イタリア式「混合耕作」(coltura promiscua)
- 巨大所有の疎林における穀作地

出典：Brunet [1992] p. 21.

に、内畑・外畑制と囲い込み地制の地域は区別されることなく、一括して「囲い込み地と散村」の地域圏に包含されている。第四に南欧においてとくにイタリアの「混合耕作」が他の地中海地域と区別されて、かなり大きな独自の地域圏をなしている。イタリア式「混合耕作」とは樹木、果樹、穀物、蔬菜の栽培と家畜飼養を組み合わせた複合的性格の集約農法を意味する。これらの点に留意しつつも、「開放耕地」、「囲い込み地」および「地中海開放耕地」の三者が西ヨーロッパの伝統的農村景観の三大地域圏としてとらえられていることが、この地図全体から看取しうるであろう。

1) Seebohm [1905] pp. 368-369.
2) Seebohm [1905] p. 369.
3) Meitzen [1895] Bd. 1, S. 194.
4) Meitzen [1895] Bd. 1, S. 197.
5) Meitzen [1895] Bd. 1, S. 214f.
6) Meitzen [1895] Bd. 2, S. 82.
7) Riepenhausen [1938].
8) Gray [1915] pp. 83ff.
9) Gray [1915] pp. 157ff.
10) ヴァーゲイトは、面積単位としてはドイツのフーフェと近似した大きさである。
11) Gray [1915] pp. 272ff.
12) Gray [1915] pp. 305ff.
13) Campbell [1981b] pp. 112ff.
14) Overton [1996].
15) ただし、このうち「ケルト・システム」と呼ばれている耕地制度は、今日「ケルト式耕地」(celtic fields) と呼ばれている中世初期以前の耕地制度と混同されてはならない。カペレによれば、古い「ケルト式耕地」の耕地区画は土塁で区切られており、一区画の長さは10〜50メートルで、その形状は正方形、長方形のほかに、不規則な四角形、多角形もあるが、地条耕地は例外的であった。それが「ケルト式耕地」と呼ばれているのは、最初にイギリスで観察されたためであり、エスニックな意味をもつわけではない。西北ドイツにも一辺の長さが50〜100メートルの正方形または長方形のブロック状の耕地が存在し、垣根や排水溝で囲まれていたという。これについては、Capelle [1997]。

16) ブロックの見解については、谷岡［1966］も参照されたい。
17) ブロック［1959］59ページ以下。
18) ブロック［1959］74ページ以下。
19) ブロック［1959］82ページ以下。
20) Thirsk［1984a］［1984b］。
21) Overton［1996］。
22) 飯沼［1970］。
23) Sereni［1997］p. 97.
24) Sereni［1997］p. 263.
25) Sereni［1997］p. 213.
26) Sereni［1997］pp. 136, 213-218.
27) Brunet［1992］p. 20.
28) レーゼナー［1995］86ページ。
29) Homans［1960］p. 56.
30) Hilton［1966］, Jennings［1987］, Fox［2000］。
31) Schröder-Lembke［1978］S. 46.
32) Schwerz［1836］S. 218ff.
33) Hey［1984］p. 76.
34) Hilton［1966］pp. 13-14.
35) 芝［2003］194ページ。
36) 輪作農法としての三圃制は、一般に英語では three-course rotation, フランス語では assolement triennal, ドイツ語では Dreifelderwirtschaft と表現されることが多い。
37) 耕地制度としての三圃制は英語で three-field system、ドイツ語で Dreifeldersystem と表現され、また冬畑、夏畑、休閑地に三区分された耕地は英、仏、独語でそれぞれ field, sole, Feld、耕区は furlong, quartier, Gewann、地条は strip, lanière, Streifen という。
38) イギリス開放耕地制の研究史については、伊藤［2012a］。
39) Gray［1915］, Homans［1960］, オーウィン［1980］。英語の open-field system という概念はフランスにも導入され、フランス東北部の平野で優勢な三圃制を open-field あるいは champs ouverts と表現することが多い。他方、三圃制が圧倒的に優勢なドイツでは、イギリス式の「開放耕地制」や「共同耕地制」という概念はあまり普及せず、イギリスやフランスの「開放耕地制」に対応する概念としてしばしば「耕区制耕地」（Gewannflur）あるいは「混在地制」（Gemengelage）という

概念が用いられる。
40) Dodgeshon [1980].
41) McCloskey [1976].
42) Dahlmann [2000].
43) Hopcroft [1999] p. 49.
44) 三圃制における夏穀物の意義を強調するのは、Schröder-Lembke [1978]。
45) 「囲い込み」あるいは「囲い込み地」を意味する英語の enclosure はポピュラーであり、フランスでも enclosure, enclos, cloture などの用語が用いられるが、「ドイツの三圃制地帯では「開放耕地」を意味する言葉があまり使用されないのと同じように、「囲い込み」を意味する Einfriedigung という用語がつかわれることは稀であり、一般には「共同地分割」（Gemeinheitsteilung）、「耕地整理」（Flurbereining, Zusammenlegung）などと表現され、「囲い込み地」も「孤立農圃」（Einzelhof）や、西北ドイツの北海・バルト海沿岸地帯固有の Koppel, Kamp などという言葉で表現される。
46) 「穀草式農法」という用語は、ドイツ語の Feldgraswirtschaft の日本語訳であり、英語でも field-grass husbandry ということがある。しかし英語では一般には convertible husbandry, ley farming といわれ、これと同じ意味でドイツ語でも Wechselwirtschaft という言葉が用いられることもある。他方、Kerridge [1992] は穀草式農法を「移動性の一時的耕作」shifting and temporary cultivation と表現し、マルク・ブロックやデュビーも同じように「一時的耕作」（culture temporaire）と表現している。
47) 穀草式農法から三圃制農法への移行に見られるような休閑期間の短縮を農業成長の基本条件ととらえるのは、Boserup [1965] である。だが、彼女の見解は休閑をともなう輪作農業の成長には妥当しても、稲作のようにかならずしも休閑をともなわないアジア諸地域の農業には妥当しないようにおもわれる。
48) Whittington [1973] p. 550.
49) Gehöferschaft については、Hanssenn [1880] S. 99ff.
50) Lamprecht [1866] S. 453.
51) Sereni [1997].
52) Pitte [2012] p. 140.
53) 「街村」（Straßendorf）とは、文字通り街道に沿って家屋敷が並ぶ村落である。
54) 「円村」（Rundling）とは、広場を囲んで家屋敷が円を描くように並ぶ村落形態である。
55) わが国においては、寺尾 [1965] がヨーロッパ定住史にかんする地図作成の試

みをおこなった。

56) わが国では、この地図はマックス・ウェーバー（黒正巌・青山秀夫訳）『一般社会経済史要論』61ページで紹介されている。たしかにそのなかでウェーバーは、「ドイツ民族固有の農業制度」を考察するにあたって、三つの地域、すなわち第一に「エルベ河およびザーレ河以東の、昔スラヴ人が居住した地域」、第二に「むかしローマ人のいた地域」、第三に「ヴェーセル河の左岸で、始原的にケルト人が居住した部分」を考察の対象から除外すると述べており、ヨーロッパ全体の定住形態をスラブ、ローマ、ゲルマンおよびケルトの四大地域圏に分けてとらえようとするマイツェン＝シュリューター的定住史観がウェーバーにも一定の影響を及ぼしていたことは否定できないかもしれない。

第 2 章　フーフェ制研究小史

　ドイツ語の「フーフェ」（Hufe）は中世以来のドイツの農村と農業の歴史を理解するうえできわめて重要な基礎概念をなしてきた。だが、フーフェはドイツ独特のものではなく、もともと中世の北ヨーロッパ農村一般に共通する農民経営の基本単位を意味した。「フーフェ」に相当する言葉は、英語では「ハイド」（hide）あるいは「ヴァーゲイト」（virgate）、フランス語では「マンス」（manse）という。ところが英語の「ハイド」や「ヴァーゲイト」、フランス語の「マンス」といった言葉が中世末期からしだいに使われなくなり、いわば死語と化していったのに対して、ドイツでは近代でもいたるところで「フーフェ」および「フーフェ農民」が一般用語として使用され、重要な意味を持ち続けたのである。それはなぜなのか、18世紀以来のドイツにおける「フーフェ」概念の変遷をかえりみることによって、ヨーロッパにおけるドイツ農村社会の独自性を考察してみたい。

1　メーザーのマンスス論

　ドイツで「フーフェ」の重要性を広く認知させるうえで大きな役割をはたしたのは、18世紀後半に西北ドイツの小邦オスナブリュックで活躍したユストゥス・メーザーだといわれる。メーザーの多数の著作のなかでも、とくに「フーフェ」に関して重要な作品は『オスナブリュック史』[1] および「農民農場を株式として考察する」[2] であろう。もっとも、彼自身はそのなかで「フーフェ」という言葉を使用しているわけではなく、「エルベ」（Erbe）、「マンスス」（mansus）あるいは「ヴェーアグート」（Wehrgut）という言葉を使っている。

「農民農場を株式として考察する」のなかで「マンススとは完全なヴェーアグートのことであるといえる。それは当地では完全エルベのことである」[3]と述べられているから、三者はメーザーにとってほぼ同義語であるといってよいだろう。このうち「エルベ」は当時のオスナブリュック農村で広く使われていたが、「マンスス」と「ウェーアグート」は近代ドイツではほとんど用いられることがない古い言葉であり、メーザーが「フーフェ」という言葉を避けて、一般になじみのない古語を使ったのは、当時ドイツ一般に「フーフェ」のもとで理解されていたものとは異なる何かを示したかったようにおもわれる。

「マンスス」は、19世紀の歴史家マウラーによれば、ヨーロッパで8世紀に初めて使われるようになった言葉であり、それ以前にはそうした表現は皆無であり、この時代以来、ほとんどの場合領主直営地に対する農民の保有地を意味したが、その後ドイツ語の発達と普及とともに、「マンスス」という言葉はドイツでは消えていったといわれる。これに対して、フランスではmansusからmanoirという言葉が派生し、ここから農民保有地を指すmas, massa, mes, mex, matz, meis, mesuage, menage, meson, maisonなどが各地方でつくられたという[4]。この点で「マンスス」とフランス語の「マンス」との親近性は明白である。

また、比較的最近のフルヒュルストの著作では、マンススという言葉が歴史上はじめて用いられたのは7世紀後半のパリ周辺の農村であったといわれる。マンススは農民の家屋と建物（mansio）だけでなく、耕地や採草地からなっており、その導入は賦役にもとづくいわゆる「古典荘園」あるいは領主の土地と農民の土地に「二分された荘園制」（bipartite manorial system）の発展と深いかかわりがあったとみなされている[5]。

こうしたことから、メーザーが使用した「マンスス」はフランク王国時代に導入され、主にカロリング期に賦役荘園とともに普及したが、中世盛期以降のドイツ語圏では消えていった言葉であると考えられる。にもかかわらず、メーザーがドイツ語の「フーフェ」ではなく、あえて千年も昔のカロリング期の「マンスス」を用いたのはなぜだろうか。

それは彼の歴史観とかかわりをもっているようにおもわれる。というのは、『オスナブリュック史』のなかで、メーザーは彼のオスナブリュックの建国をカロリング期のカール大帝が統治していた783年と推定しているからである。「オスナブリュックという名で知られている国は、それまで存在していなかった。つまりこの地で最後に見られた民族はヴェストファーレンのザクセン人であり、オスナブリュック人はまだいなかった。その所在地さえ、フランクとザクセンの長い戦争において、それ以前にはまともに考えられたことがなかった。だがいまやこの地に司教座聖堂が建てられ、大管区が設けられ、その上に司教が置かれるときがやってきた。そこから司教領が成立し、時の経過とともに公国が成立し、地名にちなんでオスナブリュック公国と名乗るにいたった」[6]。メーザーの考えでは、カール大帝の時代こそオスナブリュックが創建され、「マンスス」が名実ともに健在だった「黄金時代」なのである。

　それでは、マンススは当時どのような形で存在していたのだろうか。メーザーは「わが祖先の出自や彼らの最初の制度や戦争については、ただ漠然と推測するのみである」とことわりながらも、「真の農村住民は全体としてなお個別に、分離した、一般に高い囲いをめぐらせた農圃に住み、農圃は一般的な基準あるいは相対比をもたないということが注目されよう。それは完全、半分あるいは四分の一農圃に区分されるか、あるいは当地風に言えば、完全エルベ、半エルベおよびエルプコッテン（小屋住農）に区分される。だがエルプコッテンはしばしばエルベより大きく、とくにハイデではエルベ間にもきわめて大きな差がある。誰もが最初は、小川であれ、森林であれ、畑であれ、好きな場所に必要なだけの土地を得ることができたおもわれる」[7]。ここで描かれているのは、近代のオスナブリュックとその周辺の農村でも一般的だった孤立農圃制とほぼ同じ姿である。メーザーの考えにしたがえば、生け垣に囲まれ、相互に分離・孤立した農民の屋敷と農地が点在する農村景観がフランク王国の時代から18世紀まで、一千年間の長きにわたってその姿を変えることなく続いてきた。そこには、大きな集村もなく、農民が共同で耕地を耕し家畜を放牧する村落共同体もなかった。メーザーが思い描く始原のオスナブリュックは、独立した農

民の農業経営がまばらに点在する散村であった。だが、彼は村落共同体の存在をまったく否定していたわけではない。彼によれば、オスナブリュックと「まったく異なった制度が見いだされるのは、ヴェーザー川の彼岸、すなわちかつてオストファーレン公国とエンゲルン公国をヴェストファーレンから隔てていた境界線の向こう側である。そこでは村落が農民の農圃と役畜保有農からなり、彼らは寄り集まって、共同耕地をもっていた。各自が保有するものが尺度と相対比をあらわし、一定の力と技能の持ち主であることをあらわすようである」[8]。

　ここで注目すべきは、ヴェーザー川を境として、その東側には村落と共同耕地があり、農民の保有地の大きさには相互に比較可能な一定の尺度があったと認識されていることである。ここでメーザーが指摘しているヴェーザー川東岸の村落耕地は、メーザーのドイツの歴史家たちが「フーフェ制」と呼んだ耕地制の典型といってよい。一般に30モルゲンの面積を基準とする農民経営単位が「フーフェ」と呼ばれていたことは、よく知られている。だがメーザーの認識では、そうした一定面積を基準とする経営単位としての「フーフェ」概念は、ヴェーザー川西岸のオスナブリュックの「エルベ」あるいは「マンスス」にはあてはまらなかった。ここでは、耕地面積は農民経営規模の比較基準とはされなかったのである。

　「マンスス」が農民経営規模をあらわすものではないとすれば、それはいかなるものととらえられていたのだろうか。この問題の手がかりとなるのは、メーザーの「ヴェーアグート」論である。「ヴェーアグート」の「ヴェーア」は一般に軍事的「防衛」を意味しており、「ヴェーアグート」はカロリング期の軍制に由来する言葉であると考えられるが、これについてメーザーは次のように述べている。「生命と財産のために団結し保障しあう個々の住民が、不承不承ながらも一人あたり同じ負担を負って、彼らの防衛を農圃あるいはエルベの負担とするのはほとんど当然である。このエルベの負担は正しくはヴェーレ（Wehre）といい、その義務を負う者をヴェーラー（Wehrer）ということができる」[9]。彼はまた、「その土地所有により共同防衛のために出征する」者を「ヴェーア」とも呼んでいる[10]。したがって、「マンスス」=「ヴェーアグート」は

防衛義務＝「ヴェーレ」と不可分一体であり、農地制度と軍事制度は密接な関係をなしていた。

　メーザーの歴史認識では、カール大帝までの軍隊は召集軍（Heerbann）であった。召集軍は王の命令にしたがう軍隊であったが、その本来の性格は土地保有者がその生命と土地財産を守るために結成した「マニー」（Mannie）と呼ばれる団体であった。「マニー」を構成する土地保有者は「マン」（Mann）と呼ばれ、彼らの「集会は屋外でおこなわれ、裁判長が選挙され、正義はマンたちによって裁かれ、判決は公共の支援のもとで執行された。追放はその最後の権限であった」。つまり、「マニー」は本来は土地保有者の裁判集会であったが、メーザーの理解では「戦争にかんしてマニーは軍事団体あるいは召集軍であった。自分の代理として下僕を送るような者はいなかっただろうから、マンあるいは軍人の身分は必然的に名誉身分であった。彼らが選出した故郷の裁判長は戦場における彼らの指揮官であった。彼らは宣誓や俸給なしに、いわば奉仕し、兄弟や隣人相並んで自分たちの軍隊のために戦った」[11]。

　こうして「マニー」は土地保有者の裁判組織であると同時に軍事組織であるとみなされるが、その組織基盤はどこに求められるのだろうか。メーザーは「マニーは軍事制度以外ではマルクにしたがって形成されていたかもしれない」[12]と述べ、「マニー」と「マルク仲間」とが類似性をもっていたと指摘している。「マルク」とは共同地のことであり、メーザーによれば、「誰もその持分を生け垣のうちでもつことができない森林、放牧地、湿原あるいは山地の共同利用は、わが地域の人々を団結させたように見える。われわれはこのような共同管轄区をマルクと呼び、マルク仲間は、個別に定住がおこなわれたところでは、おそらく最初の住民であったかもしれない。わが司教領全体は村落や個別住居が散在する諸マルクに分かれているが、その境界は邦、行政区、裁判管区、教区あるいは村の境界と一致しない。しかしながら自然と必要とに応じて区分をおこなわざるをえなかったとおもわれ、それゆえこの区分は他の何よりも古いということになろう。共同の土地とそこにあったものについて、必然的に平和を実現しなければならず、定められた利用、一定の権利と違反の調停を

おこない、監督官と裁判官を選び、決まった日に総会を開いた」[13]。

「マニー」はマルクの共同利用のための「マルク仲間」の団体を基礎に成立していた。メーザーは「マルク仲間」を「おそらく第一次的団体」とみなし、「マニー」をそこから派生した「第二次的団体」とみなしている[14]。このように、土地保有者の防衛組織としての「マニー」は、森林その他の共同地の利用のための農村共同体を基盤に成立していた。その場合注意しなければならないのは、この「マルク仲間」を構成する土地保有者の屋敷と農地は分散した独立農圃の性格をもっていたことであり、この点でオスナブリュックの「マルク仲間」における共同体は、ヴェーザー川以東の村落耕地を中核として構成された閉鎖的村落共同体とは異なり、森林、放牧地、湿原などの共同利用にのみその目的が限定された農村共同体であった。

メーザーによれば、マルクにおける第一次的団体から派生した二次的団体としての「マニー」は、さらに第三次的な団体として「国家」を形成した。彼の表現にしたがえば、「幾つかの同じような小さな団体あるいはマニーはその安全保障のために結集して、一つの国家をなした」[15]。この国家においては、マニーの土地保有者は召集軍における将校としての「貴族」（Adel）と一般「兵士」（Gemeine）に分化する。メーザーによれば、「恐らく、召集軍における将校の地位が世襲化され、彼らに占有される農地がそれと同時にある程度増やされたのであろう。これは、俸給ではなく土地所有のために軍役に奉仕するところでは、どこでも起きるだろう」[16]。召集軍における将校としての貴族の数はあまり多くはなりえなかったが、王が必要となったところでは、貴族のなかから王が選ばれた。ほとんどの貴族は従者（Gefolge）と呼ばれる特別な部隊をもち、召集軍を動員するほど価値がない戦闘の場合は、しばしば単独で戦争をおこなった。「貴族と一般兵士は二つの並び立つ、相互に独立した身分であった。後者は本来国民の根幹をなし、すべては彼らの同意にもとづいている。一般兵士は貴族に何の義務も負ってない。彼らはザクセンではカール大帝を除き、従者の権力に対して完全に独立を保持していたことは驚くべきことである」[17]。

こうしてカロリング初期のオスナブリュックでは、共同地における「マルク

仲間」を基礎につくられた裁判・軍事団体としての「マニー」は、最終的に最も高度な政治組織である国家を形成した。この国家形成の中核的担い手は「召集軍人」（Wehr）としての「貴族と一般兵士」であったが、メーザーの認識では「カロリング家のもとで国制はまったく新たな転換をする。すなわち召集軍は没落し、それにかわる皇帝の家臣層がますます強大化し、威勢を増す。将校と一般兵士は不名誉な召集軍から逃げ出し、そのかわりに主君への奉仕に新しい名誉あるいは保護と安心を求める。彼らが耕すと同時に防衛した土地は下僕の手中に陥り、召集軍に対する勅令はその効力を失い、しだいにレーエン法に席を譲るのである」[18]。

こうした召集軍の解体とともに、その中核として国家防衛の担い手の任務を負っていた一般兵士はその農地の経営に専念する純然たる農民に転換する。メーザーの見方によれば、とくに814年にカール大帝の後をついだルードヴィヒ敬虔王の治世から召集軍にかわって王や貴族の家臣団が防衛の中心的担い手として台頭し、マンススは農民兵士の自己武装を支える経済的基盤としての歴史的役割に終止符を打ったのであった[19]。

上述のようなメーザーのマンスス論は近代ドイツのフーフェ制研究の出発点として画期的意義をもつだけでなく、他の歴史家とは異なる際立った特徴をもあわせもつ。

第一に、彼のマンスス論は国制と国家防衛の基礎を農民的土地保有としてのマンススに求めた点に最大の特徴をもつ。彼が1774年の「農民農場を株式として考察する」においてマンススを「国家株式」とみなしたことも、彼のマンスス論の特徴を如実にあらわしている。19世紀以降の歴史家の多くがフーフェ制を経済史的、農業史的観点からとらえようとする傾向が強かったのに対して、メーザーはマンススの国制史的、軍事史的意義を最も重視していた。カロリング期の歴史にかんするフルヒュルストの最近の著作も「カロリング国家、とくにその軍事組織は原則的に自由民、すなわち農民の大きな階級の存在に基礎を置いていた」[20] ことを認めており、メーザーの召集軍にかんする議論が今日なおその意義を失ってないことはたしかである。

国防における農民兵士の役割を高く評価するメーザーが、「召集軍」の兵役に服すことのない人々を兵役義務を負う農民から峻別したのは当然の帰結である。彼によれば、カロリング期のザクセン人は大別して「召集軍人」と「他者に特別な義務を負って奉仕し従属する広義の被保護民（Leute）」という二つの身分からなり、後者は召集軍の兵役を免れていた。この「被保護民」はさらに二つに分類され、一方は「任意に、あるいは契約の終了後奉仕をやめることができる自由民」、他方は「主人に人身をささげなければならず、解放状または許可なしにはその身分をやめられない隷属民」であった。前者の「自由民」のなかには「出征することなく、一人で耕地を耕すか、その他の営業をいとなむ自由民、解放自由民、かくまわれた者」がおり、後者のなかにもやはり「出征することなく、農場領主のために耕地を耕す劣悪な人身隷属民」がいた[21]。こうした「被保護民」は農民であったが、兵役に服さないために、国防の基礎としてのマンススの所有者とはみなされなかった。

　この場合問題となるのは、一般にカロリング期に成立したとみなされている「古典荘園」あるいは賦役制荘園における農民保有地とマンススの関係である。メーザーのマンスス論にしたがえば、領主の「被保護民」として農業をいとなみ、領主に賦役義務を負っていた農民の保有地はマンススの範疇には属さない。ところが、その後のドイツの歴史家たちは、領主の保護と支配のもとに置かれた農民保有地も一つの農業経営単位をなすかぎり、基本的にこれをフーフェとみなす立場をとっている。メーザーの国制史的マンスス論が、こうした経済史的フーフェ論とは際立って異なる性格をもっていることは明らかだろう。

　第二にメーザーのマンスス論は、定住史的にヴェーザー川以西の低地ドイツの孤立農圃制あるいは散居制を基礎に展開されていることが注目される。これとは対照的に、19世紀以降のドイツのフーフェ制の議論は多くの場合定住史的に集村制あるいは村落制の地域にかんする研究を基礎としている。ヴェーザー川以西の孤立農圃制地域ではマルク（共同地）の利用から派生した農民自治団体（マニー）が結成され、この団体の構成員はマンススの保有者でなければならなかった。だが、この団体の成員（マン）はヴェーザー川以東のフーフェ制

村落にみられるような農業生産における集団的規制にはあまり束縛されず、「マニー」はその意味で経済的に自由な独立農園の経営者から構成される裁判・軍事団体としての性格を強くもっていた。したがって、マンスス制にもとづく農村共同体は、「一次的な団体」としてのマルク共同体そのものではなく、そこから派生した文字通り「二次的な団体」としての性格を強くもっていた。

　メーザーは『オスナブリュック史』のなかで、この地方の自然環境をとりあげ、湿原、原野（ハイデ）、山地、河川などを観察してはいるが、こうした自然環境が農業に及ぼす影響についてはあまりたちいった分析をしていない。オスナブリュックのマルク共同体における湿原の利用と開墾、内畑・外畑（エッシュ－カンプ）制の農業などについても、強い関心を示しているとはいえない。彼が最も積極的にとりあげたのは、土地利用や農業そのものよりも、そこから派生する二次的な農村社会関係としてのマニーである。それは、この地域における農村定住様式が孤立農園制であったため、共同耕地面積も少なく、休閑地における共同放牧慣行もなく、農業における共同体的結合が比較的希薄だったことと無関係ではあるまい。メーザーの農村社会論は、オスナブリュック農村社会の農民相互の連帯が農業生産や経済活動よりもむしろ治安、法、裁判などにおける自治活動によって強化されたことを示しているようにおもわれる。近代ドイツの歴史家の多くが農業生産そのものにおける共同体的連帯をフーフェ制に見いだす傾向が強かったのに対して、メーザーのマンスス論の重点は農村社会の安全保障のための自治と防衛に置かれているといってよい。ここにも、メーザーのマンスス論の国制史的特質が看取される。

2　ハンセンの「耕地共同体」論

　メーザーが活躍していた18世紀後半には、周知のようにイギリスの囲い込み運動と農業革命が進展してヨーロッパ大陸にも大きな影響を及ぼしたが、同じ時期のドイツでもシュレスヴィヒ・ホルシュタインの東部大農場地帯で囲い込みが進行していた。19世紀初期にはその他の地域でも農業改革が政府の手で始

められ、なかでもプロイセンの改革が「農民解放」として知られている。そうした改革の波のなかで、ドイツのフーフェ制の歴史にかんする関心も高まりをみせ、グリム（1785～1863）[22]、マウラー（1790～1872）[23]、ランダウ（1807～1865）[24]、ハンセン（1809～1894）、ヴァイツ（1813～1886）[25]らが、1820～50年代に相次いで研究を発表した。19世紀後半にもマイツェン（1822～1910）、ギールケ（1841～1921）[26]らが農村共同体にかんする重要な業績を著し、19世紀全般にドイツほど耕地制度史の研究が盛んにおこなわれた国は他になく、ヨーロッパ最高の研究水準を築いたといって過言ではあるまい。

　彼らの間には当然ながら見解の対立が見られたが、マンススの成立基盤をカロリング期以前の孤立農圃制に求めたメーザーの見解を否定する点においては一致していたといってよい。彼らの多くはフーフェの起源を古代ゲルマン社会の共同耕地制に求めた。そのなかでも注目すべきは、メーザーのオスナブリュックと同じく、西北ドイツの孤立農圃制地帯に属するシュレスヴィヒ・ホルシュタインの農業を主たる研究対象としていたハンセンが、メーザーとはまったく相反する立場をとって、フーフェ制の歴史的成立基盤を「耕地共同体」（Feldgemeinschaft）に求めたことである。なぜそうした見解の相違が生じたのか、ハンセンのフーフェ制論を検討してみよう。

　ハンセンは当時のドイツではゲッティンゲン大学の経済学教授として知られた存在ではあったが、わが国での知名度はきわめて低い。それは、彼が多くの貢献をなしたシュレスヴィヒ・ホルシュタインの農業史研究が、ドイツの主流を占める三圃制農村の研究に対するマイノリティの地位にあったためではないかとおもわれる。

　ハンセンはメーザーとは正反対に、シュレスヴィヒ・ホルシュタイン農村の古い定住様式を耕地の共同保有にもとづく村落とみなした。彼がよりどころとしたのは、デンマークのオルフセンの研究である。ハンセンが30歳にもならなかった頃に書いた論文「太古の農業制度にかんする諸見解」のなかで、オルフセンの研究を高く評価し、くわしく紹介した。それによれば、最初に「耕地共同体」の本質を正しく把握して提示したのはデンマーク人学者オルフセンだと

いう。1821年にコペンハーゲンで発表された13世紀のデンマークの農業制度にかんするオルフセンの論文によれば、デンマークの最初の定住形態は集村（Dorf）であり、散村でも孤立農圃でもなかった。初期の村落の定住においては、地条形態で小区画に分割された土地が平等な持分として各家族に割り当てられた。村落の「耕地共同体」の構成員の持分は、「ボール」（bool）と呼ばれた[27]。ハンセンは、デンマークのボールを中世初期のマンスス、イギリスのハイド、ドイツのフーフェと同じ性格をもつとみなしている。

　ハンセンは次のように述べている。「オルフセンの叙述から、われわれは歴史的に、耕地共同体を有する村落が現存するところでは、耕地共同体が最初の開墾の際にただちにつくられたという確信を得る。したがってわれわれは、どの農村でも孤立農圃にしたがって定住がなされたが、中世になってこれら孤立農圃の保有者が安全のために散居を村落にまとめ、同じく彼らの農地も一緒にまとめたとする見解を、まったく根拠のないものとして拒否する」[28]。

　とはいえ、ハンセンはヨーロッパのすべての地域で「耕地共同体」が成立したと考えていたわけではなく、一部に孤立農圃が支配的だった地域の存在も認めている。「たとえばノルウェーや北スウェーデン、エルベ川沿いのアルトマルクの低地、南ドイツの山地、ユトランドの東岸地帯には、村落のかわりに孤立農圃が見いだされる」[29]。これら孤立農圃制の地域には「耕地共同体」のかわりに「マルク共同体」が存在した。すなわち、「孤立農圃の存在はいかなる共同体も排除しないどころか、むしろほとんどいたるところで、そうした孤立農圃の複合体には共同地があり、共同のマルクがあったようにおもわれる（たとえばドイツにおける森林、ノルウェーにおける共有地）。にもかかわらず、村落の設立から生まれた耕地共同体と、孤立農圃のゆるやかなマルク共同体との間には大きな違いがあるのだが、グリムでさえ彼の『ドイツの古法』においてその違いに気づいていなかった」[30]。

　ハンセンの見解では、最初から孤立農圃制と「マルク共同体」が成立した地域は例外に属し、ほとんどの地域では「耕地共同体」が優勢を占めた。ハンセンが主たる研究対象としたシュレスヴィヒ・ホルシュタインを含めた19世紀の

西北ドイツの多くの地域では孤立農圃制あるいは囲い込み地制が優位を占めていたが、彼の考えではここでも最初に成立したのは「耕地共同体」だった。「耕地共同体」から孤立農圃制への移行の過程について、彼は詳しい分析をおこなってはいないが、「非常に早い時期に、原初村落がいちじるしく拡大されて、小村あるいは孤立農圃に分解されてしまうことも少なくなかった」[31]と述べているので、中核村落から周辺未墾地への開拓によって散村と孤立農圃が発展していったと考えていたとみられる。

「耕地共同体」をフーフェ制の起源とみなすハンセンは、ライン川流域西岸のトリーア周辺の山村地帯に現存する「ゲヘーファーシャフト」(Gehöferschaft) と呼ばれる「耕地共同体」に注目した。1863年の論文「トリーア県のゲヘーファーシャフト」によれば、この地域に「現存するゲヘーファーシャフトのすべての土地は総有であり、関係者は定期的に土地の私的利用を交替する」。「村域すなわちゲヘーファーシャフトの全領域は村落共同耕地に一致し、ゲヘーファーシャフトはマルク共同体以外のなにものでもなかった。いかなるマルク仲間あるいはゲヘーファーも耕地、採草地、放牧地、森林に平等な持ち分を有し、これは村落内の彼の農圃と結びついて彼のフーフェをなした」[32]。すなわち、「ゲヘーファー」と呼ばれる農家は家と屋敷については私有権をもっていたが、「三圃制の導入はおのずと耕地の三年ごとの割り当て周期の基礎となった。頻繁な保有の交替の不利益を避けるため、とくに夏季休閑の導入以来土地の割り当て一回について輪作を2～4回以上もおこなうようになり、土地割り当ての更新を6、9、12年ごとに、ときには30年ごとにおこなうようになった」。「たとえばザールヘルツバッハでは12年おきに土地区画の割り当てがおこなわれ、ロスハイムでも同じである」[33]。これらの叙述から、われわれは「ゲヘーファーシャフト」がスコットランドの「ランリグ」やアイルランドの「ランデール」と同じような性格をもつ土地割替制であり、ロシアのミール共同体の割替との類似性も見いだすことができるだろう。

ハンセンは19世紀のトリーア地域の「ゲヘーファーシャフト」のなかに古ゲルマンの「耕地共同体」と「土地総有」を見いだそうとした。もちろん彼は、

古ゲルマンの農業がそのまま19世紀まで存続したと考えていたわけではなく、三圃制の導入以前には穀草式農法がおこなわれていたとみなしていた。1878年の論文「ゲルマン太古における住居と共同農地の転換」において、タキトゥスの『ゲルマーニア』[34]にみえる古ゲルマン農業の性格をハンセンは次のように推定している。「三圃制はタキトゥスの時代にはまだ存在せず」、「一年のうちに栽培されたのは夏穀物だけであり、主にエン麦が古ゲルマン人のパンとかゆのための本来の作物として栽培された」。「農地全体の転換のもとで、耕作地の転換もおこなわれ、新来の共同体は昨年度旧来の共同体によって耕作されていた耕地を休ませ、そのかわりにさらにそれ以前に旧来の共同体によって耕作されていた別の耕地を再度耕作した。これは事実上一種の穀草式農法であろうが、休閑中の耕地は放牧地として利用されることにより、常に他の耕作者によって同じ土地で耕作が継続された」[35]。また、1880年の「ドイツにおける耕地制度の歴史」では、「ゲルマン人は特別の常設耕地をもたない。耕作地はある程度農地全体に分布し、農地は1年または数年間播種に利用され、その後多年にわたり草地のまま放置され、最も古い草地は再び一時的に犂で耕される」[36]。

　このようにハンセンがフーフェ制の起源を古ゲルマン社会の「耕地共同体」に求めることにより、メーザーとはまったく異なる結論を導き出した背景には、当時のシュレスヴィヒ・ホルシュタインの農業事情があったと考えられる。彼は「太古の農業制度にかんする諸見解」を書いた後、『ホルシュタイン公国のボルデルスホルム行政区』という著書を発表し、バルト海沿岸の大農場地域の農業を詳しく分析した。彼の最大の関心はデンマークに端を発する18世紀初期の「囲い込み」（Verkoppelung）による農業改革とそれによって成立した「コッペル農法」（Koppelwirtschaft）と呼ばれるこの地域独特の農業の発展に向けられていた。「コッペル農法」の耕地制度はドイツ内陸部の三圃制とは異なり、穀草式農法にもとづく多圃制（多くは八圃制）であり、改革以前の古いコッペル農法には「耕地共同体」が存在していた。彼によれば、「いかなる共同耕地も一定数の大耕区（Schlag）に区分され、そこにはいかなるフーフェも本来同じ持ち分を有する。あらゆる耕地関係者は、播種の順序と耕地年度と放牧地年

度の割合に応じて設定された輪番制に従い、休閑地となった耕地の共同放牧のために、本来の共同放牧地と同様に、共同の費用によって家畜の見張りをおこなう村落牧人を雇った」[37]。つまりシュレスヴィヒ・ホルシュタイン東部のコッペル農法にもとづく農業は、「耕地共同体」、「フーフェ」および「穀草式農法」という三要素からなりたっており、これらは古ゲルマン村落の農業を構成した三要素でもあるととらえられていた。ハンセンはホルシュタインのコッペル農法の原型を古ゲルマン社会の農業に見いだしたとおもわれる。その点で、シュレスヴィヒ・ホルシュタイン農業研究者としてのハンセンの本領は、フーフェ制の起源にかんする彼の議論のなかにいかんなく発揮されているといってもよいのではないだろうか。

3　マウラーの「マルク共同体」論

マンススの成立基盤を孤立農圃に求めたメーザーを、ハンセンの「耕地共同体」論とは異なった視角から批判したのは、「マルク共同体」論で知られるマウラーである。マウラーは、「かつてのメーザーとキントリンガー以来の通説によれば、土地の開墾は孤立農圃から出発して、どの農圃も相互に分離した耕地に取り囲まれていた。ようやく中世後期になってそれまで分散していた住居は安全のために村落に密集し、かつて分離していた孤立農圃の耕地は村落共同耕地に集められたというが、こうした見解は妥当とはおもわれない」[38]と述べ、オルフセンやハンセンらの「耕地共同体」論を支持して、「最初の開墾は個人ではなく、種族や部族全体で着手された」という立場を表明した。

だが、マウラーはかならずしもハンセンの「耕地共同体」論を全面的にうけいれたわけではなく、独自の「マルク共同体」論を体系化したことで知られている。ドイツで「マルク」というとき、一般に耕地以外の森林、原野、牧草地などの共同地を指すことが多く、メーザーもハンセンも「マルク」をそのようなものと理解していた。これに対してマウラーは、「マルク」には耕地も含まれ、本来の「マルク」は「耕地マルク」（Feldmark）と「森林マルク」（Waldmark）

という二つの部分からなるという独特な考え方をとった。

　マウラーによれば、そうした二種類の「マルク」を有する共同体は集村地域はもちろんのこと、孤立農圃制地域にも認められ、「共同体的紐帯のない孤立農圃はもともとまったくなかった。むしろ種族・部族共同体は定住以前から存在していた。タキトゥスも孤立農圃について論じた直後に村落をとりあげ、それを孤立農圃の団体とのみ理解している」。とはいえ、孤立農圃と集村では共同体のあり方が異なっていた。孤立農圃地域には「耕地共同体をもたないマルク共同体」が成立し、これはチロール、バイエルン山地、アルプスなどの山岳地域に多くみられる。「複数のそうした農圃はともに一つの共同体を形成し、独自の共同地を有し、独自の共同体制度を有する。こうした共同地は主に放牧地と森林にあり、しばしばアルメンデ（Allmende）と呼ばれる」[39]。

　他方、集村地域には「耕地共同体をもつマルク共同体」が成立した。孤立農圃地域の「耕地共同体をもたないマルク共同体」は主に山岳地域に限られていたのに対して、集村地域の「耕地共同体をもつマルク共同体」は、「最も広範であり、後の発展にとってきわめて重要である」[40]とみなされている。そのため、マウラーの「マルク共同体」論において、孤立農圃制はほとんどとりあげられることなく、議論の中心を占めたのは「耕地共同体」をもつ集村であった。そこで、われわれも彼の「耕地共同体をもつマルク共同体」の内容について検討してみよう。

　マウラーがとくに重視したのは、「耕地共同体」における土地所有の歴史的変化の問題である。古ゲルマン社会の「耕地共同体」において、土地はすべて部族の共同所有であり、個人の権利は「持分農地」（Losgut）として割り当てられた農地を一定期間利用することに限られていた。すなわち、「原初村落の設定にはどの成員も建築敷地ならびに必要な屋敷地を得て、そこに家屋敷をつくった。それ以外に彼は耕地に利用できる土地の割当てをうけ、耕作に適さない未分割の共同地に少なくとも利用権を得た」[41]。マウラーはこの「原初村落」における「耕地共同体」をハンセンと同様に、当時なおラインファルツやスコットランドに残存していた耕地割替制と同じ性格をもつものとみなしており、

タキトゥスの時代には「土地は成員に毎年割替えられ、残りは共有地」であり、「真の私的所有はもともとまったくなかった」[42]。と述べている。

こうした土地の共同所有は、マウラーによれば、とくに二つの点で大きな歴史的変化を経験した。第一は「古くて大きなマルク」の分裂と土地保有の不平等の発生であり、第二は領主制と公的権力の成立にかかわる変化である。第一のマルクの分裂は、次のような変化を意味している。「人口増加にともない、どの古いマルクでも新しい村落や農圃の施設が増加した。しかも、いかなる村落、いかなる孤立農圃も必要な森林、放牧地および河川湖沼を含む自分たち独自の境界を従前どおり維持したので、新しい定住地が形成されるにつれて、古い共同マルクの土地は小さくなった。農業の向上とともにこうした分散化も進み、多くの領域で古い共同マルク全体が分かたれて、小さな耕地マルクへ解体された。ドイツでもほとんどの古いマルク共同体あるいは原初村落はその痕跡さえ残らなかった」[43]。こうしたマルク分裂によって縮小した「後世のマルクはかつてはるかに大きかったマルクの残骸とみなされる」[44]。「古いマルクが耕地マルクと森林マルクからなっていたのに対して、後世のマルクはかろうじて未分割の共同マルクだけをもっていた」[45]。こうして、森林、原野、荒蕪地などの一部が未分割の共同マルクとして残されたのである。

第二に、マルク共同体は領主制の成立によって大きな変化を経験した。マウラーの見解では、マルクにおける土地の共同所有はかなり早期から私有へ移行した。「領主制はようやく後世になって、一部は不法に成立したものと考えられがちである。だがそうではない。領主制は最初の定住までさかのぼり、ゲルマン的原初制度に属するのである。すなわち移動諸民族が定住地を取得して、彼らに割り当てられた持分農地に私有地——特別所有（Sondereigen）——を獲得して以来、領主制は存在するのである。支配と領主制はおそらく自由な土地保有の最古の表現である」[46]。こうした私有地の形成過程は「定期小作の長期化から世襲小作が生まれた過程と同じであった。これはデンマークではすでに法史料編纂の時代に見られたが、ドイツ、フランス、イングランドおよびその他のロマン語諸国でこの変化はもっと早くおこなわれたはずであり、おそらく

すでに民族移動の時代に、またそれに続くローマ属州やイングランド、ドイツへの定住時代におこなわれた可能性もある」[47]。多くの村では、村落に定住する領主の一人が購入・贈与その他の取得によって所領のすべての農圃をわがものとすることに成功した。それによって彼は所領の唯一の領主となった。その後ここでは唯一つの領主荘園あるいは賦役荘園だけがあるのみで、他のすべての農圃は農民農圃すなわちマンススとなった。古い村民は自由民から隷属民、農奴となり、賦役荘園と領主裁判所に通わなければならなくなった。その結果、カロリング期には領主・農民関係が確立し、領主の土地と農民の土地は明確に分けられた[48]。

こうした土地私有権と領主制の形成過程で生まれたのが、フーフェ制であった。領主の支配下に組み込まれた村落農民の土地は「村落内の家と屋敷」、「耕地マルクに散在する土地」および「森林マルクにおける利用権」で構成され、これら「三者は一つの全体をなし、Hof (curtis), Hube, mansus, Pflug などといわれる。これはとくに833年のヴェストファーレンの史料から明瞭にあらわれ、そこでは三つの異なる所領にある幾つかのマンススが耕地マルクと森林マルクにおけるそのすべての構成要素とともに列挙された後、いかなるマンススも付属地を含めて一つの全体、integritas と呼ばれている」[49]。ここで引用した叙述から、マウラーは9世紀を領主制とフーフェ制の確立期とみなしていたようにおもわれる。この時期はフランク王国のカロリング期にあたり、メーザーによって想定されたマンスス成立期とほぼ一致するといってよい。

こうして、マウラーは古ゲルマン社会における土地の部族的共有、土地割替制から出発して領主制とフーフェ制の確立にいたる歴史的過程を、「古くて大きなマルク共同体」の解体過程として描きだした。マルクの分裂と私的所有の発達を基本とする彼の「マルク共同体」論は、まさにドイツにおける農村共同体論の古典というにふさわしい地位を占めている。ただ、マウラーの共同体論は農業史としては重大な問題点も含んでいる。というのは、古ゲルマン以来のドイツの農業生産の歴史的変化については、あまりたちいった検討がおこなわれていないからである。彼の叙述にしたがえば、「最も普及していたのは耕地

マルクの三つの耕圃への区分だった。三圃制はとくにバイエルン、スイス、フルダ大修道院領、シュヴァーベン、ファルツなどで見られる」[50]。ただし、三圃制が成立した時期やその発展過程をくわしい論証がなされているわけではなく、ドイツでは古ゲルマン以来近代にいたるまでほとんど変わりなく三圃制による農業が支配的だったと、とらえていたようである。こうした認識は、古ゲルマン社会における粗放な穀草式農法から中世の三圃制への発展を推定したハンセンとは対照的であるといってよい。

　メーザーのマンスス論の基礎に置かれた孤立農圃制に対する批判を出発点としたマウラーの「マルク共同体」論は、非常に精緻な論証によって組み立てられた体系として、当時のヨーロッパ農村共同体論の最高峰を示すといってもよく、その後のヨーロッパ農村史研究に大きな影響を及ぼすことになった。とくに、三圃制とフーフェ制との結合が中世ヨーロッパ農村共同体の基本的枠組みをなしたとするマウラーの共同体論と農民フーフェ論は、メーザーの国制史・軍事史的マンスス論と対比して、ドイツにおける歴史学の定説として広く浸透していった。たしかに、それはドイツの大半の地域、すなわち中部、南部、東部の農村でカロリング期から19世紀初期まで妥当した枠組みであったといってよい。だが、孤立農圃制が優位を占める西北ドイツの北海沿岸地域や南部の山岳地域では、そうした枠組みはかならずしも妥当しなかったし、西北ドイツの孤立農圃制地域とそれに連繋するオランダ、ベルギーなど低地諸国の農業発展の歴史的意義を見失わせる危険性もはらんでいたのである。

4　フュステル・ド・クーランジュのマウラー批判

　1850年代のマウラーの「マルク共同体」論はいわば「ゲルマン的共同体」神話の基礎をなし、19世紀後半にギールケ、マイツェン、ベロウ[51]らに継承され、ドイツの歴史学界に多大な影響力を持ち続けただけでなく、マルクスやエンゲルス[52]にもうけいれられたし、海を越えてイギリスのシーボームやヴィノグラドフ[53]らにも少なからぬ影響を与えた。だが、「マルク共同体」論に対す

る批判的潮流も、19世紀末からしだいに勢いを増していった。マウラーを最初に真っ向から批判した歴史家として知られているのは、フランスのフュステル・ド・クーランジュである。それ以前のドイツにも、イナマ・シュテルネックのように、「マルク共同体」論に対してある程度懐疑的な立場をとる歴史家がいたことはたしかである。1879年に出版されたイナマ・シュテルネックの『ドイツ経済史』は、土地保有の不平等化と領主制の成立を重視する見解を表明し、ゲルマン民族の大移動後の6～8世紀には各地で開墾が進み、家族単位の農地取得が進行したことを強調した。それによれば、「ドイツの諸部族にあってはどこでも部族法の時代に土地の特別所有（Sondereigenthum）が存在した」[54]。そこでは、「古いマルク共同体について想定されがちな財産と保有の平等はあまり見られなくなる。むしろ史料によれば、疑いなく共同体員間の財産の不平等が非常に早くから存在していた」[55]。だが、彼はかならずしもマウラーの「マルク共同体」概念そのものを否定したわけではなかった。

　これに対して、1889年のクーランジュの論文は「マルク共同体」学説の全面的否定といってよい。彼はまずタキトゥスの『ゲルマーニア』第26章にみえる「耕地」（ager）についてのマウラーの解釈を批判する。「マウラーによれば、タキトゥスがagriという言葉を使うとき、それはマルクを意味している。また、共有され、分割されないすべての土地を、タキトゥスはagerと呼ぶという」。「なぜならagerは、ローマで的な意味では、公有地（ager publicus）、すなわちマルク、共有地、公共の土地（Gemeinland）という意味で使われるからである」[56]。これに対して、クーランジュは次のように批判する。「ローマ人がagerと呼ぶのは、しばしばわれわれが不動産と呼ぶものであった。たとえばカトーの場合、agerはたんなる耕地ではなく、10人、12人あるいは16人の奴隷によって耕作される60、75あるいは150アルパンの領地を意味する」。「タキトゥスは明らかにagriをいう言葉を当時のローマ人の言語として使ったのである。彼がこの言葉に公有地の意味、さらにはローマ人の頭脳には決して思いもよらない共有地などという意味を与えるのは、まったくの空想である。しかもこの誤りによってマウラーとその追随者たちが『ゲルマーニア』の第26章全

体を誤解することになったのである」[57]。

　クーランジュの辛辣な批判は、タキトゥス後のゲルマン人の部族法典にかんするマウラーの理解にも向けられる。マウラーはフランク王国のサリカ法典をはじめとする当時の諸部族の法典のなかにマルクと土地共有を見いだそうとしたが、クーランジュによれば、「われわれは、マウラーがこれらすべての諸部族から土地を共有する村落、あるいはマルク共同体の例を一つもひきだせないことを見いだす」。それだけではなく、「マウラーによって参照されている土地所有権の移転にかんする20の証書によってもたらされた結論は、そのどれ一つとしてマルク共同体の形跡を示していないということである」。かくして、「マウラー理論の成功は彼の証拠の強みによるのではない。彼は、歴史のはじまり以来存在するというマルク共同体を支持する証拠も引用も何一つわれわれに提供しなかった。彼の著書のページ下段の無数の引用を調べると、三分の二以上は私有に関係している。残りの数百は主題とかかわりない些細な問題にかんするものである」[58]。

　このような手きびしい批判によってクーランジュが「マルク共同体」に対するアンチテーゼとして示したのは、富裕な土地所有者による土地の私有と隷属的小作人に対する支配である。彼によれば、フランク王国のメロヴィング期のブルグンド法典、サリカ法典、リブアリア法典をはじめとする史料を検討してみると、当時の村落は「ヴィクス」(vicus)、私的所領は「ヴィラ」(villa) という言葉で表現されたが、これらの史料で vicus という言葉が用いられる例は非常に少なく、ほとんどの場合土地にかんする用語として用いられたのは villa であった。villa というのは、「ほとんどがただ一人の所有者に属する領地（domaine)、開墾地」[59] のことである。したがって、当時の土地はほとんどが私有地からなり、マウラーの「マルク共同体」論で想定されているような「自由民の村落」などほとんど存在するはずもなく、クーランジュの推計では1,200を超える「ヴィラ」に対して、「自由民の村落」数は50にも達しないほど少なかった[60]。

　クーランジュによれば、「ヴィラ」の所有者は王、教会、富裕な自由民から

なり、彼らはその領地を直営地と小作地に二分して、小作地を奴隷、解放奴隷、コロヌスに耕作させ、彼らから地代を徴集するとともに、直営地の賦役義務も課した。小作人のうち、コロヌスは自由民身分に属していたが、「ヴィラ」の土地に束縛されていたため、不自由民の奴隷および解放奴隷と実質的にあまり違いがなかった。「ヴィラ」はローマ時代から存在しており、その土地および農業労働制度はメロヴィング期でも大きな変化はなかったとみられている。

クーランジュはフランク王国初期の「ヴィラ」をローマ帝国からの継承と見る点で、古代から中世への農業・土地制度の連続説の立場に立ち、ローマ社会とは異なる「ゲルマン的共同体」の独自性を主張するマウラーをはじめ多くのドイツ人歴史家たちと根本的に対立した。だが、クーランジュ自身もフランク時代の「ヴィラ」に変化を認めなかったわけではなく、とくにその小作地に新時代のきざしをみいだした。

クーランジュによれば、「ヴィラ」の土地は領主「直営地」(dominicum) と「小作地」(tenure) に二分され、「小作地」は当時「マンスス」(mansus) と呼ばれた。このマンススは、本来の意味では住宅を指すにすぎなかったが、「もともと住宅を意味するにすぎなかったヴィラがしだいに領地全体にあてはめられるようになつたのと同じように、マンスという言葉によって住宅とそれに付属する広大な土地全体を指す用語法が生みだされた。われわれが見たように、主人の直営地全体を『直営地マンスス』(mansus dominicus)、奴隷の住宅と土地の持分全体を『奴隷マンスス』(mansus servilis) と呼び、mansus という言葉は住宅よりもむしろ土地に用いられるようになった」[61]。

すでに見たように、メーザーも「マンスス」について独自の議論を展開していたが、それはクーランジュのいう「マンスス」あるいはマンスとは、まったく異なるものであった。メーザーにとって、「マンスス」とは自己武装能力をもつ自由民たる農民兵士が所有する農地を意味したのに対して、クーランジュのマンスは奴隷、解放奴隷あるいは土地に緊縛されたコロヌスによって耕作される小作地にすぎなかった。つまり彼の認識では、所有地の単位は「ヴィラ」であり、「マンスス」は小作地の単位にすぎなかった。

またクーランジュのマンス概念は、ハンセンやマウラーの中世ドイツの農民フーフェとも異なっていた。ハンセンやマウラーの「フーフェ」は、農民の家屋敷、その家族が生計を立てることができる一定規模の耕地面積、共有地用益権からなりたつ標準的農民経営単位を意味したが、クーランジュのマンスにはそうした基準は妥当しない。もちろん、奴隷マンスであれ、自由民マンスであれ、耕作民の生活を支える最低限の農地が必要であることは、クーランジュも認めていた。たとえばサン・ジェルマン・デ・プレ修道院領のマンスについて、彼は次のように述べている。「マンスは耕地、牧草地、ブドウ畑など数種類の土地を含んでいたかもしれない。サン・ジェルマン修道院のヴィラでは、どの小作人もこれら三種の農地をもつのが普通だった。最初、ヴィラの所有者の多くは、どの小作人も彼のすべての必要を満たすために、三種の土地を同時にあわせもつことが、当然で有利であるとみなしていたようである」[62]。この叙述を見るかぎりでは、クーランジュもマンスを農民家族の生活を支えるのに必要な標準的農業経営単位とみなしていたかのような印象をうける。だが、彼の見解によれば、「各マンスの大きさは、規則や習慣できまるのでは決してない。それはもっぱら、土地を分割し、小作人に与えるヴィラ所有者の意向に依存していた。そのため、一つの所領のなかでさえマンスは著しく不均等であった」[63]。マンスが不均等だったのは、マンス保有者が奴隷、解放奴隷、コロヌスという異なった諸身分からなっていたためであったといわれる。ただし、奴隷マンスと自由民のコロヌスのマンスとの間にどのような違いがあったのかは、かならずしも明確ではない。

このように、ドイツのフーフェ制の特徴をなす共同体農民の土地保有の平等原理は、クーランジュのマンス論にはまったく妥当しない。それだけではなく、一つの「ヴィラ」内部のコロヌスたちは、「決して共同で耕作することはない。少なくとも史料は、こうした集団的耕作の例をまったく示していない。常にコロヌスは大所領のなかで、自分自身の割り当て地を保有し、これは彼のマンスといわれる」[64]。しかもコロヌスたちは、森林や放牧地などの共有地ももっていなかった。「ヴィラ」に共同用益地があったことはたしかだが、それはコロ

ヌスたちの共有地ではなく、「ヴィラ」所有者の私有地であり、それを利用するためにはコロヌスは使用料を納めなければならなかった。したがって、「同一所領の農民たちは共同体を形成しなかった。それがつくられたとしても、かなり後の時代のことであった」[65]。

こうして、クーランジュが想定していたのは、古代ローマ末期以来変わらぬ奴隷とコロヌスの労働を基礎とする「ヴィラ」の構造であった。彼はメロヴィング期におけるマンスの成立と普及を認めはしたが、それはドイツの歴史家が示したフーフェ制とは似て非なるものであり、フーフェ農民の「マルク共同体」や村落共同体は、少なくともフランク王国初期にかんしてはいかなる史料的根拠ももたず、マウラーらドイツ人歴史家の妄想の産物以外のなにものでもなかった。

5　ランプレヒトの「フーフェ制衰退」論

クーランジュによるマウラー批判は、ドイツにおけるフーフェ制研究にとってきわめて重大な意味をもっていたが、これとともに同じ時期のランプレヒトによるハンセン批判も研究史上見過ごしえない重要な位置を占めるとおもわれる。

ランプレヒトはライン左岸のモーゼル流域の経済史にかんする著作のなかで、この地域の「ゲヘーファーシャフト」をとりあげ、ハンセンの「耕地共同体」論に対する批判を展開した。すでに見たように、ハンセンは19世紀のモーゼル地方の「ゲヘーファーシャフト」に古代ゲルマン社会の「耕地共同体」と「土地総有」をみいだしていた。彼の見解はマウラーの「マルク共同体」論だけでなく、マルクス、エンゲルスにもうけいれられ、エンゲルスは「ゲヘーファーシャフト」をタキトゥスの時代以来の土地割替制とみなした[66]。ランプレヒトはこれに異論をとなえ、古代の「耕地共同体」は中世にはすでに死滅し、「ゲヘーファーシャフト」は「耕地共同体」の衰退後に新しく発展した土地保有団体であると主張した。彼によれば、「ゲヘーファーシャフトは領主制を基礎と

して成長した共同体であり、ゲルマン的耕地共同体の継承や残滓ではなく、むしろ相対的に新しい形成体であろう」67)。

　ランプレヒトにしたがえば、モーゼル流域では「アルメンデ」(Allmende)と呼ばれる共同地の多くはすでに中世前半には領主の保有地へ転換され、領主は「アルメンデ」を盛んに開墾して、「ボインデ」(Beunde) と呼ばれる囲い込み農地をつくった。その目的は、囲い込んだ開墾地に定住した農民に対して「開墾地税」(Medem) を要求することにあった。新しく囲い込まれた開墾地は旧村落におけるフーフェとは異なり、粗放な焼き畑農法（Schiffelkultur）によって耕作される「外畑」の性格をもち、平均3～5年間の耕作の後、その3～4倍の期間牧羊のための休閑放牧地として利用された。つまり、「ゲヘーファーシャフト」は旧来のフーフェ農民の「マルク共同体」とは異なり、領主の主導権のもとで旧「マルク共同体」から分離された土地における開墾農民の定住団体の性格をもっていた。実際、ランプレヒトが示す1819年のフィルシュ村の耕地図によれば、全体で18戸の農家、581モルゲンの土地面積のうち、10戸の農家が「ゲヘーファーシャフト」に属し、その保有面積は265モルゲンで、すべて村内の「外畑」に位置していた。これに対して「ゲヘーファーシャフト」に属さない8戸の農家の保有地は、村の中心に位置し、細長い地条が混在する「内畑」に属していた。

　ランプレヒトは、こうした「ゲヘーファーシャフト」の成立を領主制の変化との関連でとらえている。すなわち、「ゲヘーファーシャフトの成立は古い領主直営地経営の衰退ときわめて密接な結びつきをもつようにおもわれる。というのは、領主制が古い閉鎖性を失いはじめると、ゲヘーファーシャフト的結合の台頭を示す情報があらわれるからである。12～13世紀の交、最初の領主制の衰退期に、最初の独立した『農圃保有者仲間のボインデ耕地共同体』(hof-genossenschaftliche Beundefeldgemeinscft) にかんする伝承が生み出されるのである」68)。要するに「ゲヘーファーシャフト」は、賦役荘園の解体過程で新しく形成された村落周辺の新開拓地（ボインデ）の農民定住団体とみなされているのである。

しかも、こうした賦役荘園の解体は「フーフェ制の衰退」とも深いかかわりをもっていた。ランプレヒトによれば、モーゼル流域では12世紀末には完全フーフェから半フーフェ、4分の1フーフェ、8分の1フーフェへの分裂が進行し、13世紀後半には「マンスス」という表現は史料から消えてしまい、14世紀の20年代には古いフーフェはもはや知られなくなったという[69]。また、「本来の農業制度にとってもフーフェ制度の衰退は決定的意義をもっていた。各集落のフーフェ数はかなり多くて、初期にはしばしば一村落に少なくとも25フーフェがあった。こうしたフーフェの分割がおこなわれると、……必然的に耕区における個々の地条の分割あるいは少なくとも耕圃における土地分割がおこなわれ、その結果として遅かれ早かれ耕地細分化にいたった」。しかも、「いかなる耕地区画も売却可能であったので、結局フーフェから耕地を各分割地に切り離す傾向はまぬかれることができなかった。これはほとんどの場合、各耕圃における農地面積の不均等化をもたらしたにちがいない」[70]。

こうして12～13世紀の「ゲヘーファーシャフト」の成立、賦役荘園の解体および「フーフェ制の衰退」の三者は、相互に緊密なかかわりをもつ変化の過程としてとらえられている。ランプレヒトの研究対象はモーゼル川流域に限定されていたので、その主張はかならずしもドイツ一般に妥当性するとはいえないにしても、フーフェ制研究史において非常に重要な業績であることは疑いないだろう。

クーランジュやランプレヒトの批判以後、「マルク共同体」論はしだいに影響力を失い、これにかわってフーフェ制の起源を荘園領主制に求める見解が優勢となっていった。これについては、フーフェの起源をめぐる論争における「領主制説」としてわが国でも広く知られており、あらためて詳細な説明は必要ないとおもわれるので、簡単な紹介にとどめたい。

クーランジュ説を継承して、マウラーの「マルク共同体」論を根本的に否定する大著をあらわしたのは、オーストリアのドプシュである。彼はクーランジュと同様に、タキトゥスの時代にすでに土地の個別所有権が存在していたと考え、「マルク共同体は初期ゲルマン時代におけると全く同様に、すでにローマ

末期に存在したのである。農民たちは経済的に不自由であり、領主支配の土地に住んでいた」[71]と主張した。また、「マルク共同体」における「耕地共同体」についても、土地総有制が支配的だった時代には耕地共同体または耕作強制が想定されているが、「このような想定には同時代の史料にもとづく確証が全然ない」[72]。と一蹴しただけでなく、「ゲヘーファーシャフト」にかんするランプレヒトのハンセン批判も強く支持した[73]。

その後1933年にドプシュが著した『ドイツにおける自由マルク』によれば、「いぜんとしてほとんどの叙述において普通におこなわれている描写は、単純そのものである。当初、ゲルマンの原始においては、あらゆる定住仲間は自由で、平等な立場にあり、長い間農業共産主義が支配していた。自由なマルクはこの理論の主柱であった。次いで多くの法制史および経済史家がいぜんとしてカロリング期に設定している大領主制の形成とともに、領主がマルク共同体に侵入し、自分に従属させていった。一般平民の大衆がしだいに領主制に従属し、その自由を失うことによって、マルクもしだいにこれに服従していった」[74]。だが、「近頃の研究は、領主制がすでに最初からドイツに存在していたことを示した。すでに先史時代から存在していたのである！これを今なお拒否する研究者には、そうでなかったことを証明する義務がある。村落における隷属民は自由農民のそれと同じく古いのである。ドイツ農民はそのフーフェを最初から自由独立に保有していたという仮定は、史料的根拠にもとづいていない」[75]。

こうして、ドプシュはフーフェの起源を古ゲルマン社会の「耕地共同体」でもなく、カロリング期の領主制でもなく、古代ローマ帝国に求め、ローマ時代の耕地区分および測量の結果がゲルマン時代に入っても存続し、ゲルマン人によって受け継がれたことは疑問の余地がないと断言する[76]。しかも、一般にカロリング期の領主制のもとで確立されたといわれるフーフェの均等性についても異論をとなえ、次のように述べる。「多くの場合フーフェの均等性は、領主制によってはじめてもたらされた。しかもそれはカロリング期以後にはじめて生じた事態ではない。なぜなら、領主制はそれよりもずっと古いからである！」[77]。

ドプシュと同じようにフーフェの起源を領主制に求めたのは、1937年のリュトゲの著作である。それによれば、フーフェの起源をめぐる議論は「自由な人民の定住から成長したものか、それとも領主制的起源か」という見解の対立のなかでおこなわれてきた。端的にいえば、それは「フーフェの起源は自由農民か、それとも領主か？」[78]という対立である。だが、リュトゲによれば、それを証明する史料はゲルマン諸部族による定住開始期にはないし、タキトゥスの叙述も根拠が脆弱であり、後世の史料から推測する以外に方法はない[79]。

そこで、リュトゲは9世紀のチューリンゲン地方のフーフェの贈与に関する史料を検証して、「われわれの地域の史料には自由農民の起源は皆無である。すべての情報はフーフェが領主制的な性格をもっていることを肯定している」[80]。という結論に達した。彼によれば、「通常の説明では、古ドイツの古い自由なフーフェ農民はカロリング期に不自由となり、そのフーフェが領主制に組み込まれた。だが、われわれが見たように、自由農民身分はカロリング期に消滅したわけではないのである」[81]。したがって、彼の結論は「厳密な意味におけるフーフェは領主制の創造物であり、単純に農民の農場ではなく、むしろ領主制固有の産物であり、社会的な、究極的には政治的な秩序における構成要素である。それは領主が彼の従属的土地保有をもたらした秩序形式であり、農民にとっては同時に確固たる生活基盤でもあった。不自由民はフーフェ秩序の導入によって、領主の農民とはいえ、はじめて言葉の本来の意味における農民となったのである」[82]。

リュトゲは「マルク共同体」の性格についても、マウラーとは異なる見解を示した。彼は、私的保有されていない「マルク」の利用が早くからおこなわれていたことを認めつつも、「マルク共同体」による規制を強く否定する。マルクの規制がおこなわれるようになったのは、人口が稠密になり、マルクの境界が確定され、村落領域における利用を規制する必要が生じたときである。これは、中世における村落の形成と関連性をもっていた。すなわち、「マルク共同体もフーフェ制も古い社会制度の一部ではなく、元来考えられていたのとはまったく異なった性格をもつ後世の形成である」。しかも、「こうした発展はおよ

そ9〜12世紀におこなわれ、一部は13世紀と見積もられ、局地的に多くの相違がある。したがってこの点でカロリング期はわが民族史の総体的発展にとって最高の重要性をもつ。なぜならそこにはこの全過程の礎石が置かれ、その方向が与えられたからである」[83]。こうして「マルク共同体」とフーフェ制の起源は、古代ゲルマン社会でもなければ、ドプシュのいう古代ローマ帝国でもなく、カロリング期に求められるのである。

6　マルク・ブロックの「マンス分解」論

　マウラーらのゲルマン的共同体論は19世紀末のフランスの歴史家フュステル・ド・クーランジュのきびしい批判以来その影響力を失っていったが、1930年代にとくにフーフェ制にかんしてドイツのランプレヒトと同じような歴史認識を提示することによってヨーロッパ史全体に大きな影響を与えたのも、フランスの歴史家マルク・ブロックであった。

　1931年に公刊されたブロックの『フランス農村史の基本性格』は、ランプレヒトの「フーフェ制の衰退」のフランス版ともいうべき性格をもっていた。ブロックによれば、フランスのマンスはドイツのフーフェ、イギリスのハイド、デンマークのボールなどと同じ性格をもっていたが、「中世の初め以来、囲い込みの地方を除いて、マンスは完全な衰退のなかにあったようにおもわれる」[84]。すなわち、フランスでは6世紀以来すでにマンスの分割が始まり、9世紀には各地でマンスの分解が進行し、11世紀以降マンスはしだいに消滅していったという。「しかし、その過程はイギリスやドイツでは、フランスの開放耕地地域よりもはるかにゆるやかであった。イギリスのハイドは13世紀にもなおしばしば言及されることはあったものの、結局のところ消滅し、そのあとに残されたのは、ヴァーゲイト（virgate＝ハイドの4分の1）とボーヴェイト（bovate＝ハイドの8分の1）という規則正しい一定の保有地システムであった。ドイツではフーフェがやはり13世紀まで、しばしばもっと後の時期まで残存したが、それは多くの場所で、ただ一人の権利所有者にだけ相続権を保障した相

続規則によって、互いに不均等ではあるが不可分の保有地にとってかわられた」[85]。

　ブロックによれば、フランスでも一部の孤立農囲制地域、たとえばリムーザンではマンスは解体されることなく、18世紀まで残存したが、一般にとくに多数の散在耕地からなる農村ではマンスは12世紀頃には解体してしまった。その原因は荘園における賦役の減少と経営方法の大きな変化であり、農民が負担していた賦役義務の課税単位としてのマンスは本来の意味を失って、マンスを記載した荘園の土地台帳はもはや役立たなくなった[86]。ブロックは、マンスの解体の主要因を賦役荘園の解体に見いだしていた。

　ブロックの見解はその後のフランス農村史研究に定着したとみられ、第二次大戦後のデュビーの著作もマンスの分解論を継承している[87]。デュビーによれば、「マンスは全体としてはノルマンディの農村で11世紀以後消滅した。1150年頃、南ブルゴーニュのある村では、文書で述べられている19マンスのうち3マンスしか、犂で耕され実際の農業単位をなす耕囲を所有していなかった。それ以外はすべて完全に分散し、その記憶は地名に残されていたにすぎない。13世紀にはパリ地方とフランドルで古来のすべてのマンスは、アルザスやシュワーベンと同様に解体して、小区画に分割され再分配されてしまった」。これに対して、「イングランドでは12世紀にハイドが小さな単位のヴァーゲイトとボーヴェイトに席を譲った。ヴァーゲイトはハイドの4分の1にあたり、ボーヴェイトは8分の1であった。しかし、そのどちらかがマナーにおける農民の義務の基礎として役立った」。他方ドイツの「バイエルンでは相続における分割の禁止により、西北ドイツでは農民層における長子相続制が早熟的に現れて、農業家族単位が維持された」[88]。

　デュビーの上記の叙述はブロックの見解を受け継いでいるといえるが、ブロックと異なるのはマンス解体の主要因を農業生産性の上昇に求めている点である。その実例として挙げられているのは、ロレーヌにおける「カルティエ」（quartier）の普及である。彼によれば、「カルティエはすでに9世紀末の修道院財産目録に散発的に現れる。だが領主がこのタイプの保有地を地代の基礎と

して明確に採用したのは12世紀のことである。各カルティエに付属する平均土地面積は15～16労働日、つまり約7～10エーカーであった。実際、農圃は初期中世のマンスのほぼ四分の一の大きさだった。最も考えられる想定は、農民家族の資源が開墾とともに集約的農耕によっても増加したということである」。こうした事実にもとづいて、デュビーは「紀元1000年から13世紀の間のマンスの解体は農業技術における改良によって決定された」[89]。と明言している。

このようにフランスでは11～13世紀にマンスの解体が進行したことが認められているようにおもわれるが、問題はイギリスやドイツなど他のヨーロッパ諸国でどれほどこれが妥当するかということである。ブロックとデュビーはイギリスにおけるハイドからヴァーゲイト、ボーヴェイトへの転換に、フランスにおけるマンスからカルティエへの分解と同様な過程を見いだしているようにみえる。イギリス農村史にかんするグレイの著作によれば、たしかにイギリスではとくにミッドランド地方で12～13世紀に二圃制あるいは三圃制が普及するにつれてヴァーゲイトが農民保有地の標準的な経営規模となったといわれている[90]。ただし、ミッドランド以外の多くの囲い込み地制地域や東部のイーストアングリア地方には、ハイドやヴァーゲイトといった概念は妥当しない。中世史家ヒルトンは、13世紀のウェストミッドランドではヴァーゲイトに等しいヤードランド（yardland）が富裕な農民の土地保有単位をなし、ボーヴェイトに相当する2分の1ヤードランドを保有する農民も多かったと述べている[91]。またミッドランド東部のレスターシャーにかんするホスキンズの研究は、16世紀の土地売買史料に見える土地所有者の大部分は20～40エーカーの小土地保有者で、「多くは1ヤードランドの"普通の"農地か、4分の1～2分の1ヤードランドの典型的小屋住み保有地であった」[92]と述べている。これらの指摘から、イギリスではとくに二圃制、三圃制農業が盛んとなったミッドランド地方で、12～13世紀以降ハイドの分解によるヴァーゲイト、ボーヴェイトへの移行がおこなわれたことはたしかであろう。

ブロックとデュビーはドイツのフーフェの解体についてはやや慎重な態度を示し、法的規制あるいは一子相続制によって農民フーフェが実質的に分解され

ることなく形を変えて維持されたとみているようである。たしかに、フランスやイギリスでは「マンス制」、「ハイド制」あるいは「ヴァーゲイト制」といった概念があまり用いられることがないのに対して、ドイツでは「フーフェ制」という言葉は、それなしには農村と農業の歴史を語れないほど、歴史概念として一般に定着しているようにみえる。とはいえ、前述のように、すでに19世紀末期にランプレヒトが、ライン川中流域農村では早くからフランスの「マンス分解」とまったく同じ現象がみられたことを示唆していた。こうした土地細分化はモーゼル地方だけでなく、広く西南ドイツのバーデンやヴュルテンベルクにも妥当し、これらの地域ではとくに近代に相続における農地分割が進行し、フリードリヒ・リストが『農地制度論』で過度の農地細分化に警告を発したことはよく知られている。本来のフーフェ農民が著しく減少して、小規模零細農が大多数を占めるにいたったライン流域の農村では、中世盛期以来ランプレヒトのいう「フーフェ制の衰退」が進行したといえるだろう。

おわりに──ミッテラウアーの「ヨーロッパの特殊な道」──

　フランスの歴史家フュステル・ド・クーランジュによる手きびしいマウラー批判とマルク・ブロックの「マンス分解」論は、ドイツのフーフェ制研究史の伝統を根底から揺るがすものであった。戦後ドイツの代表的農業史家と知られるアーベルやヘニングがフーフェの歴史にあまり強い関心を示さなかった[93]のは、そうした事情と無関係ではないだろうとおもわれる。とはいえ、レーザナーやミッテラウアーのように、ランプレヒトの「フーフェ制衰退」論やフランス史学の「マンス分解」論に対して一定の距離をおいて、フーフェの歴史的意義を重視する歴史家もいることもたしかである[94]。

　ドイツ中世史家のレーゼナーは、中世初期の領主制とフーフェ制との緊密な結びつきを認め、これを「西洋農業構造の一特性」とみなしている。彼によれば、「フーフェ制度の創設へのカール大帝のかかわりを正確に見きわめることは、今日の研究状況では許されないとしても、フーフェがカロリング期に普及度を

増し、しだいに農民保有地の標準として発展していったことは確かである」[95]。また、レーゼナーはマルク・ブロックの「マンス分解」論に対して批判的態度を示し、「多数のフーフェが中世盛期の人口増加の過程で分割され、肥沃な旧定住地では四分の一フーフェが農民経営の平均規模になったにしても、フーフェは標準として保持された。そのため規則正しい耕地形態の地域では、フーフェ秩序は部分的にほ十八世紀まで維持された。中世盛期の植民の枠内で、とくに東方入植の領域ではフーフェは農民保有地の付与の基本的な秩序原理となった」[96]。と述べ、フーフェ制が近代まで維持されたという見解をとっている。

　レーゼナー以上にカロリング期以降におけるフーフェ制の成立を重視するのは、家族史・歴史人口学で知られるオーストリアのミッテラウアーであり、中世初期の荘園領主制とフーフェ制との結合をビザンツや中国とは異なるヨーロッパの経済発展の「特殊な道」の要因とみなしている。彼はベルギーの中世史家フルフュルストの議論[97]に依拠して、カロリング期のヨーロッパでは領主の賦役農場と「マンスス農民」の土地という「二分された所領」から構成されるヴィリカチオンあるいは「古典荘園」が発展したことを重視して、次のように主張する。「支配組織のマクロ・レヴェルでヴィリカチオンが重要であったのと同様に、フーフェ制はヨーロッパ社会にとって家共同体のミクロ・レヴェルで重要であった」。「フーフェ制度は、支配の枠内で提供される給付という点で農圃の大きさを標準化する。それはフランク農業制度の普及領域全体において農村社会の決定的構成原理となる。本来の給付単位が半フーフェや4分の1フーフェに分解しても、あるいは増加する小農家が完全フーフェの数をうわまわっても、これは妥当する。家共同体は基準単位のままである」[98]。

　だが、ミッテラウアーはかならずしもドイツにおけるフーフェ論の伝統を墨守しようとしていたわけではなく、むしろイギリスにおける歴史人口学の新たな議論と結びつけることによってフーフェ論の革新をはかろうとした。ミッテラウアーはイギリスの歴史人口学者ラスレットの「西欧家族」（western family）と「ヨーロッパ的結婚パターン」（European marriage pattern）の概念にしたがって、ラスレットが挙げた近代的「西欧家族」の四つの指標をカロリン

グ期のフーフェ農民家族にも見いだそうとした。「西欧家族」の四つの指標とは、1）単婚小家族、2）女性の晩婚と遅い出産、3）夫婦間の少ない年齢差、4）奉公人の雇用である[99]。ミッテラウアーによれば、こうした四つの指標のすべてがカロリング期に成立していたといえる証拠はかならずしも見いだせないが、「ラスレットによって挙げられた『西欧家族』の四つの指標すべては、歴史的に非常に古い時代にさかのぼる。四指標すべてが領主制的影響を示している。四指標すべてがフーフェ制と結びつけられる」[100]。要するに、「西欧家族」とその結婚パターンは、領主制とフーフェ制の歴史とともに古いのである。だとすれば、「西欧家族」とフーフェ制は中世初期から近代までほぼ一千年間にわたる長い歴史をもっていたことになるだろう[101]。

しかし、ミッテラウアーとイギリスの歴史人口学者との間には、歴史認識において次のような二点で大きな違いがあることを見過ごしてはならない。第一に、ミッテラウアーは「西欧家族」の成立期をカロリング期までさかのぼりうると考えるのに対して、ラスレットはそれを17～19世紀の家族形態とみなし、ヘイナルも18世紀以前までさかのぼりうるが、中世における「ヨーロッパ的結婚パターン」を証明するような史料はないと述べている。第二に、ミッテラウアーが「西欧家族」とフーフェ制の結合を強調するのに対して、ラスレットとヘイナルにはそうした結合意識はきわめて乏しい。それは、イギリスでは彼らにかぎらず、農業史家一般に、フーフェ制の歴史に対する関心が希薄であるという事情と無関係ではないだろう。

もちろん、イギリスでもフーフェ制にかんする議論を見いだすことができないわけではない。たとえばポスタンは、コスミンスキーによる13世紀の「ハンドレッドロールズ」の分析結果にもとづいて、1ヴァーゲイト以上の土地保有者を「富農」、4分の1～1ヴァーゲイトの保有者を「中農」、それ以下の層を「零細農」とみなし、12～13世紀のイングランドで土地保有単位として用いられたのはボーヴェイトまたはヴァーゲイトであり、平均的農民保有地は1ボーヴェイトあるいは2分の1ヴァーゲイト（10～15エーカー）であったと述べている[102]。ホスキンズも、もっと新しい時代のミッドランド地方のレスターシ

ャーについて、これと似たような現象を確認しており、16世紀に「大部分の所有地は20～40エーカーの小農地だった。多くは1ヤードランドの『普通の』農地か、2分の1～4分の1ヤードランドの典型的小屋住み保有地であった」[103]。と述べている。一般にヤードランドはヴァーゲイトに等しく、フーフェ制に似た標準的土地保有が16世紀のレスターシャーで妥当していたと推測されうる。

とはいえ、現代のイギリスでヴァーゲイト、ヤードランドを標準的土地保有として重視する歴史家は実際には少ない。ホーマンズは1960年の『13世紀のイギリス村落』のなかで、そうしたものにはほとんど触れていない。彼は13世紀のオックスフォードの荘園における小土地保有者として「自由保有農、農奴および小屋住」の3階層を挙げているが、ボーヴェイトやヴァーゲイトを基準とする階層区分はおこなってない[104]。農業史家として著名なサースクも、ミッドランド共同耕地制の歴史には強い関心をよせていたが、フーフェ制にはほとんど無関心といってよい[105]。これはケリッジ[106]、オーヴァトン[107]、キャンベル[108]ら他の農業史家にも共通しており、戦後のイギリス農業史では囲い込みとの関連で中世の開放・共同耕地制がしばしばとりあげられることはあっても、ドイツのフーフェ制に対応する土地制度が問題とされたことはあまりないといってよい。

イギリスにおけるフーフェ制への関心の低さを、イギリス史家の怠慢のせいにするわけにはいかないだろう。むしろ、それは14世紀のペスト蔓延を契機とするイギリス農村の大きな変化とかかわりがあるとおもわれる[109]。この時期の人口減少、地代の金納化、農民一揆、百年戦争など「封建的危機」と呼ばれる現象は領主制の弱体化と農奴制の崩壊、ヨーマンと呼ばれる富農層の台頭に導いたことはよく知られている。この過程で13世紀まで妥当性をもっていた農民の標準的土地保有基準としてのボーヴェイトやヴァーゲイトは基本的にその意味を失っていき、農民的土地保有者をあらわす用語として「フリーホールダー」、「コピーホールダー」などが用いられるようになっていった。これは、近代まで標準フーフェを保有する農民をあらわす「ヒューフナー」が一般的妥当性をもっていたドイツと大きな相違というべきである。そのため、マクフ

ァーレンのように、イギリス中世における「小農」（peasantry）の存在自体を否定する者さえいる[110]。フランスで11～13世紀に「マンス分解」によってマンスの意義が失われたのに続いて、イギリスでは遅くとも14世紀以降16世紀までにはハイドはもちろん、ボーヴェイトやヴァーゲイトも農民の標準的土地保有としての社会的妥当性を失ったとみられる。

　フーフェ制に対する関心の低さは英仏に限らず、オランダにも見られる。オランダの農業史家バートの『西ヨーロッパ農業発達史』は領主制や三圃制の変化の意義について述べることはあっても、マンスやフーフェについてはまったく触れていない[111]。これは、低地諸国でもフランスあるいはイギリスで見られたようなフーフェ制の解体が早くから進行したことのあらわれとうけとめるべきだろう。このようにカロリング期にフーフェ制が根づいた西ヨーロッパ諸国のうち、フランス、イギリス、低地諸国などはフーフェ制が中世盛期から後期にかけて領主制の解体とともにその意義を失っていき、ドイツとその周辺でのみ近代の農業改革まで根強く維持されたと考えられる。したがって、領主制とフーフェ制との結合はミッテラウアー的な「ヨーロッパの特殊な道」というより、むしろヨーロッパの農業と農村の歴史における「ドイツの特殊な道」といえなくもないが、ドイツのなかにも少なからぬ地域差があり、均分相続制が支配的な西南ドイツやライン川流域はフランスの「マンス分解」に似た現象が認められるし、北海・バルト海沿岸地帯の西北ドイツは「耕地共同体」を欠いた孤立農圃制が支配的で、内陸の三圃制農村におけるフーフェ制とは著しく異なった様相を呈していた。こうした地域差を考慮にいれつつ、西ヨーロッパ諸国で解体したはずのフーフェ制がドイツでは近代まで維持された理由、フーフェ制と社会構造との関連を検討することがドイツ独自の研究課題として残されているのではないだろうか。

1）　Möser［1768］［1780］「序文」の邦訳は坂井［2004］。
2）　Möser［1774］肥前・山崎訳［2009］。
3）　Möser［1774］S. 259.

4）　Maurer [1854] S. 273.
5）　Velhurst [2002] p. 44.
6）　Möser Erster Teil [1780] S. 263.
7）　Möser [1768] S. 49f.
8）　Möser [1768] S. 56.
9）　Möser Erster Teil [1780] S. 86.
10）　Möser Erster Teil [1780] S. 123.
11）　Möser Erster Teil [1780] S. 87.
12）　Möser [1768] S. 82.
13）　Möser [1768] S. 63.
14）　Möser [1768] S. 79.
15）　Möser [1768] S. 87.
16）　Möser Erster Teil [1780] S. 94.
17）　Möser [1768] S. 99.
18）　Möser Erster Teil [1780] S. 265f.
19）　召集軍の終焉については、Möser Zweiter Teil [1780] S. 187ff。
20）　Velhurst [2002] p. 31.
21）　Möser Erster Teil [1780] S. 123f.
22）　Grimm [1828].
23）　Maurer [1854] [1856].
24）　Landau [1854].
25）　Waitz [1854].
26）　Gierke [1868].
27）　Hanssen [1835] S. 4ff.
28）　Hanssen [1835] S. 25.
29）　Hanssen [1835] S. 27.
30）　Hanssen [1835] S. 28.
31）　Hanssen [1835] S. 46.
32）　Hanssen [1863] S. 100.
33）　Hanssen [1863] S. 112.
34）　タキトゥス [1979]。
35）　Hanssen [1878] S. 89.
36）　Hanssen [1880] S. 129.
37）　Hanssen [1842] S. 69.

38) Maurer [1854] S. 2.
39) Maurer [1854] S. 11f.
40) Maurer [1854] S. 12.
41) Maurer [1854] S. 6.
42) Maurer [1854] S. 92f.
43) Maurer [1854] S. 191.
44) Maurer [1856] S. 1.
45) Maurer [1856] S. 25.
46) Maurer [1854] S. 226.
47) Maurer [1854] S. 7f.
48) Maurer [1854] S. 233.
49) Maurer [1854] S. 126f.
50) Maurer [1854] S. 74f.
51) Below [1931], Gierke [1868], Meitzen [1895].
52) Marx [1858], Engels [1882].
53) Seebohm [1883], Vinogradoff [1892].
54) Inama-Sternegg [1879] S. 100.
55) Inama-Sternegg [1879] S. 79.
56) Fustel de Coulanges [2000] p. 30.
57) Fustel de Coulanges [2000] p. 31.
58) Fustel de Coulanges [2000] p. 52.
59) Fustel de Coulanges [1889] p. 190.
60) Fustel de Coulanges [1889] p. 219.
61) Fustel de Coulanges [1889] p. 367.
62) Fustel de Coulanges [1889] p. 369.
63) Fustel de Coulanges [1889] p. 368.
64) Fustel de Coulanges [1889] p. 403.
65) Fustel de Coulanges [1889] p. 374.
66) エンゲルス [1973] p. 104。
67) Lamprecht [1886] S. 445.
68) Lamprecht [1886] S. 453.
69) Lamprecht [1886] S. 367-369.
70) Lsmprechthosihosi [1886] S, 376f.
71) ドプシュ [1994] p. 404。

72) ドプシュ [1994] p. 85。
73) ドプシュ [1994] p. 55。
74) Dopsch [1933] S. 96.
75) Dopsch [1933] S. 98.
76) ドプシュ [1994] p. 374。
77) ドプシュ [1994] p. 380。
78) Lütge [1937] S. 252.
79) Lütge [1937] S. 252.
80) Lütge [1937] S. 258.
81) Lütge [1937] S. 259.
82) Lütge [1937] S. 275.
83) Lütge [1937] S. 343.
84) Bloch [1931] p. 165.
85) Bloch [1931] p. 167.
86) Bloch [1931] p. 169.
87) わが国で「マンス分裂」について論及しているのは、とくに湯村 [1965]、橡川 [1972]、森本 [2003] である。
88) Duby [1968] p. 117-118.
89) Duby [1968] p. 118.
90) Gray [1915] p. 50ff.
91) Hilton [1966] p. 113.
92) Hoskins [1957] p. 121.
93) アーベル [1977], Henning [1991] [1994]。
94) わが国の森本芳樹もフランス史学には批判的である。彼はフランスにおけるマンスの解体を認める一方で、ブロックやデュビーの歴史認識に対しては批判的な姿勢を示す。森本は9世紀の西南ドイツのプリュム修道院史料を検討して、マンスの分裂によって二分の一マンスや四分の一マンスなど「分数マンス」が生まれただけでなく、一つのマンスを2～4人で保有する「複数者保有マンス」も多数生じたことを認めつつも、次のように主張する。「確かに、完全マンス保有者に何らかの理由で経営上の閉塞が生じてくれば、人口増加傾向のもとでやがてはマンス分裂へと向かうことも多かったに違いない。しかし同時に農村開発のもとで小規模経営が形成されていく過程では、分数マンスがその枠組みとしての役割を発揮して、安定的な土地との結びつきを保証し、本格的な農民経営への成長を助けたのである。プリュム明細帳に現れるマンス制度とは、一マンス一家族保有を中

心点として絶えざる変動を続けていく、こうした動向の総体であったと言ってよい」(森本 [2003] p. 181)。彼の見解では、マンス分裂は安定した農民的土地保有の枠組みとしてのマンスの意義をかならずしも否定するものではないのである。

95) レーゼナー [1995] p. 63。
96) レーゼナー [1995] p. 63。
97) Verhulst [2002]。
98) Mitterauer [2009] S. 69.
99) Laslett [1955].
100) Mitterauer [2009] S. 76.
101) ミッテラウアー説は、わが国でも肥前栄一や飯田恭によって高い評価をうけており、「ヨーロッパ的結婚パターン」が「サンクトペテルスブルク-トリエステ線」以西のヨーロッパ圏で支配的だったとするヘイナルの見解とミッテラウアー説とを結びあわせた「ヘイナル・ミッテラウアー線」という概念が提唱されている。(Hajnal [1965], Hizen [2013], 肥前 [2008]、飯田 [2012])。
102) ポスタン [1975] pp. 165-180。
103) Hoskins [1957] p. 121.
104) Homans [1960] pp. 223-225.
105) Thirsk [1964] [1984] [1987].
106) Kerridge [1992].
107) Overton [1996].
108) Campbell [1980].
109) 13-14世紀のイギリスの農民的土地保有の変化については、國方 [1993]。
110) マクファーレン [1990]。
111) Bath [1963].

第3章　イギリスの開放耕地における牧羊の歴史的意義

はじめに

　近代ドイツ農村・農業史に強い関心をもつ者として、筆者はドイツとイギリスの農業を比較して、両者の相違が両国の経済発展にどのように関連するのかを検討する必要性を感じてきた。とくにイギリスはヨーロッパの産業革命および農業革命をリードした国であるのに対して、ドイツは経済的に「遅れをとった国」といわれるだけに、なおさら強くその必要性を感じるのである。両国の農業の間にさまざまな違いがあるのはいうまでもないが、次のような相違は意外に知られておらず、ほとんど見過ごされているのではないだろうか。つまり、近代イギリスは畜産が盛んで農地面積の半分以上を牧草地に当てていたのに対して、ドイツ農業はむしろ穀物を中心として、農地面積のうち3分の2以上は穀物栽培に当てられていた。そのかぎりで、イギリスは畜産国であったのに対して、ドイツは穀作国であったといってもよい。穀作中心のドイツ農業のタイプの方がヨーロッパでは一般的であり、イギリス農村における牧草地の多さはむしろ特異というべきだろう。酪農が盛んなオランダやデンマークにも牧草地は多いが、イギリスの畜産で最も重要だったのは牧羊であり、トロウ＝スミスは「羊は国民経済の中心」をなしたと述べている[1]。イギリスは中世以来西ヨーロッパ最大の牧羊国であったといってよく、今でもイギリス農村では羊を目にすることが多い。もちろんドイツでも羊は飼われたが、それほど多くはなかった。ドイツの畜産の特徴は何よりも森林を利用した養豚にあって、豚肉からつくられるドイツ・ソーセージは世界的に有名である。

イギリスではどうして畜産、とくに牧羊が盛んで、ドイツでは穀物、とくにライ麦の耕作に農業の重点が置かれたのだろうか。こうした問題はほとんどかえりみられたことがない。イギリスの「囲い込み」運動やドイツの「農民解放」、「ユンカー」の研究は盛んにおこなわれてきたし、関心度もそれなりに高いが、イギリスの牧羊とドイツのライ麦耕作は、たんに農業の自然条件の違いによるものとみなされ、研究に値する重要な相違とはみなされなかったし、それが経済史的にどのような意味をもっていたのかという問題についても、追究されたことはなかった。

この問題とのかかわりで注目すべきは、イギリスの羊毛生産についての経済史家パウアーの指摘である[2]。彼女は、中世ヨーロッパの「素朴な自給自足の自然経済の景観」を打破した諸要因として、都市、輸出工業とくに繊維工業と並んで、農業におけるブドウ、畜産物、繊維工業用原料などの市場向け生産を挙げ、とりわけ牧羊と毛織物工業がはたした役割を重視する。なぜなら、牧羊も毛織物生産も自給自足経済を打破する性格をもっており、「羊毛生産地域はその主要市場を海外に見いだし、毛織物生産地域は輸入原料ですべての仕事をおこなった」からである。彼女によれば、羊毛を生産する牧畜世界は「犁で耕す農民の世界」とは異質の世界であり、「工業地域が中世都市経済の素朴な景観を打破するように、牧畜地域は中世農村生活の素朴な景観を打破する。牧畜世界は耕種農業の世界とは異なった集落と異なった保有地をもつ世界である」。それは、「定住性が乏しく」、「自由で」、「非荘園的な」社会であった。ヨーロッパにおけるこうした「牧畜世界」と「耕種農業の世界」の違いは、イギリスとドイツの違いをとらえる手がかりとならないだろうか。

そこまで踏み込んだ大胆な議論ができないまでも、中世イングランドが「最大かつ最重要な高級羊毛の源泉をなし、織物生産と牧畜との相互依存関係における枢要の地位を占め」、「イタリアの毛織物工業のかなりの部分と低地諸国の産業のほとんどすべては、イングランドの羊毛に依存していた」[3]というパウアーの指摘は、うなずけるだろう。中世ヨーロッパ最大の羊毛輸出国であったイギリスは、近代初期にその原料を加工した毛織物を輸出する工業国へと転身

することによって国富を築くことに成功した。イギリスの羊毛は、「国民的産業」としての毛織物業繁栄の基盤をなしたといわれる。この過程は大塚久雄によってイギリス「農村工業」の勃興の歴史として描かれた[4]が、イギリス毛織物工業が「農村工業」としていとなまれたかどうかにかかわりなく、当時のイギリスがヨーロッパのどの国よりも良質で豊富な羊毛原料に恵まれていたことはたしかである。

　なるほどドイツでも牧羊はおこなわれたし、毛織物業もそれなりに盛んではあった。15〜16世紀のニュルンベルクは麻織物業とならんで毛織物業の都市としても知られたし[5]、18〜19世紀のザクセン王国はイギリスに対する最大の羊毛輸出国として台頭した[6]。しかし、それらは一時的な現象にとどまり、羊毛生産も毛織物業もイギリスほどの普及にはいたらなかった。牧羊があまり普及しなかったため、イギリスのような広大な牧場も必要ではなく、囲い込みもおこなわれず、ようやく19世紀の「農民解放」と平行して「共同地分割」という名称でイギリス式囲い込みを模範とする農業改良がおこなわれはしたが、イギリスのように大規模ではなかった。ドイツの北海沿岸の低湿地帯はオランダに似た干拓地であったため、オランダと同様な商業的性格をもつ酪農が発達した[7]が、それ以外の内陸では農地の大部分は穀物用地して利用され、農民の土地は多くの場合複雑に入り組んだ三圃制耕地からなり、囲い込みはそれに要する多大なコストに比べて経済的効果が乏しかった。とくに小農が多い南ドイツにその傾向が強く、囲い込みは遅々として進まなかった。

　このようにドイツは穀物生産国の性格をもっていたのに対して、イギリスが牧羊国であったことは、近代における両国の経済発展の違いを理解するうえで重要な鍵となるようにおもわれる。そこで、牧羊がイギリスであれほど盛んにおこなわれたのはなぜか、またそれはいかなる経済的意義をもったのかという問題について、ヨーロッパ比較経済史の一環として検討を試みたい。

1 牧羊の地域分布

　まず、イギリスにどれほど羊が多かったか、数量的に確認しよう。古い時代の羊の数は正確には知られていないが、ボウドンによれば17世紀末のイングランドの羊は約800万頭で、当時の人口約500万人をうわまわり、人間一人当たり1.6頭の羊が飼われていたことになる[8]。19世紀末になるとかなり正確な統計が存在し、マルホールの統計によれば、1880年代に西ヨーロッパ諸国のなかで羊が最も多かったのはイギリス (Great Britain) で、その数は2,900万頭に達し、次いでフランス2,300万頭、スペイン2,300万頭弱、ドイツ1,900万頭、オーストリア・ハンガリー1,400万頭であった[9]。

　ただし、19世紀末の時期にはすでにオーストラリアが世界最大の牧羊国に成長して7,700万頭の羊を数え[10]、ロシアも4,700万頭の羊を有しており、イギリスはもはや世界最大の牧羊国ではなくなっていた。その第一の原因は、いうまでもなく産業革命期に綿工業が飛躍的発展をとげ、繊維工業の首位の座を羊毛工業から奪い取ったためである。それだけでなく牧羊そのものにおいても変化が生じ、17世紀よりスペイン産メリノ種の羊毛が最高品質と評価され、イギリス産羊毛を駆逐していったこともイギリス牧羊業の退潮の原因をなした。18世紀なかばにはメリノ羊はドイツのザクセン王国にも導入され、19世紀にはザクセンはヨーロッパの牧羊中心地として台頭し、イギリスはザクセンから羊毛を輸入するようなった[11]。だが、ザクセンの牧羊の繁栄も長くは続かず、19世紀にはオーストラリアがメリノ羊を導入して、19世紀末には世界最大の牧羊国に成長をとげていった[12]。

　イギリスは西ヨーロッパ最大の牧羊国の地位を長期間にわたって維持したが、イギリスのなかにも地域差があって、牧羊が盛んな地域とそうでない地域があった。しかも毛織物業の変化とともに、羊毛生産立地も移動した。この過程は、大略次のようにとらえることができよう。

　15世紀までイギリスはイタリアやオランダ、ベルギーなど大陸に羊毛を輸出

していたが、16世紀にはイギリス国内でも毛織物業が盛んになり、とくに西部でいわゆる「ウールン」(woolen)と呼ばれた織物の生産が活発におこなわれ、大陸へ輸出された[13]。「ウールン」は主に「短毛」を原料とし、縮絨されたうえで織られた厚手の毛織物であった[14]。高級短毛種として名高かったのは、とくにウェールズに隣接するイングランド西部のヘレフォードやシュロップシャー産の羊毛だった[15]。ところが、17世紀以降ヨーロッパの毛織物業は長毛を原料とする「ウーステッド」(worsted)の生産が主流となり、オランダからその技術をもった織布工がイングランド東部のノリッジ周辺へ移住し、ここを中心にウーステッド産業が隆盛を見た[16]。長毛を供給した主な産地は、西部のコッツウォルズ、東部のリンカンやレスターであった。

　1600年頃の優れた羊毛生産地を示したのが、図3-1である。これによれば、イングランド西部（ヘレフォード、シュロップシャーおよびスタッフォード）が最も卓越した高級羊毛生産地であり、グロスターなど西南部がこれに次ぐ産地であった。これらの大部分は短毛生産地であったが、コッツウォルズのような長毛生産地もそのなかに含まれていた。

　これより後の時代になるが、1700年頃の羊毛生産の多い地域を図3-2に見ると、東北部のリンカンとその周辺、南部のケント、サセックス、ドーセットなどイギリス海峡沿岸地帯が主要羊毛産地だったことがわかる。このうちリンカンは長毛、ケントやサセックスなど南部は短毛の産地であった。つまりイギリスの羊毛生産の中心は、質的には西部のヘレフォードやコッツウォルズ周辺、量的には東北部のリンカン周辺と南イングランドの両地域だったということができる。これらの地域がイギリスのみならず西ヨーロッパの牧羊中心地となったのは、いかなる事情によるのかという問題について、さらに検討をくわえてみたい。

2　イングランド農村の地域区分

　一般に牧羊は遊牧または移牧の形態をとることが多く、モンゴルのように農

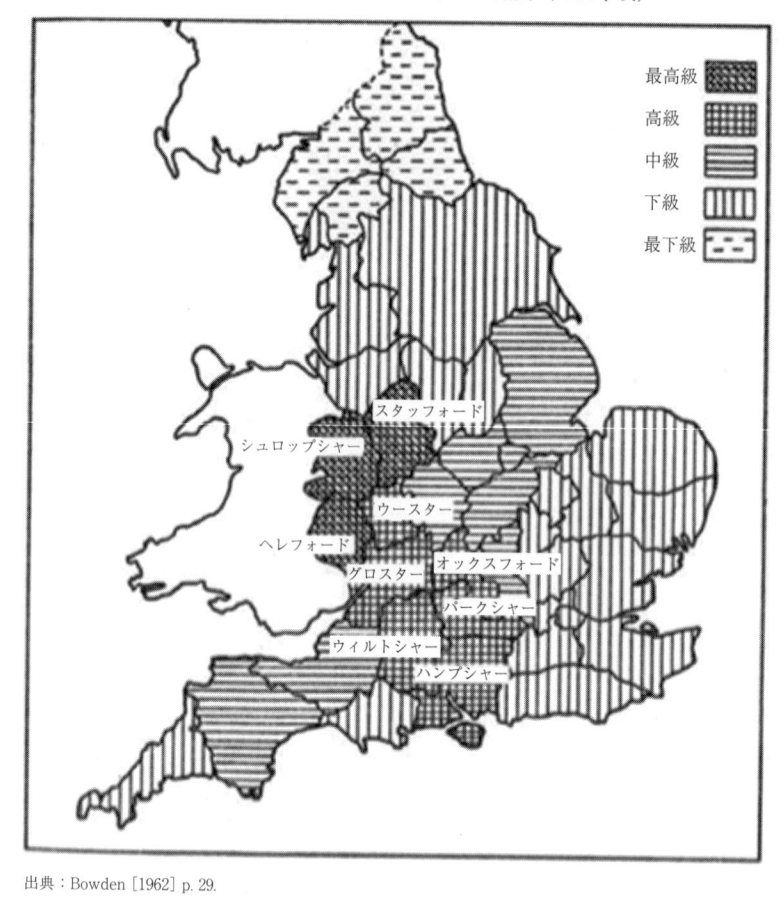

図3-1 イングランド各州の羊毛の品質 (1600年頃)

出典：Bowden [1962] p. 29.

　耕地が乏しく草原が牧畜に利用されるところでは、牧羊は遊牧によっておこなわれてきた。これに対して、基本的に農耕社会の性格をもつ西ヨーロッパでは、牧羊はしばしば移牧の形態でおこなわれた。これは牧草を求めて、寒冷な山岳地と温暖な平野の間を定期的に移動する牧畜形態であり、スペインのカスティリヤにおける牧羊組合（メスタ）の南北間移動牧畜[17]やスイスの山岳の牧草地「アルム」と平野の定住地との間の移動[18]などがその代表として知られて

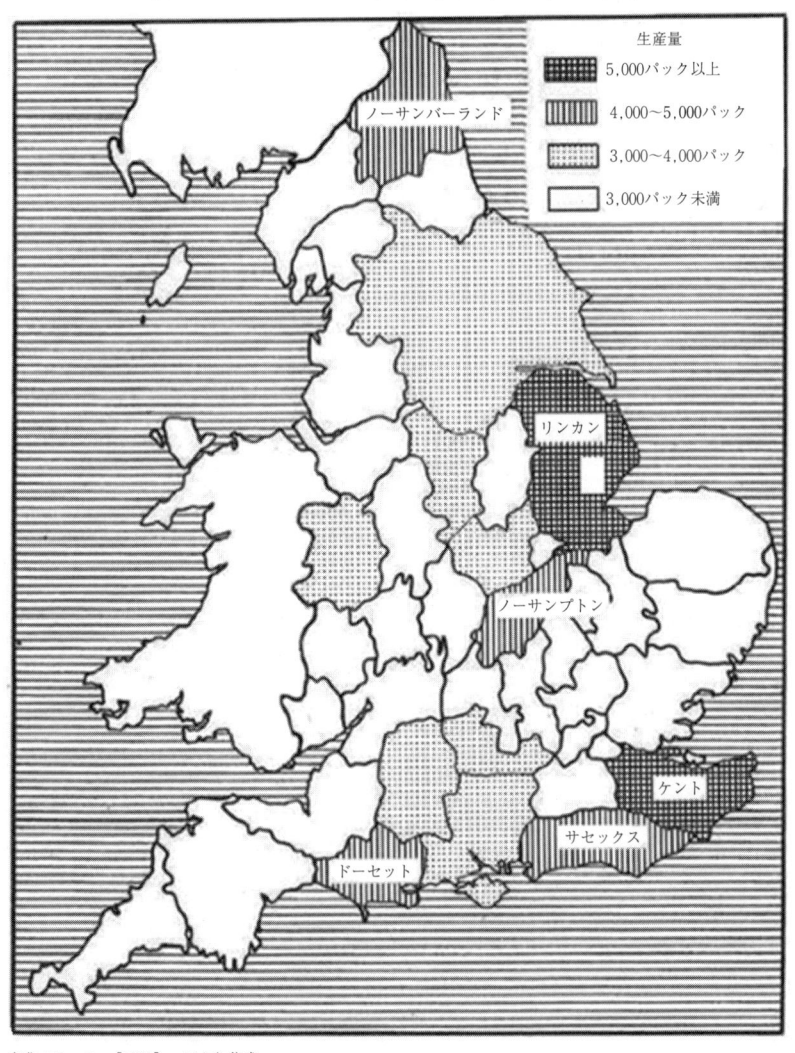

第3章 イギリスの開放耕地における牧羊の歴史的意義 103

図3-2 イングランド各州の羊毛生産量（1700年頃）

出典：Bowden [1962] p. 40より作成。

いる。しかし、決して広大とはいえない島国イギリスでは、移牧のような粗放牧畜によって西ヨーロッパ最大規模の牧羊を維持していくことは、困難であっ

たとおもわれる。イギリスで採用された牧畜の主要形態は、農民定住地の周辺における比較的狭小な面積での集約的放牧であった。こうした牧畜の形態を「定住牧畜」と呼ぼう。定住牧畜はヨーロッパの酪農や養豚などにも見られるが、牧羊においてこうした形態が最も広く普及していたのはイギリスであった。イギリスの牧羊業は定住集落の草地だけでなく、耕地も利用することによって、農耕と密接な結びつきをもつ畜産として発展したのである。

イギリスの牧畜と農耕との関連についてまず参照すべきは、ホーマンズやサースクによるイングランド農村の地域区分である。ホーマンズはイングランドの農村をを大きく「ウッドランド」(woodland) と「チャンピオン」(champion) の二類型として把握した[19]。「ウッドランド」とはかならずしも「森林」を意味しているわけではなく、フランス語の「ボカージュ」(bocage) やドイツ語の「コッペル」(Koppel) とほぼ同義とみられ[20]、農地が生垣の樹木で囲われた散村地帯のことである。「チャンピオン」は二圃制や三圃制のような開放耕地制を特徴とする集村地帯を指している。前者はイングランド西北部に多く、後者は東南部とくにミッドランドに多い。

他方、サースクはイングランドの農村地帯を大きく「ハイランド」と「ローランド」の二つに区分して、両者の境界線を「北東のティーズ河口と南西のワイ河口」を結ぶ線に求めている[21]。西北部の「ハイランド」は牛と羊の牧畜を主とし、東南部の「ローランド」は耕作と畜産の「混合農法」がおこなわれていた。また、「ハイランド」では「囲い込まれた農場における個別農業経営」が支配的であったのに対して、「ローランド」では「共同体的基礎のうえで共同耕地、共同放牧地、耕作の共同体規制」が優勢であった。

ホーマンズとサースクのとらえ方には、共通性がある。彼らの地域区分によれば、イングランド西北部の「ウッドランド」=「ハイランド」は畜産地帯をなすのに対して、東南部の「チャンピオン」=「ローランド」はどちらかといえば穀作に重点を置く耕種地帯である。ここで注意すべきは、イングランドの中心的牧羊地域は畜産地帯の西北「ウッドランド」=「ハイランド」に属するのではなく、むしろ穀作に重点を置く東南部の「チャンピオン」=「ローランド」に属

するという点である。この点を検討するために、サースクによるもう少し細かな地域区分を参照してみよう。彼女は、16～17世紀のイギリス農村を図3-3のように8タイプに分類している。この地域区分は、農業の立地条件としての自然環境と景観を重視しているところに特色がある[22]。図3-3の8つのタイプは、それぞれ次のような特徴をもつ。

1．白亜丘陵地域（wolds and downland）

ウォルズとは高原を意味し、最もよく知られているのは西部のコッツウォルズであり、そのほかに東北部のリンカンシャーやヨークシャーにもウォルズの地域がある[23]。ダウンランドとはイングランド南部の丘陵地帯のことであり、東はケント、サセックスから西はハンプシャー、ドーセットにいたる広範な地域を含む。ウォルズとダウンランドの農地の多くは石灰質の「白亜」（chalk）と呼ばれる地層の上にあって、牧羊と穀作を結合した「牧羊・穀作混合農法」（sheep and corn husbandry）がおこなわれる。

2．穀作を主とする平野（arable vale land──champion）

南はオックスフォード、バッキンガム、北はリンカンシャーまでのミッドランド東部の平野を含む。その定住様式は、広い開放耕地を有する集村である。農業の中心をなしたのは穀作であるが、16世紀以降開放耕地の囲い込みが進展し、かなりの耕地が牧草地に転換されただけでなく、耕地と草地を相互転換しうる穀草式農法も導入された。

3．畜産を主とする渓谷（pastoral vale lands──woodland）

北部のチェシャーから南部のドーセットにいたるイングランド西部の「ウッドランド」地帯である。「ウッドランド」は、上述のように、樹木で完全におおわれているのではなく、放牧地、森林、耕地およびヒースが混在し、農地がしばしば樹木の垣根で囲まれている地域のことである。定住様式は散村（hamlet）のほか、散居（homestead）や集村（village）も見られる。牛や羊の放牧

図 3-3　16-17世紀のイングランド農村地域区分

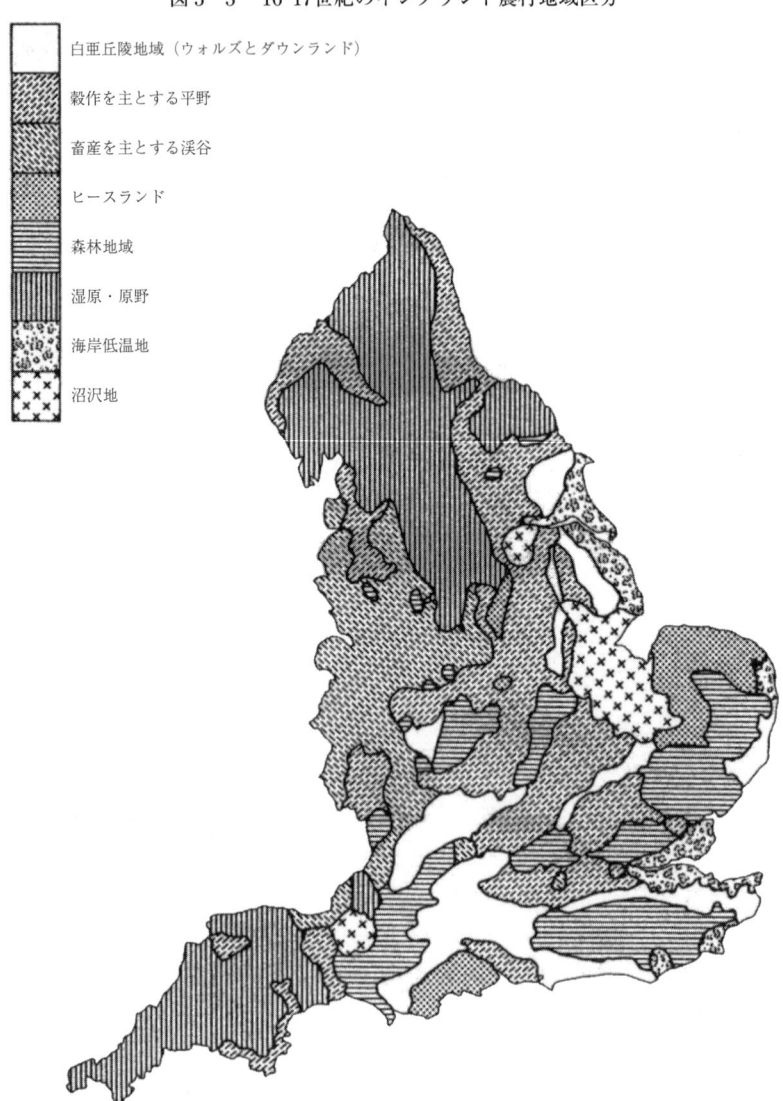

- 白亜丘陵地域（ウォルズとダウンランド）
- 穀作を主とする平野
- 畜産を主とする渓谷
- ヒースランド
- 森林地域
- 湿原・原野
- 海岸低湿地
- 沼沢地

出典：Thirsk [1987] p.39.

に重点が置かれていた。

4．ヒースランド（heathland）

ヒースランドは乾燥したやせた砂地が多く、草はあまり繁茂せず、ヒースとハリエニシダが多い土地であり、東部のイースト・アングリア地域の一部と南部のドーセット＝ハンプシャーの地域がこれに含まれる。農法は白亜丘陵地（ウォルズとダウンランド）の「牧羊・穀作混合農法」と類似しているが、イースト・アングリアのブレックランドでは耕地制度として内畑・外畑制も見られた。

5．森林地域（forests and woodpasture）

イングランド南部から東部にかけて各地に分散し、狩猟地（forests）、樹木で囲われた放牧地（woodpasture）が大きな割合を占める。王室林は鹿狩りの狩猟地として利用されたほか、海軍の軍艦用の木材の供給源ともなった。東南部のケント、サセックスでは森林地域は「ウィールド」（the Weald）と呼ばれ、土地の三分の一は耕地、残りは草地として牧牛に利用された。

6．湿原・原野（fells and moorland）

北部のペニン山脈や西南部のダートムーア、エクスムーアなど、湿原が大きな割合を占める寒冷な高地の地域である。湿原は酸性土壌であるため、穀作には適しておらず、主に牛や羊の牧畜がおこなわれた。

7．海岸低湿地（marshland）

リンカン、ノーフォク、サフォク、ケント、サセックスなどの海岸にあって、古い時代より定住地が形成され、水路網によって排水がおこなわれるとともに、一般に堤防によって氾濫から守られた。オランダや西北ドイツの北海沿岸低湿地に似た性格をもつとみられ、牛、羊の飼育とともに、小麦栽培もおこなわれた。

8. 沼沢地 (fenland)

　ウォッシュ湾周辺、トレント川流域の湿地であり、16世紀以降排水事業によって新しく開拓された地域である。漁獲、畜産とともに、排水によって干拓された耕地では穀物生産も可能となった。

　これら8地域類型のうち、前節で確認された牧羊の中心地が属していたのは主に「白亜丘陵地域」(wolds and downland) である。この地域では「牧羊・穀作混合農法」が優位を占めていた。この農法は「ヒースランド」にも普及し、白亜丘陵地域ほどではないが、ここでも牧羊がかなり重要な意義をもっていた。そこで、上述の8地域のうちこれら2地域をとりあげて、牧羊と耕作との関連を検討してみよう。

3　白亜丘陵地域（ウォルズとダウンランド）の牧羊

　牧羊・穀作混合農法が実践されていた丘陵地域の多くは、地質学的には「上部白亜紀層」に位置していた。白亜 (chalk) は泥質のやわらかくて白い微細な石灰粒からなる多孔質の堆積岩であり、その成分は主に太古の海中微生物 (coccolith)、有孔虫の遺骸や貝殻などの石灰質からなる。その地層の厚さは300～400メートルにも達し、イングランド南部および東部地域のダウンランドの採石場や道路の開鑿に露出するが、壮大な岸壁をなす海岸線で最も良くあらわれ、ドーヴァーの白い岸壁が非常に有名である。ちなみに、イギリスの雅称「アルビオン」(Albion) は「白い国」を意味する。

　イングランド南部の丘陵地は「ダウンズ」という名称のとおり、多くは傾斜地である。たとえば東南部のケント・ダウンズの場合、約1億年前に土地が隆起し、やわらかい白亜をドーム状に押し上げ、これは徐々にその下にある砂岩を露出させた。ケント・ダウンズの最大の特徴は、けわしい南向きの傾斜である。傾斜地における白亜の露出は海峡を越えて北フランスに及び、そこでも同じような土地利用と植生のパターンが見られる。傾斜地は、もともと東南部の

ほとんどをおおっていた白亜ドームの幾百万年の風化作用の産物である。けわしい傾斜地はいまなお浸食をうけ続け、その下に横たわる白亜の上の薄い表層土壌だけを残した。サウス・ダウンズとノース・ダウンズは、この浸食された白亜ドームの外殻として残っている。こうした傾斜地の表土はもろく、耕作などによって破壊をうけやすいといわれる[24]。

　このような土質の丘陵地域では「牧羊・穀作式農法」あるいは「混合農法」が優位を占めていた。この農法の基礎は、穀物耕作地における「羊囲い」(sheepfold) にあった。「羊囲い」とは、昼間は放牧地で放し飼いにしてある羊の群れを、夜間だけ休耕地の一定区画に設置した柵の中に囲いこみ、羊が残した糞尿を穀物生育の肥料として利用する方法である。ウィルトシャー・ダウンズの羊囲いについてのケリッジの研究[25]によれば、一度に羊囲いに入れられる羊の数は1,000頭にも達し、1頭について2平方ヤード弱の土地面積を当てたという。耕作地は開放されており、羊囲いは耕地区画ごとに順番に移動した。開放耕地制においては耕地区画が混在していたので、各保有者の土地は順番に、そして多少とも一斉に糞尿を施肥することが可能だった。このことが、共同耕地制における土地混在の利点をなした。柵内で一夜を過ごした羊は、翌朝には丘を登って昼間の放牧地へ行った。羊囲いによる施肥がおこなわれた耕地は犂で耕耘され、播種された。播種後も羊囲いが耕地に設けられることもあり、この場合羊囲いは新しい播種地の締まりのない土壌を固めるのに役だった。穀物が収穫されると、再び羊群は刈り株を食べるために羊囲いに入れられた。

　ウォルズの土地も、白亜のダウンランドと似たような性質をもっている。ミッドランド東部のヨークシャーやリンカンシャーのウォルズは、「白亜丘陵」(chalk hills) を意味するといわれ、ここでも牧羊・穀作式混合農法が一般的であった[26]。他方、ヒルトンによれば、ミッドランド西部のコッツウォルズの渓谷の低地は粘土質だが、高地は魚卵岩の石灰岩 (oolitic limestone) から生じた軽い土壌からなり、排水が容易で耕耘も簡単であるかわりに、土壌浸食の危険も大きかった。浸食を防止する伝統的な方法は、耕地に羊囲いを設けることだった。犂で耕耘された土地に家畜が糞を踏み込んで、土を固めると同時にそ

の肥沃度を回復させた。家畜はこうした有益な役割をはたすとともに、各地の織布業に羊毛も供給した。高原の開放的な放牧地は、もちろん大きな羊群の維持に重要ではあったが、コッツウォルズの羊毛が最も高く評価されたときでさえ、農業経営者の農業観は、基本的に羊と穀物の両者を保持することを重視したという[27]。

このように白亜丘陵地域では一般に非常に薄くてもろい性質をもっている表層土壌を維持するうえで、牧羊は重要な役割をはたした。草地は羊によって踏みしめられることによって、風雨による浸食から守られた。また耕地でも、羊囲い内への多数の羊の密集は軽い土壌の肥沃化と踏み固めに役立った。ワーディによれば、羊は食肉や羊毛ではなく、羊囲いを重視して選ばれた[28]。そのため、ウィルトシャーやハンプシャーの羊は大きく、骨張って、丈夫で、一日中ダウンズを徘徊することができ、夜間に柵のなかに囲われると糞尿を落とした。あまり水を必要とせず、水分は草から摂取した。それは、樹木のない丘陵地で古くより飼われ、乏しい飼料、荒涼とした農村の条件に適し、放牧地間の長い距離を行き来できる羊であった。とはいえ、それは良質の羊毛と味の良い肉も産したという。

ウィルトシャー・ダウンズの南に隣接するソールズベリ平原は、イングランドで最も広大なダウンランドといわれる。ソールズベリ平原については、農学者アーサー・ヤングが1772年のイングランドおよびウェールズの農業視察旅行記のなかで触れており、デヴァイジズからソールズベリへの旅の道中で見た農村景観を次のように描写して、牧羊規模の大きさを強調している。

「農場の多くは600〜800エーカーの耕地をもち、播種面積だけでも500エーカーを超える農場もある。それらが平原で飼う羊の群れは、イングランドでも最大だとおもう。その羊の群は300〜400頭から3,000頭に達し、一年中羊囲いの中に入れて、この羊囲いを毎夜移動させる」[29]。

だが、近代の農業改良は牧羊地を縮小し、牧羊・穀作混合農法を廃止する方向をめざした。ケリッジによれば、ダウンランドでは17世紀から二圃制あるいは三圃制の休閑地へのカブやクローバーなど飼料作物の導入による近代的穀草

式農法への転換が進められていた。アーサー・ヤングは当時進行していた囲い込み運動の熱心な推進者だったから、開放耕地が残存していたソールズリ平原の牧羊と毛織物業に満足せず、次のように述べている。

「この地方ほど良い牧羊場を、私は見たことがない。緑は美しく、草地は一般に良質な牧草地であり、もしそうした草地が耕作地に転換したら、きわめて大きな意義をもつだろう。……（中略）……私はこの地区に１エーカーでも実際に不毛地があるとは信じられない。というのは、私が見た土はどこでも良質の軽いロームであり、きわめて良好な草を産し、世界のどこにも負けない良質穀物を生育させるからである。ダウンズと牧羊地を擁護する口実としてよく挙げられるのは、羊毛の生産であるが、正確な計算をすれば、適切な割合の草地をともなう耕作地の農場の優位がはっきりと証明されるのであり、いかなる地域の羊毛も工業生産者の雇用をうむだろうが、犂で耕す人口にはとうていかなわないのである。土壌に最も適した樹木を適度に植えて、生け垣で囲い込み、この広大な平原を農場に変えることは、驚くべき改善をもたらすだろう。生け垣も樹木も家屋もなく、わずかな羊飼いと羊の群れしかいない現在とはまったく違った眺めが出現するだろう」[30]。こうしたヤングの農業改良の基本線に沿って、ダウンランドでは囲い込みによる耕作地の拡大が進行した。その後の変化について、ソールズベリ平原の羊飼いハドソンは1910年にその回想録のなかで次のように述べている。

「最近100年間に起きた最大の変化は、疑いもなくダウンズで犂が使用されたことである。黄金色の穀物、とくに小麦を７～８月に広い畑で見るのはたしかに喜ばしいことではあるが、犂で耕耘されることによってダウンズは醜くされてしまった。それは経済的観点からも過ちではないかとおもわれ、昔から数世紀にわたってゆっくりと生み出されてきた豊かな芝は、牧羊場とともに永遠に失われることだろう。非常に広大な未墾地は他所にもあり、とくにミッドランドの重い粘土の方が穀物には適している。高地ダウンズの芝土の耕耘はしばしば破滅的結果をもたらし、密集した丈夫な芝によって保護された土壌は吹き飛ばされたり、洗い流されたりして、毎年やせていき、手入

れをしても耕作の価値がほとんどなくなってしまう。クローバーはそこに育つかもしれないが、しだいに悪化を続けるか、あるいは借地人か地主がそれを養兎場に変えてしまうと、最悪の事態となる。それらがどれほどひどいものか、広大なダウンランドが大きな針金の柵と兎網で囲われ、雑草や苔が生え、いたるところ小獣によって乱暴に掘り返されるのである。しばらくは利益があがるかもしれないが、結局はひどい荒れ地になってしまうのだ」[31]。

かつての広大な牧羊場は牧羊と穀作の混合農法の衰退、近代的輪作農法への転換とともに不要とされ、ソールズベリ平原では軍事演習場に変えられた。羊飼いハドソンはこの変化についても、次のように嘆いている。

「この高地ダウンズの大部分は現在変貌をとげつつあり、かつての牧羊場が今では軍隊の演習場になっている。羊が姿を消したところでは、最上の芝生よりも歩きやすい芝土の滑らかさと弾力性が失われた。かつて羊は密集して草を食べ、ダウンズに成長した草、クローバー、多数の小さなハーブなどすべてが、地面にはうように生育して花を咲かせた」。ところが「羊が姿を消すと、植物は牧羊による圧迫がとれて徒長するようになって、表土が粗くなってしまった」[32]。

同じような指摘は、環境史家ラッカムによってもなされている。彼によれば、ダウンランドのロイストンからフラムバラ・ヘッドまでの170マイルの草地は19世紀初期にほとんど絶滅してしまったという。南部ダウンランドはそれほど破壊されなかったが、ドーセットはその草地面積の半分以上を失った。白亜の土地の一部は耕地としては失敗し、草地に戻されたが、決して元どおりにはならなかった。破壊は19世紀半ばに再開され、しばらく期間をおいて、第二次大戦後もっと徹底的におこなわれた。現在のドーセットは1800年頃の白亜のダウンランドが12分の1以下に減少し、1966年に全体で108,000エーカーと見積もられ、最近はさらに減っているといわれている[33]。

4 ヒースランドの牧羊

　ヒースランドは東部のイースト・アングリアと南部のドーセットの二カ所に限られ、丘陵地帯ほど広大ではないが、ここでも農業にとって白亜の地層が大きな役割をはたしていた。その代表はイースト・アングリアのブレックランドであり、降雨が少なく、白亜の底土の上にやせた浅い砂地が表層をなしていた[34]。ブレックランドのゆるやかな傾斜面には白亜地層の露出と酸性の砂地が交互にくりかえす縞模様が見られ、水平な高原ではそうした縞模様のなかに、多角形の草地が多数点在することで知られる[35]。

　ブレックランドはじめノーフォクの「軽い砂地のやせた土地」では、16世紀まで開放耕地制と牧羊・穀作混合農法が優位を占め、これは地域全体の三分の二を占めていたという[36]。キャンベルによれば、羊は「歩く施肥機械」ともいうべき性格をもっていた。羊は春の出産期を過ぎると、共同家畜群に集められ、昼間は原野と牧羊場で飼養され、夜間は休閑耕地に柵で囲われ、その土は踏まれて糞尿と混ぜられた。開放耕地内部では羊は移動可能な「羊囲い」によってコントロールされ、この羊囲いは比較的小さな休閑地への放牧を可能とした。羊囲いは耕地の施肥がその主要目的とされ、休閑地における乏しい牧草よりも耕地への利益の方が大きかった[37]。

　このようなイースト・アングリアの牧羊は基本的に白亜丘陵地域のダウンランドやウォルズに類似していたといってよいが、とくに17世紀以降の牧羊・穀作混合農法は次の二点で異なる性格をもっていた。

　第一に、イースト・アングリアのヒースランドでは領主が農民の土地に羊囲いを設置する特権をもち、この点が白亜丘陵地域と異なっていた。村落内の土地は2〜3人の領主の羊の群のために分割され、それぞれの割り当て区分が領主「牧羊コース」（foldcourse）と呼ばれた。牧羊コースには開放耕地と未墾の共有地が含まれ、開放耕地では収穫後の秋と冬に放牧されることが多いが、夏季は主に共有地に放牧された[38]。この牧羊コースの所有権は領主が独占し、

農民の権利はきびしく制限されており、牧羊は領主の営利事業だったといわれる[39]。ただし、領主による牧羊コースへの羊の放牧は、農民の土地への施肥と土壌の踏みしめに役立ったから、その意味で耕作農民にとってかならずしも不利益だったわけではない。また、穀物収穫後の「シャック」(shack) といわれる期間には、村民たちは昼間の休閑地での放牧権をもっており、それ以外のときは若干の羊を領主の家畜群のなかに入れることも許されていた。アリソンによれば、領主牧羊コース制度のもとでの農民は家畜の飼料源を三つもっていたという。すなわち、(1) 収穫畑の刈り株利用権 (shackage)、(2) ヒースランドの共有地への放牧権、(3) 領主の家畜群のなかへの一定数の家畜の投入権 (cullet right) である[40]。

　第二に、イースト・アングリアの牧羊・穀作混合農法は丘陵地帯のような三圃制ではなく、むしろ「内畑・外畑制」の枠組みのなかで実践された。比較的土地が肥沃でないスコットランド、ウェールズや北イングランドなどでも内畑・外畑制が普及していたことが知られており[41]、ドイツ西北部にもこれと似たエッシュ・カンプ制がみられ[42]、この耕地システムは全ヨーロッパ的広がりをもつが、イースト・アングリア地方のヒースランドの内畑・外畑制においては、(1) 内畑、(2) 外畑、(3) ブレックという三種類の農地が区別された。「内畑」とは村内の古くからの常設耕作地であり、ここでは主に三圃制にしたがう農法が採用されていた。「外畑」と「ブレック」は村外に向けて新しく開墾された土地であり、ヒースランドにはあまり耕作に適さないやせた共有地が多いため、そうした土地は一時的耕作地として利用された後、もとの野生状態に放置されることが多く、これは「ブレック」(breck) と呼ばれた。「ブレックランド」という地名は、これに由来するという。開墾地の拡大とともにブレックはしだいに継続的常設農地に転換され、短期間の穀作と長期間の牧草地とが交互にくりかえされる粗放な穀草式農法がおこなわれ、この農地は「外畑」として固定された[43]。

　こうした牧羊・穀作式農法、領主特権としての牧羊コースおよび内畑・外畑制の結合がイースト・アングリアのヒースランド地域の牧羊の特徴をなしてい

た。16～17世紀には領主の牧羊特権の強化によって、牧羊コースが拡大され、牧羊業はその頂点に達したといわれる[44]。周知のように、イースト・アングリアでは16世紀にフランドルから毛織物工が渡来し、長毛を素材とするウーステッド生産が都市ノリッジを中心に栄えたが、これは牧羊業の発展の刺激になったとおもわれる[45]。だが、ヒースランドは丘陵地帯と比べて羊の牧草地として優れていなかったため、良質の羊毛生産地とはいえず、中世以来羊毛供給の中心地としてとくに重要な役割をはたしたというわけではない。近代のノリッジのウーステッド産業も、かならずしも地元のヒースランド産羊毛を基礎として発展したとはいえないようである。

　イースト・アングリア地方のヒースランドでは17世紀以降囲い込みがおこなわれ、これが開放耕地制にもとづく内畑における領主牧羊コースの減少をもたらす要因となった。アリソンによれば、牧羊・穀作混合農法の多くの教区では、小規模囲い込みと牧羊コースの廃止とは18世紀の議会エンクロージャー開始前から進行していた。内畑の耕地が個別に囲い込まれただけでなく、ヒースの土地と共有地も外畑として分割されて、囲い込まれた。内畑は大規模な借地としてまとめて借地農に貸し出され、新作物や新しい土地肥沃化の方法が羊の糞尿にとってかわり、カブが羊の飼料作物として栽培されるようになった[46]。こうした変化について、農学者ヤングはイースト・アングリアのヒースランドにも旅して、次のように述べている。

　「この地域は、改良精神が住民をとらえる以前は、すべて未墾の牧羊場であった。そして、この改良精神は驚くべき効果をあらわした。限りない荒野、未墾の不毛地、羊以外にほとんどいない土地にかわって、農村はすべて囲い込み地に区分され、良く耕され、豊富な肥料が施され、人々が定住し、以前より百倍も多くを産出するようになったからである。こうした成果をあらわすのは、泥灰土の施肥である。全農村に豊かな泥灰土の鉱脈が走っているので、人々はそれを掘って古い牧羊場に散布して、囲い込みによって農場を規則正しい輪作に転換し、改良によって限りなく収穫を得た」[47]。

　その結果四輪作制が導入され、初年度に小麦、第二年度にカブ、第三年度に

大麦、第四年度にクローバーが作付けされるようになった。だが、これによって一挙に羊囲いが廃止されたわけではなく、すべての冬作物に施肥または羊囲い設置をおこない、「二晩の羊囲いは1エーカーにつき12荷（loads）の糞尿に等しい」といわれており[48]、囲い込み後もひきつづき羊囲いが存続していたことがうかがわれる。東ノーフォクの肥沃なローム層の土地では1750年までにほとんどなくなったが、砂地の地区では1570年以前の羊囲いの3分の2が18世紀にもなお残っていたと推測されている[49]。

おわりに

　16世紀以来のイギリス毛織物業の大きな発展は、西ヨーロッパ最大規模の牧羊業なしにはかんがえられない。だが、イギリスの牧羊はかならずしも毛織物業への羊毛の生産と販売を第一の目的として発展したわけではなく、何よりも耕種農業の必要性から生まれた。牧羊の中心をなしたのは、牧畜が盛んなイングランド西北部の高地ではなく、むしろ穀物生産に重点を置く東南部の低地、とりわけ白亜丘陵地域であった。白亜丘陵地域では、軽くて薄い耕地表土の施肥と踏みしめを目的として牧羊・穀作混合農法、羊囲いが導入され、穀物収穫と牧羊が不可分の関係をなす「混合農法」として発展をみた。同じように混合農法、羊囲いが普及したイースト・アングリアのヒースランドでは、牧羊自体は白亜丘陵地域ほど盛んにはならなかったが、牧羊・穀作混合農法からノーフォク農法として知られる近代農法への発達が見られた。

　このような牧羊・穀作混合農法は、イギリス以外のヨーロッパ諸国にはあまり普及しなかった。なるほどドイツでも三圃制の休閑地への施肥を目的とする家畜放牧がおこなわれ、一部に羊囲い（Pferchen）の慣行があったことはたしかである[50]が、イングランドの白亜丘陵地ほど体系的な牧羊と穀作の結合による「混合農法」は普及をみなかった。それは、ドイツ農村のほとんどの土地が地質学的に白亜丘陵地域とは異なって、牧羊に強く依存する農法を必要としなかったためとかんがえられる。

こうして、イングランドの白亜丘陵地域における牧羊、穀作および毛織物業の三位一体的結合は、近代イギリス経済固有の成長パターンの基礎をなしたといっても過言ではない。白亜丘陵地域の農耕、牧畜および工業の結合様式は「白い国」（Albion）と呼ばれたイギリスの生態系のなかで育まれたものなのである。

1）　Trow-Smith [1957] p.88.
2）　Power [1941].
3）　*Ibid.*, p. 16.
4）　大塚 [1981]。
5）　佐久間 [1999]。
6）　松尾 [1971] [1972]。
7）　藤田 [2001]。
8）　Bowden [1962].
9）　Mulhall [1892] pp. 15, 30.
10）　Jacobeit [1987].
11）　松尾 [1971]。
12）　メリノ羊の普及過程については、大内輝男 [1991]。
13）　船山 [1967]。
14）　Ponting [1971] p. 7.
15）　Bowden [1962] p. 29.
16）　Luc [1997].
17）　Klein [1920]、芝修身 [1978]、立石 [1984]、五十嵐 [1985]、ブローデル [1991] Ⅰ, p. 134以下。
18）　Jacobeit [1987].
19）　Homans [1960] pp. 13-17.
20）　「コッペル」については、とくに Schwerz [1807]。
21）　Thirsk [1967] pp. 2-6.
22）　Thirsk [1987] 彼女は、Thirsk [1984a] でも、やや異なった視点から農業の地域区分をおこなっているが、ここでは前者を採用した。というのは、前者は自然環境を重視する視点から地域区分をおこなっており、拙稿の立場に近いからである。
23）　Jennings [1987], Fox [1987].

24) The Kent Downs Landscape [1995].
25) Kerridge [1954].
26) Jennings [1987] p. 64.
27) Hilton [1966] p.14. コッツウォルズの自然景観については、The Cotswold Landscape [1990].
28) Wordie [1984] p. 329.
29) Young [1903] pp. 184-186.
30) *Ibid.*, pp. 193-197.
31) *Ibid.*, pp. 11-12.
32) Hudson [2004] pp. 7-8.
33) Rackham [2004] p. 340.
34) Postgate [1973] p. 282.
35) Rackham, *ibid.*, pp. 283-285.
36) Allison [1957].
37) Campbell [1981].
38) Alison [1957] pp. 15-16.
39) Bailey [1990] 41.
40) Allison [1957] p. 21. イースト・アングリアにおける領主牧羊コース特権については、ほかに、三好 [1981]、Simpson [1958] を参照。
41) Gray [1915].
42) 藤田 [1998]。
43) Postgate [1973] pp. 300-301.
44) Bailey [1990] p. 45.
45) Martin [1997].
46) Alison [1957] p. 28.
47) Young [1903] pp. 3-5.
48) *Ibid.*, pp. 9-10.
49) Holderness [1984] p. 230.
50) Jacobeit [1987] p. 21.

第4章　ヨーロッパにおける囲い込み地の系譜
──生け垣と水路の景観史──

はじめに

　中世以来のヨーロッパ農村景観の代表をなすのは、三圃制を基本とする開放耕地制である。この開放耕地制は一般に近代イギリスのエンクロージャー運動を契機に消滅して、それまでの共同耕地は個人的な囲い込み耕地に転換され、伝統的農村景観も一変したといわれている。この通念を批判したのは歴史地理学者水津一朗であり、彼によれば、「わが国の西洋経済史学では、近代イギリスの囲い込みだけが異常に強調されている」が、囲い込みは「北欧諸国でも大規模に、ときにイギリスよりも徹底的に実施されており」、しかもその起源は「古代以来くりかえし行われてきた共同の柵づくり」にあったことがしばしば忘れられている[1]。

　この批判は、イギリスはもちろんのこと、ドイツにもあてはまる。中世以来ドイツでは南部、中部、東部の大半の地域で三圃制が普及し、イギリスよりかなり遅れてエンクロージャーのドイツ版としての「共同地分割」がおこなわれはしたものの、イギリスほど大規模ではなかったため、あまり注目されることはなかった。だが、北欧に近接する北ドイツ諸地域、とくにシュレスヴィヒ・ホルシュタインではイギリスとほとんど時期を同じくして囲い込み運動（Verkoppelung）が進展したことを忘れてはならない。また西北ドイツでは、古くからの定住様式として孤立農圃制が優位を占める農村地域があり、近代のエンクロージャー運動開始以前から囲い込み農地が広く存在していた。こうした歴史的事実は知られていなかったわけではないが、近代農業史におけるイギ

リスの囲い込み運動の影響に注意が向けられたため、その存在意義はこれまであまり重視されなかったといってよい。

　経済史におけるイギリスのエンクロージャー運動、とくに議会エンクロージャーの重視は、主に次のような二つの理由によるとおもわれる。第一に、それが農業における中世の伝統的農法から近代的多輪作農法への移行の画期とみなされてきたことによる。たしかに休閑地をともなう三圃制農業から休閑地を欠いた多輪作制への転換は、農業生産性の上昇にとって非常に大きな意味をもっていた。しかし、三圃制以外の農業地域における農業技術の転換はエンクロージャー運動によって直接ひきおこされたわけではない。しかも非三圃制農村地域はかなり広範囲に及び、イギリスでもミッドランド以外の農村の多くは三圃制とは異なる農業地帯に属していた。

　第二に、エンクロージャー運動は開放耕地制と共有地の廃止によって農村共同体を解体する契機をなしたとみなされ、その点で囲い込みは理論的に個人の共同体規制からの解放、土地をめぐる社会関係の近代化の画期をなしたと評価されてきた。だが、土地をめぐる共同体規制は囲い込み地制の地域ではもともとゆるやかであり、農民は自分の囲い込み農地で自由な農業経営をおこなうことが可能であり、共同体規制からの解放はそれほど重要な問題とはなりえなかった。

　要するに、囲い込まれた農地は近代イギリスのエンクロージャー運動よりはるか以前の時代から西北ヨーロッパの各地に広範囲に存在していた。囲い込み地を「柵、壁、石垣、土塁、溝、生け垣などで囲われた境界のなかで、農業経営主が隣人や共同体から干渉されることなく自由な農業活動をおこなうことができる農地」とみなした場合、その歴史はどれほど古いものなのか、今日でもあまり明確ではないが、すくなくとも中世のアルプス以北のヨーロッパでは三圃制を典型とする開放耕地とともに、いわば「もう一つの農村景観」として存在しつづけてきたことはたしかである。これまで三圃制に比べてとかく軽視されがちであったヨーロッパの囲い込み地の系譜を、とくにイギリス、フランス、ドイツについて比較検討してみたい。

1 イングランドの囲い込み農地と生け垣の古さ

ヨーロッパにおける囲い込み農地の歴史を考えるうえで、近代エンクロージャー運動の本国であるイギリスを避けてとおることはできない。イギリスの囲い込み農地の歴史的系譜に関連して、グレイは囲い込み地制として「ケント・システム」を挙げたが、彼の4類型の耕地制度のなかで「ケント・システム」はあまり重要な地位を占めているとはいえず、むしろ開放耕地制の「ミッドランド・システム」と内畑・外畑制の「ケルト・システム」との対比の方に重きが置かれていた。だが、その後のイギリス農業史研究はイングランド内部における開放耕地制と囲い込み地制との対照的性格を重視する傾向にある。この点に関してとくに重要な役割をはたしたのは、1960年のホーマンズの著作である。彼は、イングランド農村を「ウッドランド」(woodland) と「チャンピオン」(champion) とに大別してとらえた。「ウッドランド」では、一般に垣根で囲われた小さな耕地が多く、定住形態は分散的小集落であった。これに対して「チャンピオン」(平野) では、多数の地条が散在する広大な開放耕地制が支配的であり、定住形態は集村が支配的であった[2]。ホーマンズの地域分類においてとくに重視されているのは、耕地が垣根で囲われているか、それとも開放されているかという点であり、耕地のまわりの垣根の有無が両地域の区別の最大のポイントをなしているといってよい。

ホーマンズによって示された「ウッドランド」と「チャンピオン」の地域差は、サースクらによる農業地域史研究にもうけつがれた。サースクによれば、近代初期のイングランドの耕地制度は西北部の「ハイランド」(highland) と東南部の「ローランド」(lowland) に区分される。「ハイランド」は山地や湿原などやせた土地が多く、渓谷と平野に乏しく、畜産に特化しており、これに対して「ローランド」は小さな丘陵、ゆるやかな傾斜地をともなう平野が多く、肥沃で深い土壌に恵まれ、乾燥した気候のもとで畑作と畜産の混合農業がおこなわれていた。こうした自然条件と農業の違いにしたがって、耕地制度も異な

った性格が見られ、高地では囲い込まれた農場における個別農業経営が多かったのに対して、低地では共同体的基礎のうえに共同耕地、共同放牧地が存在し、耕作の共同体規制がおこなわれていた[3]。

　イングランドにおける開放耕地制と囲い込み地制との地域分布は、ホーマンズやサースクが述べているほど単純に二分されるものではなく、実際にはもっと複雑な様相を呈していたといってよいが、ホーマンズの地域区分とサースクよる農業地域区分とを総合的に継承して、イングランドの農村を三地域としてとらえようとしたのは、環境史家ラッカムである。彼はイングランドを「ハイランド」と「ローランド」の二大地域に分けたうえで、さらに「ローランド」を「古来の田園」と「計画的につくられた田園」に区分する（図4-1）。「古来の田園」（ancient countryside）とは昔から小集落と孤立農場が支配的で、灌木の生け垣に囲まれ、道路や小径が多いことなどを特徴とするのに対して、「計画的につくられた田園」（planned countryside）はその逆に集村が支配的で、18〜19世紀に開放耕地のエンクロージャー運動によって孤立農場がつくりだされ、これらはサンザシの生け垣に囲まれ、道路や小径は少なく、森林も少ないことなどを特徴とする[4]。この分類は、サースクとホーマンズの方法論の結合といってよかろう。

　ラッカムが囲い込み地の農村地帯を「古来の田園」と呼ぶのは、その歴史が太古にさかのぼるためである。ラッカムによれば、囲い込み地とは「生け垣、壁、溝あるいは堤防で区切られた耕地」のことであり、その最古の形態はローマ時代以前のいわゆる「ケルト式耕地」（celtic field）に見られ、イングランド南部の白亜丘陵地や湿原など中世の開墾を免れた地域に、不規則な方形の囲い込み耕地の遺跡が残されている。しかも、囲い込み耕地の伝統はローマ人による支配の時代を経て、アングロサクソン時代まで維持され、中世の開放耕地制度の発達によってようやく囲い込み耕地が消えていったのであるが、「古来の田園」地帯では囲い込み耕地の伝統はなお生き続けた。したがってラッカムにあっては、三圃制にもとづく開放耕地よりも、むしろ石垣や生け垣で囲まれた農地のほうがイングランド農村の古来の景観をなすものと考えられているのであ

図4-1　ラッカムによるイングランド農村景観の地域区分

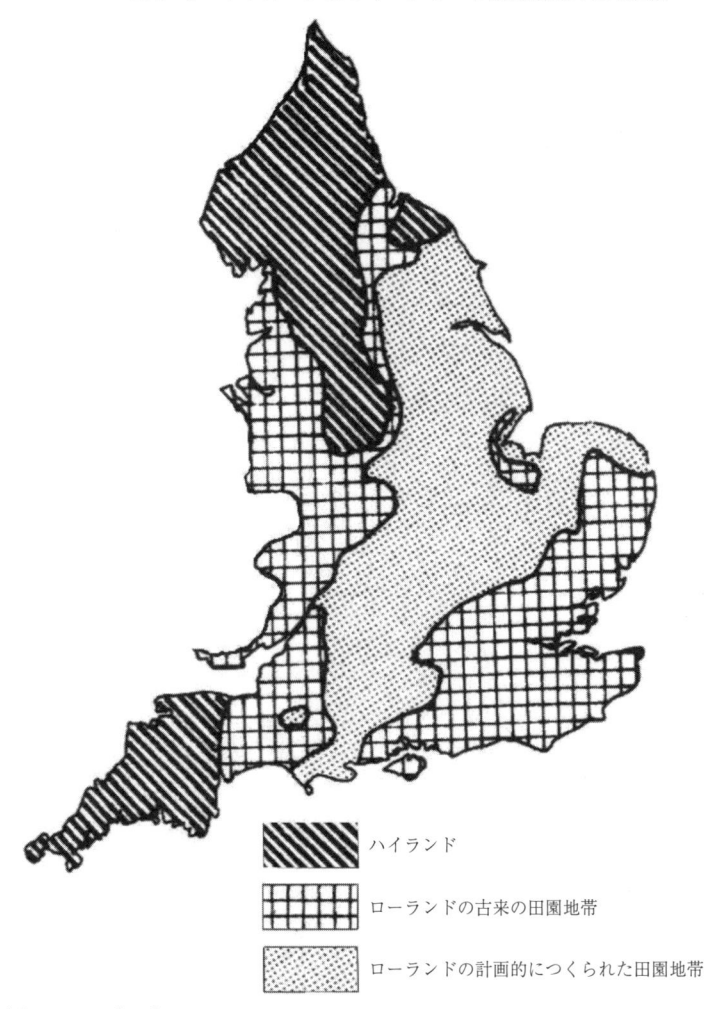

　　　　　ハイランド
　　　　　ローランドの古来の田園地帯
　　　　　ローランドの計画的につくられた田園地帯

出典：Rackham [2004] p. 3.

る。従来、ヨーロッパ耕地制度にかんする歴史家の関心はもっぱら開放耕地制度、とりわけ三圃制度の起源、成立と解体に向けられ、この分野の研究は枚挙にいとまがないほど多いなかで、囲い込み耕地の伝統を強調するラッカムの

「古来の田園」論は特異な地位を占めるといってよい。

　ホーマンズやサースクと同様に、ラッカムの三地域区分論もイングランド農業の地域構成の単純化という批判は免れないだろう。だが注目すべきは、ラッカムがホーマンズとともに囲い込み耕地の歴史における生け垣の役割を重視していることである。イングランド囲い込み耕地は、家畜の侵入を防止する目的で石垣や柵でも囲われたが、多くは生け垣によって囲われ、森林の少ないイングランド独特の美しい農村景観をつくりだしていた。ラッカムによれば、イギリスには生け垣についてよく知られた「三つの神話」があるという。すなわち、第1に生け垣はイギリスまたはイングランド固有のものであり、第2に生け垣は常に人工的であり、第3にほとんどの生け垣は今から200年くらい前につくられたと、信じられている。ラッカムはこれらをすべてを否定し、第1の「神話」に対してはとくにフランスにも生け垣で囲われたボカージュがあることを指摘し、第2については北アメリカの生け垣の自生的性格を反証としてとりあげ、第3については生け垣の古さにかんする「フーパーの法則」を引きあいに出す[5]。

　フーパーの法則とは、1971年にマックス・フーパーが提起した生け垣の古さにかんする次のような方程式である。

$X = 110Y + 30$

　　（X＝生け垣の年齢、Y＝生け垣の灌木の種類）

　これは、デヴォン、リンカンシャー、ケンブリッジシャー、ハッティンドンシャー、ノーサンプトンシャーにおける30ヤードの長さの生け垣227の調査にもとづくものであり、フーパーによれば、30ヤードの長さの生け垣の年齢と樹木の種類の間には強い相関関係が見られる。

　この方程式にしたがえば、2種類の灌木からなる生け垣の年齢は、

$X = 110 \times 2 + 30$
$ = 250$

と算出され、今から250年前の議会エンクロージャー時代につくられた生け垣であるとみなされる。

また、10種類の灌木の場合の年齢は

$$X = 110 \times 10 + 30$$
$$= 1130$$

と計算され、中世初期につくられた生け垣という解答が得られるだろう。この場合、フーパーによれば、誤差の範囲は±200年と考えられ、生け垣の古さは900～1300年の間とみなされる。

　フーパーの法則によれば、生け垣の古さは生け垣をとりまく気候や立地などの自然条件にかかわりなく、また人間による生け垣の管理方法にもかかわりなく、どのような生け垣でも1世紀に1種類の灌木が新たに増えることになる。このきわめて単純明快な法則によって、どのような地域であれ、生け垣の灌木の種類の数さえ知ることができれば、いかなる時代に農地の囲い込みがおこなわれたかを知ることができる。フーパーの試算によれば、たとえばイングランド東南部のケントでは3～5種類の灌木からなる生け垣が最も多く、ここから囲い込みがおこなわれた主要な時期は16～18世紀と推定される。他方西南部のデヴォンでは7～9種類の灌木を有する生け垣が最も多く、中世盛期に囲い込まれた農地が多いと推定することができる[6]。

　フーパーの法則は、その明快さゆえに大きな影響力をもち、イングランドの多くの地方史家に支持されたといわれる。だが、1980年代以降の諸研究は、生け垣の古さはかならずしもフーパーの考えるほど正確には測定できないことを明らかにした。しかし今日でも、灌木の種類が多くなるほど生け垣の起源も古くなることは一般に認められているようである[7]。フーパーの法則がどの程度の妥当性をもつのか確証できないまでも、18世紀の議会エンクロージャーによって囲い込まれた開放耕地の生け垣は、多くの場合サンザシを中心とする1種類だけの灌木が植えられた単純な生け垣であるのに対して、古くから存在する囲い込み農地の生け垣はニワトコ、トネリコ、ハシバミ、ハナミズキ、カエデ

図4-2　ヘッジ・レーイングによる生け垣づくり

出典：http://www.hedgelaying.org.uk/

など豊かな灌木群に富んでいたことを明快な形で示したのは、フーパーの大きな功績といえるのではないだろうか。

　図4-2のように囲い込み耕地のまわりにつくられた生け垣は、耕地への家畜の侵入を防ぐのが主な役割であったため、その管理には独特な方法が用いられた。古くからおこなわれている最も普通の方法は、冬季の農閑期に灌木を短く刈り込む「ヘッジ・レーイング」（hedge laying＝垣根の折り曲げ）と呼ばれる生け垣づくりの手法であった。灌木がなた鎌で刈り込まれ、主な樹幹が地上5～10センチメートルの高さのところで切り裂かれ、水平方向に強く折り曲げられて、灌木の幹が相互に編み垣のように組み合わせられ、家畜が通り抜けられない植物の壁がつくられたのである。バーンズとウィリアムソンによれば、ヘッジ・レーイングにはミッドランド方式とウェールズ方式とがあり、前者で

は垣根が刈り込まれ、灌木の幹が曲げられてトネリコまたはハシバミの垂直の柱のまわりに組み合わせられる。これらの柱は垣根に沿って約60センチメートル間隔に立てられる。垣根の繁った側は溝から離されて、家畜の侵入を防ぐために幾分余裕をもたせる。柵を支えるためにニレあるいはハシバミの長い棹が、垣根の上方に連続するケーブルのような形態で使われる。他方ウェールズ方式では、垣根はあまり刈り込まれず、灌木は刈り込み後も垣根の両側に交互に残されるので、ウェールズ式の垣根は伝統的にミッドランドよりも厚くて幅広い。それは牛よりも羊のほうが重要だったためであり、羊は牛よりも垣根の隙間をうまく通り抜けやすいからだといわれる[8]。

このほか、イーストアングリアやランカシャーでは灌木の折り曲げ方式ではなく、間伐による生け垣の管理がおこなわれた。この場合は、生け垣の用途は家畜の耕地への侵入を防ぐよりもむしろ、灌木を燃料、柵、建築資材などに利用することに重点が置かれ、灌木は10〜15年おきに単純に伐採されるだけだった。この方法ははるかに簡単であるが、新芽を家畜に食べられないように保護しなければならなかった。ただし垣根に沿って溝が掘られている場合には、溝のない側だけが家畜から保護されたという[9]。

このように、イングランドの囲い込み地の歴史は基本的に生け垣の歴史でもあり、「ローランド」の開放耕地制を典型とする農村景観とはある意味で対照的な農村景観をなしてきたのである。開放耕地制の農業が穀物作付けに重点を置き、共同耕地制、休閑地と共有地への共同放牧など強い共同体規制をともなったことは周知のとおりである。これに対して囲い込み耕地では、生け垣の主たる目的が耕地への家畜の侵入防止にあったことから容易に推定できるように、農業の重点は穀作より畜産にあった。その農法はかならずしも一定していなかったといわれるが、しばしば見うけられるのは数年おきに穀作地と放牧地を交互にくりかえす穀草式農法であり、たとえばヘイによれば、17世紀のランカシャーのウォートン教区では、一部の土地は開放耕地制であったが、他は3年間穀物を栽培した後、6年間は放牧地として主に雄牛の肥育に利用されたといわれる[10]。またハリソンによれば、17世紀のイングランド西南部のコーンウォー

ルとデヴォンでも穀草式農法が広くおこなわれ、たとえばデヴォンでは小麦、大麦、オート麦、豆を6〜7年間収穫した耕地を牧草地に転換して7〜8年間放牧に利用した[11]。

　これらはイングランド西北部と西南部の事例であるが、囲い込み農地とそこでの農業は地域によって異なる特徴をもち、たとえば東部のウォッシュ湾周辺の干拓地であるフェンランドではやはり畜産が盛んではあったが、農地は排水溝で区切られ、生け垣囲い込み農地とはまったく異なった景観を呈していた[12]。また、東部のイーストアングリアのヒースランドと呼ばれる砂地では、内畑は三圃制にもとづく開放耕地制が一般的であったが、外畑は囲い込まれて、穀草式農法による畜産と穀作がおこなわれていた[13]。したがって、囲い込み農地の性格も一様ではなかったが、イングランドの囲い込み農地の農業の典型として、生け垣で囲まれた農地における穀草式農法の実践を挙げることは誤りではないだろう。こうした囲い込み農地は、ヨーロッパ大陸でもとくにフランス西部の農村地帯に広く存在していたことが知られており、次にその性格について検討してみたい。

2　ブルターニュのボカージュ

　フランスの囲い込み農地の分布については、1931年のマルク・ブロックによる農村地域区分を出発点とすべきだろう。彼によれば、フランスは耕地制度において、1. 西部の囲い込み地、2. ロワール川北部の三圃制、3. ロワール川南部の二圃制に分けられる。このうち、垣根で囲われた囲い込み農地であるボカージュはブルターニュ全域（ポンシャトーを除く）、コタンタン、メーヌ、ペルシュ、ポワトゥ、ヴァンデその他、主として土地のやせた地域に見られた[14]。地理学者ドマンジョンもフランスの集落形態を、1. 東北フランスの集村、2. 西南フランスの小村および孤立農家に分け、後者の分散居住地域としてブルターニュ、メーヌ川流域、中央山塊、北アルプス山麓、リムーザンを挙げ、ボカージュや囲い込み農地を分散居住地域の農村景観の特徴とみなした[15]。

この場合、イギリスやドイツと異なって、フランスでは三圃制地帯は農村全体の一部を占めたにすぎず、その意味で三圃制はフランスの代表的な耕地制度ではなかったことに注意すべきである。

　マルク・ブロック以後の研究史にもとづいて、地中海沿岸地帯を除いたフランス北部の農村景観の歴史について論じたのは1955年のメニエとジュイヤールの共著[16]である。その特徴はフランス北部の農村景観史を、1．生け垣で囲い込まれていない東北フランスの景観、2．生け垣を特徴とする西フランスの景観に区分して議論した点にある。それによれば、西フランスの囲い込み農地は石垣、土塁、生け垣などさまざまな手段で囲い込まれていたが、生け垣によって囲い込まれた農地をとくにボカージュと呼び、これは西フランスの景観の特徴を最もよくあらわす言葉として、12世紀以来知られている。ボカージュは非常に不規則な形をしていることが多く、オーベルニュでは多角形、円形、楕円形など多様な形で分散していた。これに対して比較的規則正しい直角形のボカージュが多いのはブルターニュである（図4-3）。

　ただし、ボカージュ地帯にも細長い地条からなる開放耕地が見あたらないわけではなく、これは地域によって異なる名称をもち、ブルターニュのブルトン語圏では主にメジュー（méjou）、フランス語圏ではシャンパーニュ（champagne）、カンパーニュ（campagne）、プレヌ（plaine）などといわれた。メニエとジュイヤールはこれらのうちメジューをブルターニュの開放耕地をあらわす概念として用い、ブルターニュでは囲い込み農地のボカージュ、開放耕地のメジューという性格の異なる二種類の農地制度があったとみなしている[17]。

　そこで、フランス西部のボカージュ地帯に属するブルターニュの農地制度について、もう少し詳しく見よう。開放耕地の一種とされるメジューは、東フランスの三圃制地帯で見られるような広大な開放耕地と比べて非常に小さく、メニエらは「ミクロ開放耕地」（mikro-openfields）と呼んでいる。その面積はせいぜい数ヘクタールにすぎず、しかもその周囲を垣根で囲われており、この点でまったく垣根をもたない東フランスの開放耕地とは異なった景観を呈した。メジューは細長い地条に分かれ、農民がそれぞれの地条を保有する共同耕地で

図4-3 ブルターニュのボカージュの景観

出典:Meynier [1976] p. 33.

あった。南フランスの二圃制のように1年おきに穀作と休閑がくり返され、農民は集団的な耕地規制に服したという[18]。メジューがいつ頃からどのように成立したのか、その起源はかならずしも明確ではないようである。

これに対してボカージュは1ヘクタールにも満たない小さな個別区画に分かれ、それぞれが高さ0.5〜1.5メートル、幅1〜4メートルの土塁に囲まれ、土塁の上には灌木が繁茂していた。メニエによれば、ブルターニュにおける生け垣の発展には三つの要因がからみあっていた。一つは気象要因であり、生け垣は西からの強風に対する防風のほか、冬の凍結や風雨による土壌浸食の防止の役割もはたした。第2に生け垣は家畜監視に役立ち、家畜の侵入から耕作地を守り、放牧地から家畜が逃げ出さないように防止する役割をはたした。第3に、農民による個人主義的土地保有権の主張もブルターニュにおける生け垣の発展の推進要因となった[19]。ボカージュでは粗放な穀草式農法が一般的だったとみられ、アンリ・セーの近代ブルターニュ農村史にかんする叙述によれば、初年

度はライ麦、第2年度はエン麦、第3年度はソバを耕作した後、土地は3～6年間自然の状態に放置されるため、野生のエニシダやハリエニシダにおおわれたという[20]。メジューと同様に、ボカージュについてもその起源は明確ではない。ボカージュが近代の開墾や囲い込みによって増加したことは確かであるが、イングランドの囲い込み農地を「古来の田園」とみなしたラッカムと同じように、ボカージュの起源を非常に古い時代に求める見解もあり、メニエによれば、文献にボカージュについて最初の記録が確認されるのは9～10世紀のことである[21]。

こうしたメジューとボカージュという二種類の耕地を、「内畑・外畑制」としてとらえたのはウーリッヒである。彼によれば、メジューは細長い多数の地条からなる継続的な共同耕地の性格をもつ内畑であり、これに対してボカージュは土塁と生け垣で囲まれた個別利用地としての外畑であり、3～4年間耕作した後7～12年間ヒースの草地として利用する「耕地とヒースの交替制」(field-heather system) にもとづく農業がおこなわれた[22]。したがって、ボカージュ農業の生産性は低く、エンクロージャー運動期のイギリスの農業家アーサー・ヤングがフランス旅行記でブルターニュを含む西フランスの農業を「野蛮な輪作」と焼き畑農業という低い評価しか与えなかった[23]のも、あながち根拠がないことではない。ただし、ブルターニュのなかにも地域差があって、とくにメジューが多いのは内陸的性格を帯びる東ブルターニュであり、これに対して大西洋沿岸の西部や北部ではメジューは少なく、ボカージュが大部分を占めた。両者の割合は不明であるが、ボカージュが古くよりブルターニュの景観の基本をなしたことは確かである。

3 西北ドイツのマルシュとゲーストにおける囲い込み地

19世紀以前のドイツの大半を占める中部、南部および東部は三圃制集村地帯に属していたが、西北ドイツの北海沿岸地帯では孤立農圃制が優位を占めていた[24]。ただし、その定住様式は一様でなく、大きく二つの地域に分けられる。

一方はマルシュといわれる北海沿岸低湿地であり、他方はゲーストと呼ばれる内陸部の小高い乾燥地である。両者とも孤立農圃制における囲い込み農地が存在したが、その性格はかなり異なるので、それぞれ別個に特徴を検討する必要がある。

マルシュの多くは堤防によって高潮被害から保護された干拓地からなり、農地は碁盤の目のような運河や排水溝で区切られていた。この地域の農地と農業は、イングランド東部やオランダの干拓地とほぼ同じ性格をもっていたとおもわれる。だが、仔細に見ると、マルシュの囲い込み農地にはさらに2つの形態が認められる。マルシュの農地の第1形態は、図4-4のオルデンブルクのヴェーザー河畔のアルゼ村の耕地図に見られるように、縦横の長さに大差がない長方形あるいは多角形であり、その形態から一般に「ブロック農地」と呼ばれるものである。第2は一つの土地区画が三圃制と同じような細長い短冊状の地条をなす「マルシュフーフェ」である。誤解を招きやすいのは、この「マルシュフーフェ」という表現であり、「フーフェ」という言葉は開放耕地制あるいは共同耕地制におけるフーフェと混同されてはならない。開放耕地制の場合、フーフェを保有する標準農民は村内の複数の耕区（英語では furlong、フランス語では quartier、ドイツ語では Gewann）にまたがって散在する細長い地条を多数保有しており、これら散在地片の総体が経営単位としてのフーフェをなす。これに対して「マルシュフーフェ」の場合、農民が保有する土地区画は長い短冊状の形をしてはいるが、「耕区」は欠如しており、農地の混在は見られず、農民の保有地は排水溝で区切られた囲い込み地の性格をもち、農民は共同体規制から自由に経営をおこなうことができた。アウハーゲンによれば、農地の土質は堤防から内陸に向かって均等に分布していたため、三圃制のような平等原理にもとづく耕区における土地分配は問題にならなかった。またマルシュの耕地区分は排水路に沿っておこなわれ、土地区画は幅15〜25メートル、長さ150〜1,500メートルで、ときには長さが2〜3キロメートルに達する場合もあったという[25]。

オルデンブルクのヴェーザー河畔のエルスフレート地区では、図4-5のよ

図4-4　オルデンブルクのアルゼ村の耕地図（1859年）

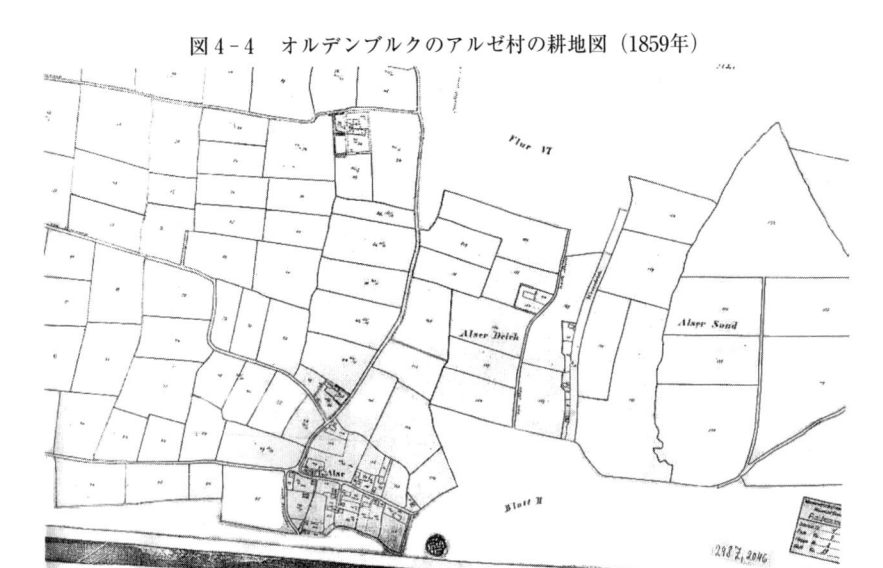

出典：Staatsarchiv Oldenburg Best. 298Z. No. 2046.

図4-5　マルシュフーフェの耕地形態

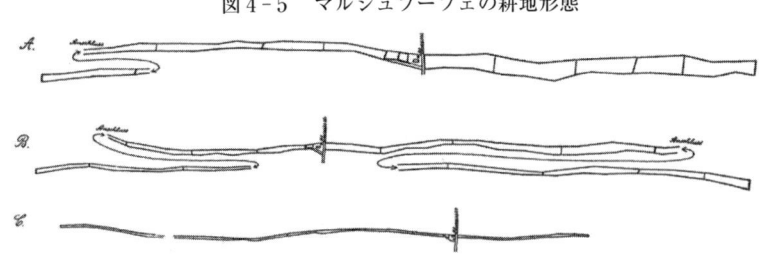

注：農場A、面積60ha、長さ5,950m、幅60〜125m。
　　農場B、面積45ha、長さ8,600m、幅40〜65m。
　　農場C、面積5.5ha、長さ4,000m、幅12〜15m。
出典：Oetken [1913] S. 13.

うに面積60ヘクタールの農地の長さが5,950メートル、幅が60〜125メートルなど、驚くほど細長い形態が見られた[26]。こうした「マルシュフーフェ」と似た耕地制度は、山林を開拓してつくられた内陸の「森林フーフェ」にもみられ、両者はともに計画的な開発によってつくられた定住様式であるといってよい。

マルシュの多くは干拓地、湿地であったため、牧草の生育に適し、一般に畜産、とくに酪農に重点が置かれ、穀作地と放牧地とを交互にくりかえす穀草式農法が普及していた。北海や河川に近いマルシュの農地は水路で区切られていたため、内陸のように家畜の侵入防止のための柵や生け垣はとくに必要なかった。アーレンツによれば、オストフリースラントでは「排水溝はすぐれた囲いの手段である。人間なら飛び越えられるほど狭い幅でも、マルシュの雌牛はめったに飛び越えようなどとはしない。雌牛は小さい頃からそれに慣れているので、少しエサがあれば、たとえ溝が乾いても、そこから逃げたりはしないのである。排水溝の土はぬかるんでおり、そのなかにはまりこんでしまうおそれがあるため、雌牛は本能でそうしないのである」。にもかかわらず、「ときには雌牛が溝に落ちて、救出に手間取ることがある。夜中に転落すると、翌朝まで生きていることはまれであり、こうして家畜が毎年のように死なない村はほとんどない」という[27]。したがってマルシュでは、水路が生け垣にかわる囲いの役割をはたし、一見したところ開放耕地制のように、視界をさえぎるものがほとんどないほど平坦で、広々とした牧草地の多い農村景観をつくりだした。

マルシュの囲い込み地を意味する特別の用語はあまり知られてないが、アーレンツによれば、水路で区切られた耕地はイェーファーラントとハルリンガーラントでは「ハム」(Ham)と呼ばれ、オストフリースラントでは一定面積（たとえば5グラーゼン）の大きさの「シュテュックラント」(Stückland)と呼ばれたという[28]。これに対して、内陸乾燥地のゲーストの囲い込み地は「カンプ」(Kamp)という名称をもっていた。ゲーストには内畑・外畑制にもとづく二種類の耕地があり、内畑は「エッシュ」(Esch)、外畑はこれと区別されて「カンプ」と呼ばれた。この点で、西北ドイツのエッシュとカンプはフランス・ブルターニュ地方のメジューとボカージュに共通する性格をもっていたが、両者の間には農法や成立期にかんして相違が見られる。エッシュは乾燥した丘陵地に位置するライ麦畑であり、ミュラー＝ヴィレの「長地条耕地」(Langstreifenflur)論によって西北ドイツ特有の一圃制耕地として広く知られるようになった[29]。エッシュは長い地条に細分された共同耕地であるが、毎年原野（ハイ

デ）から芝土を搬入して肥料として利用することによって、毎年ライ麦を連作することが可能な一圃制耕地であった。この耕地は休閑地も耕区（Gewann）も欠いているという点で、三圃制耕地とは異なっていたが、開放耕地、共同耕地の一種であるという点では、三圃制耕地と共通性をもっていたといえる。

　他方、外畑のカンプは囲い込み地として、エッシュと対照的な性格をもっていた。カンプは、マルティニーによれば、「ただ一人の保有者に属し、常に囲われた小規模な耕地片である。エッシュよりもかなり小さく、直径は平均で100～300メートルである。その形は一般に不規則である。カンプは耕地とはかぎらず、放牧地、森林、池としても利用される。それはしばしば他のカンプと一緒に集団をなすが、その結合に一定の秩序はない。最も顕著な指標は囲い込みであり、それによって保有者の家畜がまとめられ、他人の家畜から守られる。今では垣根だけであるが、昔は多様な雑木の藪の土塁で、ときにオークが混じり、湿地では溝が生け垣に連結していることもあった」[30]。

　エッシュでは一圃制によるライ麦の連作がおこなわれ、休閑地はなかったので、三圃制に見られるような刈り後畑における共同放牧の慣行もなかった。そのため、家畜はマルクと呼ばれる共同地に放牧され、家畜侵入防止のための柵や垣根はエッシュには設けられなかった。他方、カンプでは穀草式農法による穀作と家畜放牧が交替でおこなわれ、家畜の耕地への侵入を防止するために、生け垣で囲われた。したがって、カンプは生け垣で囲まれたイングランドの囲い込み地とほぼ同じものであったといってよい。西北ドイツのカンプは外畑として利用されていたので、厳密には、イングランドのイースト・アングリアなどに見られる内畑・外畑制における外畑＝囲い込み農地と同じ性格をもっていたというべきだろう。スヴァルトによれば、オストフリースラントではカンプを囲む土塁はたいてい1.5メートルの高さで、その基礎の幅は2メートル、上部の幅は4分の3メートルであった。土塁に何も植樹されてない場合もあるが、普通は灌木が植えられ、とくにシラカバ、ハンノキ、ナナカマドの間にキイチゴがはえ、かなりの間隔をおいてオークの木もそびえ立っていたという[31]。

　内畑のエッシュではもっぱらライ麦が収穫されたが、あまり肥沃でない外畑

のカンプでは夏作の大麦やエン麦のほかライ麦、豆、ソバなど、各種作物が輪作によって数年間栽培された後、牧草地に転換されて家畜の放牧地として利用された。19世紀はじめのオストフリースラントのゲーストでは、穀草式農法にもとづき、エン麦とライ麦が交互に4年間作付けされた後、4年間放牧地として利用されたという[32]。だが、カンプの土地生産性はかなり低かったため、農業経営はそれほど豊かとはいえなかった。この点で、同じ穀草式農法とはいえ、酪農に重点を置くマルシュの豊かな農業経営に比べて、カンプの農業経営の生産性はかなり劣っていたといわなければならない。それは、カンプの多くが湿原やハイデなど未墾地の開拓によって獲得された農地だったためである。

　カンプが内畑のエッシュより新しい農地であることは、一般に認められている。エッシュの成立期については、中世の開放耕地の起源をエッシュに求めようとしたミュラー＝ヴィレの見解がよく知られており、彼によれば、エッシュは、あらゆる西ゲルマニアの古定住地域で長地条耕地として土地占取時代の末期に存在し、普及していた。しかし、今日では花粉研究などの成果によって、エッシュの成立期はそれほど古いものではなく、10世紀以降という説が有力である[33]。これに対して、外畑のカンプの成立期はさらに新しく、その多くは16～17世紀以降とみられており、近代における人口増加の過程で未墾地の開墾によってカンプがつくられたといわれる。そのため、イングランドの「フーパーの法則」のような生け垣の古さを問題にする研究は、ドイツでは盛んではない。イングランドやブルターニュでは、生け垣による農地囲いの起源を中世初期に求める議論も見られるが、西北ドイツでは比較的小高く乾燥した土地にまずエッシュがつくられ、その後の人口増加とともに集落周辺の河川に沿った低地や湿原が開墾されて、カンプが個別囲い込み地として増加していった。この過程で土地を新たに獲得した開墾農民が、エルプケッター、マルクケッター、ブリンクジッツァーなどと呼ばれる農村下層人口を形成していったことが、カンプの成立・拡大期に見られた顕著な社会現象であった。

4 シュレスヴィヒ・ホルシュタインのコッペル

　ドイツ最北端の半島に位置するシュレスヴィヒ・ホルシュタイン農村の大部分は西北ドイツに類似しており、とくに西部の北海沿岸はマルシュ、内陸の中央部はゲーストに属し、これらの地域は西北ドイツの一部といってよい。ただ東部のバルト海沿岸丘陵地域だけは、東ドイツの貴族農場（グーツヘルシャフト）に似た農業経営が優勢で、西北ドイツとはかなり異なった様相を呈していた。シュレスヴィヒ・ホルシュタイン、とくに東部の囲い込み農地は「コッペル」（Koppel）と呼ばれ、その農業は「コッペル農法」（Koppelwirtschaft）、囲い込みは「コッペル化」（Verkoppelung）ともいわれ、「コッペル」は近代ドイツの囲い込み農地を意味する代名詞として、カンプよりはるかに広く用いられてきた。しかしわが国では、シュレスヴィヒ・ホルシュタインおよびその影響をうけたメクレンブルクのコッペルにかんして辛うじて及川順の研究[34]があるのみで、あまり知られていないとおもわれるので、その特徴を検討してみたい。

　コッペルという言葉を定着させる一つのきっかけとなったのは、1807年のシュヴェルツによるベルギー農業にかんする重要な著作であろう。シュヴェルツはベルギーの耕地の特徴をコッペルというドイツ語で表現し、コッペルとは「隣人の耕地制度によって、あるいはその家畜によって妨げられることなく、思いのままにふるまうことができる耕地のことである。ただし、この自由は溝、樹木を植えた畦、壁、垣根あるいは法律や習わしによって保護される」[35]と、述べた。彼の分類によれば、コッペルには二種類あり、一つは「閉鎖コッペル」であり、これは「垣根、壁あるいは大きな溝によって囲まれた耕地」であり、もう一つは「法律や慣行によって保護された開放コッペル」であった。「ベルギーには開放耕地はなく、すべての土地は囲い込まれている。一部は樹木で囲われているが、大部分は開放コッペルである。ただし、リンブルフでは酪農が支配的であるため、すべての耕地は閉鎖コッペルである」[36]。

シュヴェルツによるコッペルの定義と分類は、当時の北ドイツの農業の状態を参考にしたものではないかとおもわれる。「閉鎖コッペル」はシュレスヴィヒ・ホルシュタインに多く、「開放コッペル」はその東に隣接するメクレンブルクに多かったからである。これについては後述することにして、シュヴェルツが描いたベルギー農業は、飯沼二郎によって指摘されたように、当時のヨーロッパでイングランドに匹敵するほど、高度な水準に達していた点に注目すべきである[37]。というのは、シュヴェルツも賞賛したベルギー農業の囲い込み地は、すでにドイツでもとくにシュレスヴィヒ・ホルシュタインで囲い込み法によってコッペルとして広範囲に実現されつつあったからである。18世紀後半にはイングランドで議会囲い込みが進展していたが、ほぼ時を同じくしてシュレスヴィヒ・ホルシュタインでもめざましい勢いで囲い込みが進められていた。

デンマーク王権の支配下にあった北部のシュレスヴィヒでは、デンマーク王国で1758年、1759年および1760年に公布された法令にならって、1766年と1770年に囲い込み法令が定められ、政府主導による囲い込みが本格的に着手された。1771年には南部のホルシュタインにも同様な法令が定められ、デンマーク王権の支配下にはなかったゴットルフ公国（Herzogtum Gottorf）でもこれと連携した改革が開始された。こうした改革はドイツのどの地域よりも早くおこなわれたが、この時期の囲い込みはシュレスヴィヒ・ホルシュタインのうち東部丘陵地帯に集中し、西部のマルシュや中部のゲーストではあまりおこなわれなかった点に注意を要する。西北ドイツについて述べたように、マルシュやゲーストでは政府の改革政策を待つまでもなく、すでに囲い込み農地が普及していた。これに対して東部丘陵地では、領主直営農場、農民経営のいずれにおいても共同耕地が支配的で、政府による改革はこの地域の「耕地共同体」（Feldgemeinschaft）の廃止をめざしたのである。

ドイツで19世紀に農業改革あるいは「農民解放」の一環としておこなわれた「共同地分割」、「分離」は、共同耕地制の解体、囲い込みをめざしたものの、農民に少なからぬ費用がかかるため、なかなか進まなかった。とくに、小農が多い西南ドイツでは囲い込みは遅々として進まなかったことで知られる。これ

に対してシュレスヴィヒ・ホルシュタインでは、ベーレントによれば1760年代から開始された改革は1820年代までに基本的に完了したという[38]。シュレスヴィヒ・ホルシュタインで他地域に先駆けて囲い込みが成果をあげたのは、なぜだろうか。

シュレスヴィヒ・ホルシュタインでは、すでに16世紀からコッペルの形成が見られた。それはハンブルク、リューベックにおける食肉消費の増加にともなう雄牛の生産と関連していたといわれる。ヴィーゼによれば、近代初期のデンマークは牧草の生育に適した気温と降雨、栄養に富んだ土壌によって西北ヨーロッパの雄牛育成の中心となり、デンマークからシュレスヴィヒ・ホルシュタインを経由してハンブルク、リューベックに雄牛が盛んに輸出された。1545～54年の10年間にレンツブルクの税関を通過して両都市に向けて送られた雄牛は36万頭に達したという[39]。雄牛の生産はシュレスヴィヒ・ホルシュタインでもリューベックに近い東南部で盛んになり、専門の雄牛肥育業者は牧場を貴族や大農から賃借して、雄牛を都市の市場に売った。リューベック近郊のラインフェルトではすでに15世紀から農民たちは雄牛生産をおこなうリューベック市民に農地を貸した[40]。17世紀には雄牛の肥育にかわって乳牛に重点を置く酪農が発展し、酪農家も同じように借地経営をおこなうようになり、この過程で牧草地確保のためにコッペルの囲い込みが増加し、「コッペル農法」が普及していったのであった。

コッペル農法はしばしば穀草式農法と同一視されているが、それはかならずしも正確ではない。シュレスヴィヒ・ホルシュタインでコッペル農法が普及したのはとくに18世紀のことであるが、穀草式農法自体は「シュラーク農法」(Schlagwirtschaft) という名で、それ以前からおこなわれていたからである。ホルシュタインのボルデルス地区にかんする1842年のハンセンの叙述によれば、ここでは100年前にまだ囲い込みはおこなわれておらず、「耕地共同体」が残っていた。図4-6に見られるように、この地区のグロス・フリントベク村では村落農地は8つのシュラークに区分され、第1シュラークでは蕎麦、第2および第3シュラークではライ麦、第4シュラークではエン麦、第5から第8シュ

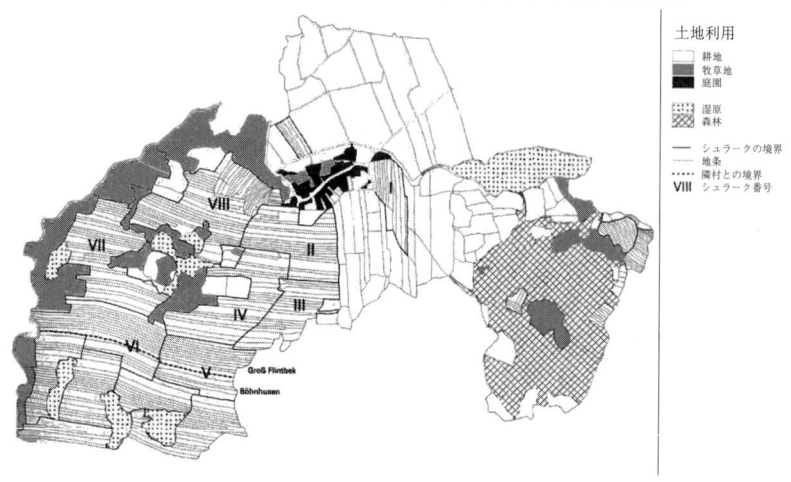

図 4-6　グロス・フリントベク村の穀草式八圃制（1765年）

土地利用
耕地
牧草地
庭園
湿原
森林
—— シュラークの境界
…… 地条
••••• 隣村との境界
VIII　シュラーク番号

典拠：Historischer Atlas Schleswig-Holstein [2004] S. 45.

ラークまでは放牧地として利用された。この8シュラーク制による作付け順序は、穀草式農法にもとづく輪作も意味し、耕地は4年間の穀作の後4年間の放牧地に転換されたのである。いかなる村落耕地も一定数のシュラークに区分され、さらに各シュラークはいくつかの小耕区（カンプ Kamp）[41]に再区分され、小耕区としてのカンプにはいかなるフーフェも本来同じ持ち分を保有していた。したがって、シュラークを大耕区、カンプを小耕区と呼ぶことも可能である。あらゆる耕地関係者は、播種の順序と耕地年度と放牧地年度の割合に応じて設定された順番に従い、刈り後休閑地となった耕地の共同放牧のために、本来の共同放牧地と同様に、共同の費用によって家畜の見張りをおこなう村落牧人を雇った。大耕区としてのシュラークは、穀物を生産する期間は共同の垣根で囲い込まれ、垣根は家畜の侵入から穀物を守るために毎年かなりの修理を必要とした。その反面で、放牧地として利用されるシュラークは完全に開放されており、穀作期間に設置された囲いが撤去された[42]。つまり、18世紀の囲い込み以前の農業は共同放牧と耕地強制をともなう穀草式農法にもとづいておこなわれ、耕地制度としては8〜10程度のシュラークからなる多圃制の性格をもっていた

とみなされる。村落の標準農民は「フーフナー」(Hufner)と呼ばれ、三圃制におけるフーフェ農民と同じように、小耕区（カンプ）に散在する長い地条を保有していた[43]。こうした穀草式農法にもとづく多圃制は、16世紀のデンマーク、とくにユトランド半島西部にも普及していたといわれる[44]。

　古い穀草式農法にもとづく耕地制度でも穀作期間だけ垣根による囲いはおこなわれたが、この囲いは農民が保有する個別農地の囲い込みではなく、シュラーク全体の囲いであり、フランスのブルターニュにおけるメジューや、南ドイツの非常に古い三圃制成立期に見られたという耕地囲いに似ていたとおもわれる。南ドイツで三圃制は「三ツェルゲン制」(Dreizelgenwirtschaft)と呼ばれるが、「ツェルゲ」(Zelge)は「囲い」を意味するといわれ、南ドイツの三圃制も開放耕地制に移行する以前は柵や垣根で囲われていたとされるからである[45]。また三圃制の場合、細長い地条の集合体である耕区は「ゲヴァン」(Gewann)と呼ばれたが、シュレスヴィヒ・ホルシュタインの穀草式農法では「カンプ」(Kamp)と呼ばれた。南ドイツ三圃制においては開放耕地制の一般化とともに、囲いも姿を消していったのに対して、畜産に重点を置くシュレスヴィヒ・ホルシュタインの穀草式農法では、家畜の侵入から耕地を守るためのシュラーク単位の柵や囲いが重要な役割をはたしたのである。したがって、シュレスヴィヒ・ホルシュタインのシュラークは共同耕地ではあっても開放耕地ではなく、その意味で「共同囲い込み地」と呼ぶことも可能である。

　こうした穀草式農法における穀作期間だけの一時的な共同囲いの慣行が、近代の個人主義的囲い込みを容易にした一つの要因であることは疑いない。牡牛の肥育や酪農の発展とともに、農業経営における畜産の比重が増加し、「オランダ農家」(Holländer)と呼ばれる酪農家が借地農として領主直営地や大農の所有地を利用するようになると、彼らはその土地を共同規制から自由な個別農場として経営することを利益として、「耕地共同体」がくずれていった。こうした個別農地の囲い込みを最初におこなったのは東部丘陵地の貴族領主であり、彼らはその土地をコッペルとして生け垣によって囲い込んだ。かつてのシュラーク制のもとでの囲いは「死んだ垣根」といわれ、森林で伐採した灌木を用

いてシュラークの囲いをおこなったが、コッペルでは土塁を築いて、その上に灌木を植えて生け垣をつくった。ベーレントによれば、生け垣の両側には溝が掘られ、溝から土塁の上辺までの高さは2メートル、生け垣の幅は約5メートルにも達したという[46]。土塁の背には藪が繁り、放牧年度には家畜の脱走を防ぎ、耕作地としての利用の開始のときには穀物に空気と光を供給するように、伐採された。生け垣はシュレスヴィヒ・ホルシュタインでは「クニックス」(Knicks) と呼ばれる。それは「折り曲げ」という意味であり、イングランドの生け垣の管理で用いられた「ヘッジ・レーイング」と同じ方法で、灌木を折り曲げて生け垣をつくったことに由来する言葉であろう。ハンセンによれば、乾燥地で生け垣に用いられた灌木はハシバミとブナが最も多く、次いでシデ、サンザシまれにはトネリコおよびカエデも見られ、湿った土地ではハンノキ、ヤナギが多かったという[47]。

　こうして、シュレスヴィヒ・ホルシュタインのコッペルとクニックスは、イングランドの囲い込み農地と生け垣にきわめてよく似ていることがわかる。ただ、その歴史は比較的新しく、イングランドに古くから存在する囲い込み農地より新しいことはいうまでもなく、西北ドイツのカンプと比べても新しいとおもわれる。にもかかわらず、シュレスヴィヒ・ホルシュタインのコッペルが重要であるのは、それがドイツの近代的囲い込み運動の先駆をなしただけでなく、近隣の諸地域、メクレンブルク・フォアポメルン、ブランデンブルクなどの三圃制農業にも少なからぬ影響を及ぼしたからである。とくに東隣のメクレンブルクは大きな影響をうけ、ここでは18世紀後半にホルシュタインからコッペル農法が導入された。だが、メクレンブルクではもともと三圃制が支配的であったため、開放耕地を一挙に囲い込むことは容易ではなかった。多くの場合、三圃制耕地が7耕圃に再編されて、7年周期の穀草式農法にもとづく輪作が導入された。すなわち、初年度は休閑、第2年度はライ麦または小麦、第3年度は大麦、第4年度はエン麦または豆、第5〜7年度は放牧地という輪作で、「メクレンブルク式コッペル農法」(Mecklenburgische Koppelwirtschaft) と呼ばれた。しかし、囲い込み地も生け垣もなかったため、それは正確にはコッペル

農法ではなく、かつてシュレスヴィヒ・ホルシュタインでおこなわれていた穀草式多圃制農法（Schalgwirtschaft）のメクレンブルク版であったため、18世紀末には「メクレンブルク式多圃制」（Mecklenburgische Schlagwirtschaft）とも呼ばれるようになったという[48]。

　マーガーによれば、メクレンブルクにコッペルとクニックスがつくられなかったのは、次のような事情による[49]。すなわち、コッペルの場合には穀作地区画を放牧家畜から守るため生け垣を築く必要があったが、メクレンブルクでも三圃制の時代に穀作地を柵で囲い、収穫後とりこわすという慣行は存在した。この柵作りには大量の木材を要したので、コッペル農法導入以前から柵にかわる土塁、溝、石垣、生け垣などによる囲いの試みがおこなわれ、1706年には森林法令によって柵による囲いの禁止、溝や生け垣の導入が促進された。コッペル農法の導入に際しても生け垣による囲い込みの試みはおこなわれ、とくに柳が生け垣に利用される地域もあった。だが、メクレンブルクは一般に砂地が多く、生け垣の土台に必要な重い土が乏しかったため、あいかわらず柵を設置することが多かったようである。また、三圃制農業が優勢だったことからもわかるように、畜産よりも穀作に重点を置く農業であったため、農地は家畜放牧地としての利用度が低く、生け垣による耕地の囲い込みによって家畜の侵入を防止する利点よりも、生け垣が耕地面積を減少させ、生け垣の灌木による日陰が穀物生育を妨げ、野生の鳥獣の被害を増加させるなど、穀作にとってのさまざまな不利益も生け垣に対する消極性の要因をなしたといわれる。

　したがって、メクレンブルクの耕地制度の改革は本来の囲い込みとはいえず、そのコッペルはシュヴェルツのいう「法律や慣行によって保護された開放コッペル」であった。しかし、従来の三圃制から穀草式多圃制への転換にともなって、一定の耕地整理をおこなわなければならず、貴族領主はこれに乗じて農場と混在する農民の保有地を他の場所へ移転させたり、土地保有権を奪ったりした。これが周知のメクレンブルク「農民追放」であり、領主農場の改革は農民の犠牲のうえに断行されたことを強調しておかなければならない[50]。

おわりに

　これまでの考察から、ヨーロッパの囲い込み農地は近代イギリスのエンクロージャー運動によって一挙につくられたものではなく、その成立期は地域によってかなり異なることが確認されよう。また、囲い込み地の境界をなす囲いも柵、壁、石垣、土塁、生け垣、水路など各地で多様な形態を示したが、最も重要な役割をはたしたとおもわれるのは、北海・大西洋沿岸地帯では水路、内陸では生け垣であった。

　イングランド西北部の「ハイランド」を中心とする「古来の田園」(ラッカム)地帯では中世のかなり早い時代から生け垣で囲まれた農地が存在していたが、ミッドランドを中心とする東南部「ローランド」の開放耕地制農村では16世紀以降のエンクロージャー運動、とくに18世紀の議会エンクロージャーによって囲い込み農地がつくり出された。その一方で、イングランド東部の北海沿岸のフェンランドでは、水路による囲い込み地がとくに近代の干拓によって形成された。フランスでは西部農村地帯で古くから生け垣で囲われたボカージュと呼ばれる囲い込み地が存在し、これに対してとくに東北フランスの開放耕地制地帯では、近代の農業改革によって開放農地が囲い込まれた。北海沿岸では、とくにオランダを中心とする低地諸国の干拓事業によって水路で区切られた囲い込み地が早くから発達したが、ドイツでも北海沿岸のマルシュ農村で水路で区切られた農地が中世から普及した。これに対してドイツ内陸ではイギリスやフランスに比べて囲い込み農地は少なく、西北ドイツでは近代初期に未墾地の開拓の過程で生け垣で囲われた「カンプ」と呼ばれる農地が広がっていった。またシュレスヴィヒ・ホルシュタイン東部ではイングランドの議会エンクロージャーの影響をうけつつ、18世紀に開放耕地の囲い込みがおこなわれ、生け垣で囲われた「コッペル」という農地がつくられ、ここを起点として19世紀初期のプロイセン「共同地分割」を筆頭にドイツの三圃制地帯にも囲い込み運動が波及していった。

近代イギリスのエンクロージャー運動以前から存在する古い囲い込み農地の特徴を挙げるなら、穀作には不利なやせた土地が多かったということである。これに対して穀物栽培に適した肥沃な土地は、ほとんどの場合開放耕地制のもとで三圃制や二圃制などの常設の継続的穀作地として利用された。したがって、古くからの囲い込み農地は肥沃な沖積平野ではなく、山間の辺境、泥炭地、沿岸低湿地などに多い。これら穀作に適さない囲い込み農地では、穀作より畜産に重点を置いた粗放な穀草式農業が主にいとなまれた。だが、囲い込み農地の農業生産性はどこでも低水準であったわけではなく、オランダやフランドル、西北ドイツの干拓地における酪農の生産性は高く、これらの地域の農法はクローバーなど栽培牧草の改良によって、近代ヨーロッパにおける輪作農業発展の先駆的役割をはたしたことを強調しておかなければならない。

1) 水津 [1976] 22ページ。
2) Homans [1960] pp. 12ff.
3) Thirsk [1967].
4) Rackham [2004] p. 4.
5) Rackham [2004] p. 181.
6) Hooper [1971] pp. 6-13.
7) Barnes & Williamson, [2006] p. 41.
8) Barnes & Williamson, [2006] pp. 2-3.
9) Barnes & Williamson, [2006] p. 4.
10) Hey [1984] p. 60.
11) Harrison [1984] pp. 367-368.
12) この地域の干拓については、Darby [1956]、國方 [2011] また、フェンランドとその近辺の農村経済事情については、高橋 [1999]、伊藤 [2010] [2012b]。
13) Postgate [1973].
14) ブロック [1959] 92ページ。
15) ドマンジョン [1958]. フランス農村の地域区分については、ほかに Pitte [2012] も参照。
16) Jullard & Meynier [1955].
17) Jullard & Meynier [1955] S. 73. Pitte [2012] p. 132.

18) Jullard & Meynier [1955] S. 77.
19) Meynier [1976] p. 30.
20) Sée [1906] p. 382.
21) Meynier [1976] p. 27.
22) Uhlig [1961] pp. 297ff.
23) Young [1929] p. 298. ヤングのフランス紀行については、安達 [1982] を参照。
24) ドイツの農業および集落の地域分布については、Abel [1962] を参照。また西北ドイツの共同体、集落の特徴にかんしては、平井 [2009] を参照。
25) Auhagen [1896] S. 92f.
26) Oetken [1913] S. 13.
27) Arends [1820] S. 274ff.
28) Arends [1819] S. 302.「シュテュックラント」の本来の意味は、農民が自由に売買できる土地のことを意味しており、スヴァルトによれば、それは「村落耕地」の外にある土地のことだという。これについては、Swart [1910] S. 243ff.
29) Müller-Wille [1944].
30) Martiny [1926] S. 294.
31) Swart [1910] S. 23.
32) Wiarda [1880] S. 47.
33) Becker [1998] S. 82.
34) 及川 [2007]。
35) Schwerz [1807] S. 168.
36) Schwerz [1807] S. 169f.
37) 飯沼 [1987] 53ページ以下。
38) Behrend [1964] S. 138.
39) Wiese [1966] S. 2.
40) Prange [1971] S. 26.
41) Hanssen [1884] S. 190. によれば、ホルシュタインでは「カンプ」が三圃制の「ゲヴァン」に相当する。ここでの「カンプ」は、西北ドイツのゲースト地帯に見られる内畑・外畑制の外畑の「カンプ」とは区別されなければならない。「カンプ」(Kamp) という言葉自体はラテン語の campus に由来し、ドイツ語では一般に「耕地」を意味するが、シュレスヴィヒ・ホルシュタインの東部丘陵地帯では小「耕区」(Flurbezirk) の意味で用いられる。
42) Hanssen [1842] S. 69ff. シュレスヴィヒ・ホルシュタインの穀草式シュラーク農法については、Historischer Atlas [2004] S. 43ff. もあわせて参照。

43) ホルシュタインにおけるフーフェ制の問題にかんしては、Prange [1976] を参照。
44) デンマークの耕地制度の歴史にかんしては、Frandsen [1983] [1990] を参照。
45) Schröder-Lembke [1978] S. 23ff.
46) Behrend [1964] S. 37.
47) Hanssen [1842] S. 76.
48) Nichtweiss [1954] S. 80.
49) Mager [1955] S. 318ff.
50) Nichtweiss [1954] S. 83ff.

第5章　ヨーロッパ耕地制度における「内畑・外畑制」の意義

はじめに

　ドイツの歴史地理学者マルティン・ボルンは土地利用の観点から共同体の土地を二種類に分けて、次のように述べている。「18世紀はじめの村落の利用地は、内畑（Innenfelder）と外畑（Außenfelder）とからなっている。内畑ではたいてい三圃式休閑農業がおこなわれ、外畑はしばしば共有地（Allmende）に分類される」[1]。多くの場合、内畑は中世以来集約的な穀作のための常設耕地として利用され、外畑は粗放な一時的穀作地や放牧地、焼き畑、森林、泥炭採掘地など多様な形態で利用されてきた。いかなる農村共同体も基本的にこうした二種類の土地を利用し、両者を巧みに組み合わせることによって、共同体システムを維持してきたと考えられる。「内畑」をもっぱら常設耕地に、また「外畑」を一時的耕地のほかに未墾の共同放牧地や森林などにも利用する土地利用システムを「広義の内畑・外畑制」と呼ぶとすれば、それは日本語ではむしろ「内野・外野制」というべきかもしれない。あるいは、共同体的土地所有における「共有」と「私有」の関係を「共同体固有の二元性」という概念でとらえた大塚久男にならって、内畑・外畑制を「共同体における二元的土地利用」と表現することも可能であろう。

　小論では狭義の「内畑・外畑制」に焦点をあてて、その性格を検討したい。狭義の「内畑・外畑制」とは、文字どおり、「内畑」と「外畑」という二種類の耕地、すなわち常設耕地と一時的に利用される耕地からなる複合的耕地制度のことである。ボズラップの『農業成長の諸条件』で提示された概念を用いれ

ば、休閑期間の異なる二種類の耕地から成り立つ共同体の土地利用システムのことともいえるであろう。ボズラップの著書はアフリカやラテンアメリカなどの新興諸国の農業成長にかんする業績として広く知られているが、農業生産における休閑の性格と期間を重視している点では、ヨーロッパの農業史とも少なからぬかかわりをもっている。彼女によれば、現代のアフリカとラテンアメリカの大部分、アジアの一部で人口増加圧力のもとで土地利用の集約化が進行しており、これらの地域の農業における休耕期間は土地利用の集約度の指標として、次のような4ないし5類型でとらえられる[2]。

(1) 長期休耕

　①森林休耕

　　森林の一部が1～2年間耕作された後、20～25年間の長期休耕によって森林の再生にゆだねられる。

　②叢林休耕

　　叢林の一部の耕作期間の延長、休耕期間の5～6年間への短縮がおこなわれるが、森林休耕との区別はむずかしい。

(2) 短期休耕

　　休耕期間は1～2年で、休閑地は野草以外には何も繁茂しないので、草地休耕システムともみなされる。

(3) 一毛作

　　毎年耕作がなされ、休耕はおこなわれない。

(4) 多毛作

　　最も集約的な土地利用法であり、1年間に同じ土地に何度も収穫がなされる。

　ボズラップは、これらの諸類型はかならずしも農業発展の歴史的連続性を示すものではないとことわりながらも、休耕期間の短縮による土地利用の集約化傾向を示す例として西ヨーロッパ農業史をとりあげている。それによれば、西ヨーロッパでは新石器時代に「森林休耕」が始まり、中世には「短期休耕」へ

と移行し、18世紀後半の農業革命期に「一毛作」が発展した[3]。この農業集約化の過程は、具体的には、1)「長期休耕」としての粗放な穀草式農法を出発点として、2)「短期休耕」としての二圃式あるいは三圃式農法を経て、3)休閑地を欠いた「一毛作」あるいは「多毛作」としての近代的多輪作農法へという発展を意味する。

　北ヨーロッパでは中世に穀草式から三圃式農法への移行がおこなわれ、その意味でボズラップの「長期休耕」から「短期休耕」への発展図式があてはまるといってもよい。しかし、12～13世紀の三圃制確立後もとくに畜産地帯では穀草式農法が維持された。「長期休耕」から「短期休耕」への移行はどこでも一様におこなわれたわけではなく、立地条件の違いに応じて休耕期間の異なる農法の弾力的組み合わせが各地で見られたのである。ボズラップの見解を適用すれば、内畑では「短期休耕」、外畑では「長期休耕」がおこなわれ、この点で内畑・外畑制は多くの場合「短期休耕」と「長期休耕」の複合とみることもできるだろう。

　西ヨーロッパにおける内畑は「短期休耕」または「一毛作」、外畑は「長期休耕」の耕地であったとみなされる。狭義の「内畑・外畑制」はヨーロッパの一部の地域にみいだされる農地制度であるが、小論ではとくに西北ドイツのエッシュとカンプに注目し、これとの比較でイングランド、スコットランド、アイルランド、フランス西部のブルターニュ、低地諸国などの農村共同体の「内畑・外畑制」の性格と意義を研究史に即して検討してみよう。

1　西北ドイツ農村の耕地形態と定住形態

　西北ドイツはヴェーザー川を境に定住形態が異なり、西岸は一般に散居制、東岸は集村制が支配的だといわれる。西岸地域も北海沿岸の低湿地（マルシュ Marsch）と内陸の高燥地（ゲースト Geest）の間に大きな違いがあり、北海沿岸のマルシュの集落形態は独自の特徴を示し、堤防で守られたいわゆる「マルシュフーフェ村落」（Marschhufendorf）や高台の土地に築かれた「高台村落」

(Warfendorf) が多い[4]。小論ではヴェーザー川西岸のマルシュを除外して、もっぱら内陸部のゲースト地域に限定して議論を進めたい。したがって「西北ドイツ農村」というとき、ヴェーザー川西岸の相対的に大きな面積を占めるゲースト地域を指すことをことわっておきたい。

　西北ドイツのゲースト固有の定住形態に注目した先駆者として知られるのは、18世紀のオスナブリュックのユストゥス・メーザーであろう。彼の『オスナブリュック史』では、西北ドイツのヴェーザー川以西の農村定住様式は古来より共同体的束縛から自由な散居制または孤立農圃制を基本としていた。ところが、ヴェーザー川を越えると、農村景観は一変する。「そこでは村落が農民の農圃と役畜保有農からなり、彼らは寄り集まって、共同耕地をもっていた」[5]。

　メーザー以後、西北ドイツ農村固有の散居制にかんする議論で知られるのは19世紀末期のマイツェンである。メーザーと同様に、マイツェンもヴェーザー川を境に西北ドイツを二つの地帯に分けて、東側を「集村」地帯、西側を「散居制」地帯とみなした[6]。マイツェンは、ヴェーザー川西岸には「エッシュ」(Esch) と「カンプ」(Kamp) という二種類の農地が存在し、「カンプ」は垣根で囲い込まれた農地であるのに対して、「エッシュ」は「集村」地帯の「ゲヴァン耕地」(Gewannflur) と同様な耕地区分、耕地強制をもっていることを認識していた。彼によればカンプはケルト人に起源をもち、エッシュはケルト人地帯に侵入した古ザクセン人が後に導入したものであった。したがってマイツェンにとって、西北ドイツ固有の定住様式と農地システムはケルト的散居制とカンプであり、これは海を越えてアイルランドやスコットランドなどケルト人地域にも共通してみいだされた。

　だが、散居制にかんするマイツェンのケルト人起源説は、1926年のマルティニーのヴェストファーレンの定住様式にかんする研究によってしりぞけられた[7]。彼によれば、西北ドイツには「集村におけるゲヴァン耕地」、「エッシュ村落におけるエッシュ耕地」、「散居ないし孤立農圃におけるカンプ」という三種類の耕地形態が存在した。このうち「ゲヴァン耕地」は西北ドイツのヴェーザー川東岸、東ドイツや中部および南ドイツにも見られる三圃制村落の耕地形

態として一般によく知られているので、あらためて説明するまでもあるまい。他方、「エッシュ耕地」と「カンプ」は西北ドイツの特徴的な耕地形態であり、マルティニーによれば次のような性格をもっていた。

「エッシュ耕地」は原野のなかに円形ないし不規則な形をなして存在する耕地で、しばしば直径が1～2キロメートルに達し、そのなかに農民たちは細長い地条の持ち分を保有した。エッシュはたいてい村落に隣接し、各村落は2～3のエッシュを有し、穀物とくにライ麦を栽培した。ハイデ地域では毎年ライ麦が休閑なしに連作されたが、それを可能にしたのは原野から採取した芝土の利用であった。芝土を畜舎に搬入して敷きわらに用いた後、これをエッシュに施肥することによって、ライ麦の連作のための収穫力を維持することができた。エッシュは耕地強制に服し、収穫後は共同放牧地としても利用された。

他方の「カンプ」は、比較的小さくまとまった囲い込み地で、ただ一人の保有者に属した。その面積はエッシュよりもかなり小さく、直径は平均で100～300メートル、その形は一般に不規則で、耕地のほかに放牧地や森林などにも利用された。カンプの最も顕著な指標は垣根による囲いこみであり、かつては多様な潅木が繁る土塁で囲われていたという。耕地強制や共同放牧には服さず、保有者の専有農地として利用され、マルティニーの表現にしたがえば、「カンプは生まれながらにして個人の開墾地である」[8]。したがって、それはマイツェンのいうような先史時代のケルト人の定住に起源をもつものではなかった。

このようなマルティニーによるエッシュとカンプについての叙述は、図5-1のようなモデルとして示されるだろう。その場合、マルティニーはとくに定住地の中心を占めるエッシュと三圃制のゲヴァン（Gewann＝耕区）の類似性に注目して、「エッシュの属性はゲヴァン耕地に相当するものが多く、私はそれをゲヴァン耕地の変種とみなしたい」[9]と述べ、エッシュ耕地が拡大されて三圃制の地条耕地へと発展することによって「エッシュ村落」が「密集村落」へと変化すると考えた。つまり、エッシュは三圃制の歴史的先行形態をなすとみなされたのである。こうしたエッシュからゲヴァン耕地への発展の議論をさらにすすめたのは、歴史地理学者ミュラー＝ヴィレの「長地条耕地」

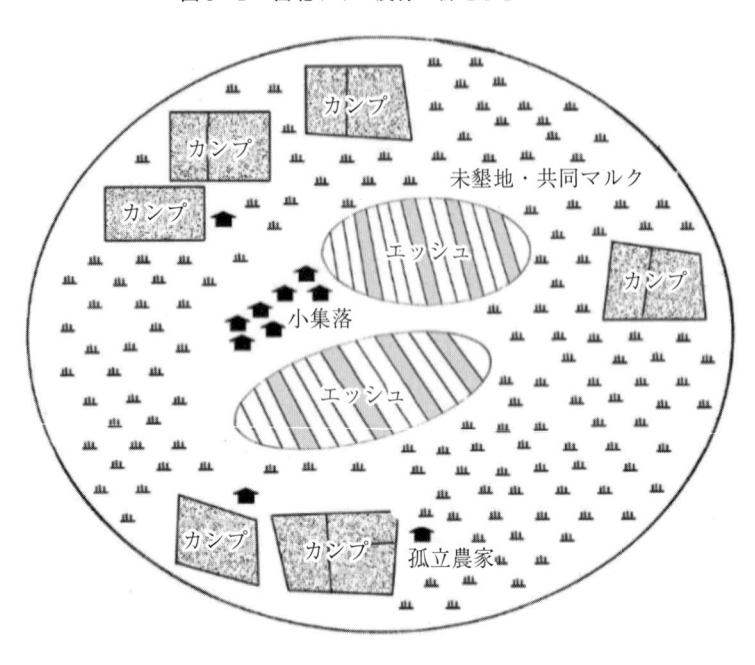

図5-1 西北ドイツ農村の耕地形態モデル

(Langstreifenflur) 論とニーマイアーの「エッシュ核理論」(Eschkerntheorie)[10]である。

　ミュラー゠ヴィレの見解によれば、エッシュは近代の西北ドイツに限られた耕地制度ではなく、古くはゲルマン人の定住初期に中部ドイツや南ドイツにもつくられた耕地制度であり、それは「長地条耕地」という一般的概念で把握される。また、この「長地条耕地」の定住形態としては、ヴェストファーレンで「ドルッベル」(Drubbel) と呼ばれる小集落が一般的であった。中世の穀作の発展とともに、「長地条耕地」は複数の「耕区」からなる三圃制へと拡大発展し、「ドルッベル」も大きな集村(ドルフ=Dorf) へと成長をとげていった。このように三圃制の基本的特徴をなすゲヴァン耕地の起源をエッシュあるいは「長地条耕地」に求めるミュラー゠ヴィレに対して、エッシュのない南ドイツのフ

ランケン地方の研究者クレンツリンから疑問が投げかけられ[11]、三圃制がエッシュから発展したのか、それとも「ブロック状耕地」の分割によって成立したのかという論争が起きた[12]。

これはわが国でも「原初村落」論としてすでにとりあげられたことがあるので[13]、ここであらためて詳しく紹介する必要もないだろう。その後、この論争をかえりみたドイツの歴史地理学者ニッツは、ミュラー゠ヴィレの「長地条耕地」論は西北ドイツのゲーストという狭い範囲でしか妥当しえないと述べている。またベッカーもエッシュの成立期を古ゲルマン時代ではなく、三圃制の成立期とあまり差がない紀元1000年頃に求め、一圃制としてのエッシュは二圃制や三圃制とともに中世に北ヨーロッパ各地で成立した共同耕地制の一種類とみなしている[14]。このように、エッシュを西北ドイツに限られた耕地制度ではなく、ドイツ一般の三圃制の原型とみるミュラー゠ヴィレの見解は今日ではほとんど支持されていないといってさしつかえあるまい。

2　エッシュとカンプの関係

先にとりあげたマルティニーの著作は、エッシュの拡大によるゲヴァン耕地への発展の可能性を指摘する一方で、これとは別のカンプと散居制の発展の可能性についても、次のように説明している。「他地域では新しい農圃は、一部の大農場を除けば、既存の村落内に成立し、大きく稠密な村落を構成した。だが、ヴェストファーレンの散居制地域ではすべての新たな定住は従来ほとんど利用されてなかった外側の共有地でおこなわれ、その開墾によって土地が取得された」[15]。こうして開墾された土地は、基本的にカンプの耕地形態をとった。とくに中世末から近代にかけて成立した新集落は「小屋住み、開拓農およびホイアーリング」の入植地が多く、これに対して完全農民や半農民は旧定住地の中心の恵まれた土地に農地を保有していた。新定住地のカンプは、重くて水はけの悪い粘土の土地の開墾によって取得された。これに対して、旧定住地のエッシュとその集落はとくに乾燥した高地に限られ、湿地にはエッシュはほとん

ど皆無であった。このように、マルティニーはエッシュに農地をもっていなかった小農や小屋住みなどが開墾によって獲得した農地がカンプであり、散居制はカンプの拡大にともなって発展したという見解を示した。同じ時期に西北ドイツの定住様式を研究したバーゼンもマルティニーの見解を支持して、エッシュが非常に古い耕地であるのに対して、カンプは共有地としての「共同マルク」（gemeine Mark）から新しく獲得された農地であるとみなした。バーゼンによれば、カンプが増加したのはエッシュの拡大が不可能となり、農民たちは村落の外部に向かって農地を拡大しなければならなかったためである[16]。オルデンブルクのアマーラント地方では、カンプはエッシュの土地よりも価値が低く、租税評価においても低く査定され、低地にあって水分が多く、湿原のような土地であった。この土地には必ずしもライ麦は栽培できるとはかぎらず、エン麦に替えなければならなかったり、常に夏穀物を栽培しなくてはならなかったりした。またカンプはしばしばハイデでも開墾されたが、ハイデの土地を農地として利用するには大きな苦労を要した[17]。

　肥沃でない共有地の開墾によるカンプの拡大という見方をさらに推進したのは、リーペンハウゼンである。彼はラーヴェンスベルク地方の定住地の歴史的発展過程をエッシュ村落からカンプの開墾に向かう農地開発の過程としてとらえ、エッシュは旧農民層の保有地として固定されていたが、周縁部の未墾地はエルプケッター（Erbkötter）やマルクケッター（Markkötter）と呼ばれる小屋住み層によって、個別にカンプとして開墾されたとみなした。エルプケッターとは自発的に開墾することによって土地を得た小屋住みで、マルクケッターは領主によって政策的に促進された新階層のことである。エルプケッターはエッシュの一部に持分を有してはいたが、質量ともに旧農民層に劣っていたため、開墾によってカンプを拡大し、16世紀以降農民身分に匹敵するほどまでその保有地を拡大していった。リーペンハウゼンは、その結果1600年頃の農民集落のエルプケッター、マルクケッターは、それぞれ旧農民とほぼ同数まで増加したと推計している[18]。

　リーペンハウゼンによれば、共有地分割が開始される直前の1770年頃のラー

ヴェンスベルク地方の農民定住地は大別して3つのタイプがあった。第一のタイプは「古くからの大農的村落」(großbäuerliches Dorf)であり、第二は「中農的農圃群の集落」(mittelbäuerliche Schwarmsiedlung)で、第三は「小農的散居制」(kleinbäuerliche Einzelhofsiedlung)である。つまり、西北ドイツの定住地はそこに定住する農民の階層によって異なった性格をもつとみなされたのである。第一のタイプの「村落」ではエッシュが大きな面積を占め、エッシュに持分を保有する旧農民層が優位を占めた。その対極をなす第三タイプの「散居制」にはエッシュは欠如しているか、小面積しか占めず、開墾によってカンプを取得した小農が優位を占めたとかんがえられている。リーペンハウゼンが作成したラーヴェンスベルクの耕地形態の分布を図5-2に見ると、ラーヴェンスベルクの北部や中部ではエッシュを備えた集村形態が優勢であり、南部ではエッシュをまったく欠いた散居制が支配的である。たとえば南部のラーヴェンスベルク行政区にはエッシュはなく、ほとんどの耕地はカンプで占められている。そうした地域には、リーペンハウゼンのいうように、古くからの大農層は存在せず、開墾によってカンプを得た小農・小屋住みしかいなかったのであろうか。残念ながら、エッシュとカンプの面積、その保有者の階層構成などにかんする正確な史料は知られていないので、別の統計資料を利用して調べてみると、この行政区では1780年代に農民539人、小屋住み等の小土地保有者647人、ホイアーリング815人が数えられ、エッシュの欠如にもかかわらず、多数の農民の存在が認められる。またリーペンハウゼンの調査でエッシュが多いとされるシュパーレンブルク行政区のエンガー地区では農民286人、小屋住み487人、ホイアーリング998人、ブラックヴェーデ地区では農民219人、小屋住み705人、ホイアーリング459人で、こちらの方がむしろ小屋住みの比率が高いのである[19]。これらの数字を見るかぎり、リーペンハウゼンによって示されたような単純な類型化は信頼性に乏しく、一部にはエッシュの耕地持分を保有せずカンプだけをもつ農民が存在したと考えることも可能であり、エッシュの耕地持分とカンプの両者を同時に保有する農民も少なくなかったとみられる。

したがって、西北ドイツ農村定住地の多くはエッシュとカンプ、旧農民層と

図 5-2　ラーヴェンスベルクの耕地形態の分布

● 成熟したエッシュ耕地
⊕ 未熟なエッシュ耕地
× わずかなエッシュ耕地
? エッシュ耕地であるか否か未確認
□ エッシュの欠如、耕地はすべてカンプ

出典：Riepenhausen [1938] Karte Ⅱ.

小屋住み層とのさまざまな組み合わせによってなりたっていたといえる。その場合、定住地の中心部の土地は基本的に旧農民層が持分を有するエッシュであり、周縁部の土地は旧農民と小屋住みが個別に保有するカンプであったとおもわれる。換言すれば、旧農民層のエッシュは共同体の「内畑」、旧農民と小屋住み層が開墾したカンプは「外畑」としての位置を占め、多くの集落の耕地形態はエッシュとカンプの二種類の農地の組み合わせだったと推定される。エッ

シュは水はけの良い砂地にあって、毎年ライ麦が連作されたのに対して、カンプは水はけの悪い低地にあって、穀物栽培にはあまり適さないため、主として牧草地に利用されることが多く、19世紀初期のオストフリースラントのゲーストの事例では、村落の近くにある土地は主にカンプとして耕地と放牧地に交互に利用されたといわれており、生産性の低い穀草式農法による農業がいとなまれていたとおもわれる。カンプは土塁で囲まれ、その両側にそれぞれ４～５フスの幅の溝を掘り、土塁にはシラカバやオークを植えたという[20]。

そのほかにも、とくにヴェストファーレン地方には、「フェーデ」(Vöde) といわれる第三の耕地形態が存在していたことが知られている。これは穀草式農法にもとづく共同耕地で、一般に共有地のなかに二つのフェーデが設定され、そのうちの一つは家畜の共同放牧に利用され、他方は耕地強制のもとで穀物栽培に利用され、これら一対の農地で数年ごとに放牧と穀作が交互にくりかえされた。フェーデは共有地のなかに一時的につくられた共同耕地なので、エッシュや三圃制のゲヴァンのような常設の穀作地ではなく、またカンプのような排他的な囲い込み地でもなく、粗放な穀草式農法にもとづく一時的耕作地としての外畑の性格を強くもっていた[21]。19世紀初期の農学者シュヴェルツは、このフェーデをその生産性の低さゆえに「救いがたい農業」と酷評している[22]。

リーペンハウゼン自身はエッシュを内畑、カンプやフェーデを外畑と位置づけていたわけではないので、西北ドイツの農地システムを内畑・外畑制の一種とみなす認識はなかった。西北ドイツのエッシュとカンプ、フェーデをヨーロッパ諸国の内畑・外畑制と初めて関連づけたのは、ウーリッヒである。彼は1961年の英語論文で、西北ドイツの耕地形態を国際的に比較し、イングランドのコーンウォール、デヴォンおよびノーフォク地方、フランスのブルターニュ地方、スコットランド、アイルランドなどにおける内畑・外畑制との類似性を指摘した。彼によれば、「非ドイツ語圏の研究者にドイツ人の研究を紹介し、国際的議論に寄与したい」という願いから、西北ドイツのエッシュにかんするミュラー＝ヴィレらの議論を紹介するとともに、スコットランドやアイルランドにエッシュと似た「常設の内畑」(permanent infields)、カンプやフェーデ

と似た「外畑」（outfields）をみいだした[23]）。「内畑」はいずれも「開放地条耕地」（open strip fields）として耕作者の持分が地条区画の形態に区分されているという点で共通性をもっていた。「外畑」は粗放な「穀草式農法」（field-grass system or field-heather system）による耕作がおこなわれ、その形態はさまざまで、西北ドイツのカンプのようなブロック耕地もあれば、フェーデのように「開放地条耕地」もあるが、内畑に対して、二次的、派生的な耕地である点はどこでも共通していた。これらの地域では乾燥した耕地が限られており、草、ヒースランド（ハイデ）および畜産の形成に適した条件が備わっていたことが、内畑・外畑制の発展に適していた。

　ウーリッヒが西北ドイツ、ブルターニュ、イギリス諸島、ノルウェー、スカンディナヴィア諸国の耕地形態に類似性をみいだす最大の根拠は、内畑の開放地条耕地としての共通性にある。彼によれば、ミュラー＝ヴィレのいうエッシュ＝「長地条耕地」の特徴がこれらすべての地域に共通して妥当する。ウーリッヒ自身、ミュラー＝ヴィレの「長地条耕地」から「ゲヴァン耕圃」への発展説の支持者ではないが、少なくとも北ヨーロッパ諸地域における「内畑」についてはミュラー＝ヴィレの「長地条耕地」論をうけいれている。すなわち、彼はミュラー＝ヴィレにしたがって、内畑・外畑制の成立を紀元前500年から紀元500年までの時期に求め、この時期に温暖乾燥気候から寒冷湿潤気候への変化があり、これにともなって年中の家畜放牧から冬季の舎飼いへ移行がなされ、「長地条耕地」特有の集落形態として「ドルッベル」（Drubbel）が湿った土地と乾燥した土地との境界に設定されたとみなしている。ただし、この「長地条耕地」の成立期にかんする見解は、前述のようにベッカーらによってその妥当性を疑われていることを指摘しておかなければならない。

3　北ヨーロッパ諸地域の内畑・外畑制

　ウーリッヒによって指摘された北ヨーロッパ諸地域の耕地形態の共通性について検討するために、西北ドイツ以外の諸地域における内畑・外畑制の事例を

いくつかとりあげて、考察してみよう。

(1) スコットランド

内畑・外畑制について最もよく知られているのは、スコットランドであろう。それは、とくにグレイの「ケルト・システム」論によるところが大きい。彼によれば、内畑は開放耕地で、三圃制のように均等に三分割され、1）施肥された大麦、2）オート麦（エン麦）、3）オート麦の順序で栽培されたが、休閑はおこなわれなかった。また、イングランドの共同耕地に相当するスコットランド農業の特徴として、土地の「割替え」(runrig) すなわち保有地の地条への細分化と保有権の定期的交替があった。他方、外畑は「フォールド」(fold) と「フォー」(faugh) に二分された。フォールドは10区画に分けられ、それぞれ耕地と草地とが交替し、4〜5年間続けてオート麦が栽培され、次の5〜6年間草地として放置された。フォーにおける収穫の方式はフォールドと同じだが、違いはフォールドが囲いをされて家畜放牧による施肥がおこなわれるのに対して、フォーではそうした家畜放牧の囲いはおこなわれなかった点にある。外畑では真夏に犂で草地を耕し、畝を作らず、この状態のまま秋まで放置し、秋に再び犂で耕し、春にオート麦の播種をおこなった。3〜4年間乏しい収穫をおこない、収穫できなくなると放置した[24]。

グレイの「ケルト・システム」論はこの耕地制度をケルト人固有のものと見る点では、ドイツのマイツェンの「ケルト的定住形態としての散居制」と共通している。フィッティントンはグレイの研究をきわめて重要な業績と評価しつつも、ケルト人固有の耕地制度としての「ケルト・システム」という概念を否定し、スコットランドの耕地システムは大西洋沿岸地帯に広く見られるシステムの一環だという上述のウーリッヒの見解をうけいれている[25]。フィッティントンによれば、内畑は三圃制によって、1）オート麦、2）オート麦、3）大麦の順番で連作されるが、休閑はおこなわれなかった。また、内畑では土地の割替えがおこなわれた。内畑の近くに小集落（クラハン clachan）があり、少なくとも4〜6人の土地保有者がいた。外畑は集落の周縁にあり、一般に内畑

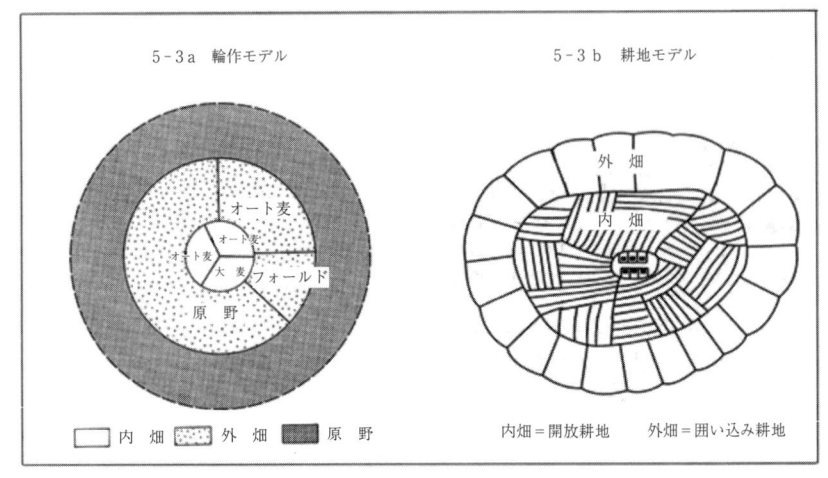

図5-3 スコットランドの内畑・外畑制モデル

5-3a 輪作モデル　　　　　5-3b 耕地モデル

内畑＝開放耕地　　外畑＝囲い込み耕地

出典：5-3a Whittington［1973］p. 551.
　　　5-3b Overton［1996］p. 30.

の3倍の広さがあり、穀草式農法（shifting system）にもとづき収穫された。外畑では犂耕前に家畜が夏の夜間放牧され、囲いのなかに集められ、土地への施肥がおこなわれた。その後犂耕がおこなわれ、オート麦が栽培された。オート麦は無肥料で翌年も連作され、土地は疲弊すると、自然の回復にゆだねられた。普通、3〜4年間収穫され、5年間休閑した。彼はこうした農地利用形態を図5-3aのようなモデルとして示している。

　フィッティントンよりも広範囲にスコットランドだけでなくイングランドも含めて、地条耕地を「細分耕地」（sub-divided fields）と呼んで、その歴史的起源を探るとともに、内畑・外畑制の成立過程についても考察したのはドッジションである。図5-3bは、彼の内畑・外畑制にかんする議論にもとづいて、オーヴァトンが作成した耕地モデルである。ドッジションはスコットランドの農村共同体の特徴を次のように要約している。

　（1）小さく、不規則な形態の集落。
　（2）集落における複数の農地保有者（multiple tenure）の存在。

(3) 各土地保有者は混在した地条または分割地の形態で自分の持分を有し、その保有システムは「割替え」（runrig or rundale）と呼ばれる。
(4) 耕作は内畑・外畑制にもとづき、内畑は集約的で、外畑は粗放な農地であり、後者は耕地および草地が交互にくりかえされる[26]。

　ドッジションによれば、スコットランドの外畑は比較的新しく、その成立は15世紀以降であり、それ以前の時期には外畑についての記録はないという。スコットランドでは一般に課税評価の対象として査定される土地は耕地に限られ、放牧地は査定されなかったが、15世紀から外畑への査定が一般化し、16世紀に公認された[27]。当然ながら、内畑はそれ以前から査定されていたが、共同体の土地全体が耕地組織のなかにに組み込まれたのは、外畑が出現して以降のことであった。スコットランドの内畑・外畑制の形成は辺境の開墾と定住によるものだったというドッジションの外畑成立史論は、西北ドイツのカンプの成立にかんするリーペンハウゼンらの議論ときわめて似ているといえよう。西北ドイツの場合、カンプ開墾の担い手は主に小屋住み層とみなされたが、ドッジションにおいては外畑の拡大はかならずしも農村共同体の特定の階層と結びつけられているわけではない。

　西北ドイツとスコットランドの農地利用のあいだには、一定の共通性が認められる。つまり両地域とも、内畑では休閑をともなわない集約的穀物栽培が開放耕地でおこなわれ、共同体の厳格な統制のもとに置かれたが、外畑では粗放な穀草式農法にもとづく耕作と放牧が、共同体規制から自由な囲いこみ地でおこなわれた。また、両地域の集落形態も似通っており、ともに人口の少ない小集落が支配的であった。興味深いのは、両地域とも土地を所有できない人口が増加して、農民から家と土地を借りる階層が形成されて、西北ドイツではホイアーリング、スコットランドではコッター（cottar）と呼ばれていたことである[28]。両地域の最大の相違は、スコットランドの内畑で分割地の割替えがおこなわれ、ロシアのミール共同体の土地割替制にも似た土地再配分の慣行が存在していたのに対して、西北ドイツにはそのような慣行はなかった点であるが、ここではこの問題にたちいることはひかえたい[29]。

(2) イングランドのイースト・アングリア

　イングランド東部のイースト・アングリア地方の農業は「ノーフォク農法」の名で近代輪作農業の先駆者として広く知られるが、ノーフォクのうちあまり肥沃ではない「ヒースランド」といわれる砂地の地域は、隣接するサフォクの一部も含めて、中世以来内畑・外畑制が優位を占めていた。ポストゲイトによれば、この地域には三種類の耕地があり、最良の土地は恒常的に耕作され、施肥される内畑となり、残りの耕地は周期的に耕される外畑として利用され、そのほかに未墾のヒースの原野のなかに時折耕されるだけの「ブレック」(breck) と呼ばれる耕地が散在していた。「ブレック」も広い意味で外畑の一種だといってよかろう[30]。

　ただし、ポストゲイトによれば、内畑と外畑の境界は流動的で、内畑は必ずしも集落の中核をなすわけではなく、外畑が集落の周縁の土地であるともかぎらなかった。それはこの地域の農法とかかわりがあった。イースト・アングリアでは三圃制が支配的であったが、通常の三圃制とは性格が異なっていたためである。アリソンによれば、春、夏、冬の輪作は耕圃（field）にもとづいておらず、耕地は幾つかの「耕区」(shift) に区分され、そのうちの一部が播種され、他の一部が休閑したが、地条を開放耕地の異なった部分に均等に分配する必要がなかった。そのため、農民の地条は散在するのではなく、耕圃の一つの部分に比較的まとまって存在した[31]。ただしブリットネルによれば、一つの耕区は同一場所にまとめられているとはかぎらなかったし、一つの耕圃が二つ以上の耕区の間に分割されることもあり、耕圃と耕区との間に固定した関係はない。したがって、それは「三圃制」(three-field system) というより「三耕区制」(three-shift system) というべきであった。当然、これは、周期的に耕作されるにすぎない外畑の場合にもあてはまり、内畑と外畑ではこの「三耕区制」にもとづく農業がおこなわれ、これに対して「ブレック」では特定の農法はなかったという[32]。

　また、この地方の農業は耕地への施肥を牧羊に強く依存する「牧羊・穀作混

合農法」(sheep-corn husbandry)であり、その基礎をなしていたのは領主による農民の開放耕地への放牧特権であった。これは休閑地に羊の群れを編み垣のなかに囲い込むことによって、あまり肥沃でないヒースランドの土地に羊の糞尿を施肥する方法としても重要であり、休閑地に設定されるこうした放牧区画を一般に「牧羊コース」(foldcourse)という。「牧羊コース」は上述の「三耕区制」と結びついて、イースト・アングリアの農地制度の基本的特徴をなしていた[33]。

　イースト・アングリアの内畑・外畑制の注目すべき点は、内畑が通常の三圃制による土地配分ではなく、「三耕区制」による弾力的な配分であったため、比較的早くから開放耕地の囲い込みが進み、アリソンによれば、17～18世紀には内畑も外畑も共同体規制から自由な囲い込み地となったことである。この過程で外畑も内畑と同じような恒常的穀作地として利用されるようになり、「ブレック」だけが穀草式農法による周期的な農地として維持された。この結果、西北ドイツやスコットランドがヨーロッパ農業の周縁地にとどまったのとは対照的に、イースト・アングリアの「ノーフォク農法」は近代ヨーロッパ農業の旗手として台頭したのであった。

(3)　フランスのブルターニュ

　フランスの内畑・外畑制については、マルク・ブロックの指摘が重要である。彼は内畑を「あたたかい土地」(terres chaudes)、共有地を含めた外畑を「つめたい土地」(terres froides)と呼んで、ブルターニュにはとくに「つめたい土地」が多く、その一部分は共有地として役立ち、他の一層大きな部分は個人的占有の対象であったと述べている[34]。マルク・ブロックはブルターニュの農村景観を次のように描写している。「中心部に小村、すなわち、ひとにぎりの家屋をもち、ときには孤立した一軒の農家に属することもある。かつての集落は小さくはあったが、やはり集落であった。この小集団の人々は、そのすべての土地を永久的に耕作したのではなかった。垣や壁で切り取られた耕地のまわりには、広い荒蕪地が必ずひろがっていた。たとえば、ブルターニュの原野が、

これである。それは、牧場として役立ったし、またそこでは、普通かなり広く一時的耕作がおこなわれた」[35]。ブルターニュで外畑利用が多かったのは、やせた未墾の土地が広大な面積を占めていたためであり、1730年に土地面積の40%以上が未墾地であった[36]。この未墾地の多さは西北ドイツと似ており、西北ドイツでは1830年頃になっても土地面積における「荒蕪地」の割合が40%を超える地域が多かった。

ウーリッヒによれば、ブルターニュの内畑は常設耕作地であり、しかも西北ドイツのエッシュに似た長い地条の耕地で、休閑地の共同放牧はおこなわれなかった。これに対して外畑は土塁で囲まれ、海岸地帯ではハリエニシダやイバラが土塁に茂り、内陸地帯では生垣で囲われた。外畑の農業生産は穀草式農法を基礎として、3〜4年間の穀作の後7〜12年間草地として利用された[37]。内畑は「メジュー」(méjou) と呼ばれ、その面積は三圃制における開放耕地よりはるかに小さかった。一部には内畑を欠き、囲い込まれた土地だけからなる農業経営も存在したようであり、囲い込まれた農地は「ボカージュ」(bocage) と呼ばれる。

ボカージュは西北ドイツのカンプやバルト海沿岸の「コッペル」(Koppel) と共通性をもつとかんがえられるが、フランスの定住形態にかんするドマンジョンの分類によれば、フランスではジュネーヴ、ブザンソン、ディジョン、オルレアン、シャルトル、ルーアンを結ぶ境界線の東側の東北フランスは集村地帯、西側の西南フランスは小集落、散居制地帯をなし、ブルターニュのボカージュは西南フランスの代表的な集落形態の一つをなしていた[38]。ル・ロワ・ラデュリも東北部農村を「開放耕地のフランス」、西南部を「ボカージュのフランス」と呼び、開放耕地地帯に対するボカージュ地帯の後進性を強調して、近代フランス人にとっては「散居制の西部および南部のフランスは未開の土地」だったと述べている[39]。この点でケルト人地域のブルターニュには、イングランドとの関係におけるスコットランドやアイルランドの地位と共通するものがあったといえよう。

(4) ベルギーのカンピーヌとアルデンヌ山地

近代初期のベルギーはフランドル農法で知られ、フランドルはじめ休閑地への飼料作物の導入、多輪作農法への移行によって、ヨーロッパにおける農業発展の先駆者の役割をはたした[40]。図5-4に示されているように、近代初期のベルギーにおける農法と農地システムは地域的に多様であったが、そのなかで内畑・外畑制は農業条件に恵まれない北部のカンピーヌ地方と南部のアルデンヌ山地にみられた。

北部のカンピーヌ地方では、内畑で休閑なしの穀作がおこなわれた。その際、原野から芝土が厩舎に運び込まれて家畜の敷きわらとして利用された後、村落周辺の内畑に散布された。これにより集約的三圃農法が可能となり、普通の輪作は冬麦（ほとんどはライ麦）、冬麦（同上）、夏麦（エン麦か蕎麦）であったが、ライ麦を連作することもあった。これと同様な農業はオランダのドレンテ地方にも見られ、ここでも芝土採取を利用した内畑での穀作がおこなわれた[41]。

18世紀末のシュヴェルツの描写によれば、カンピーヌの乾いた砂地では開放耕地しかみあたらないが、低地の湿った重い土のところでは、まわりを樹木で囲んだ耕地ばかりであったといわれており、高地の砂地にはエッシュ、低地の湿った土地にはカンプを設けた西北ドイツときわめて似通っていることがわかる。ここでも外畑は囲い込まれており、そのまわりに樹木が植えられており、ときどき草が刈られて堆肥として利用されたり、家畜の飼料にも用いられた。湿った外畑ではエン麦耕地と牧草地を交互にくりかえす穀草式農法が採用されていたようである[42]。

他方南部のアルデンヌ山地の場合、内畑（terres à champ）では穀草式農法がおこなわれ、施肥された耕地にライ麦とエン麦が栽培された後、平均8年間草地として利用された。また外畑（terres à sart）では焼畑農法がおこなわれ、原野を焼いて畑をつくり、初年度にライ麦、場合によっては二年度にエン麦を栽培した後、20～30年間も休閑したという[43]。アルデンヌ農業の穀物生産性が低い水準にあったことがうかがえるが、焼畑農業はアルデンヌにかぎらず、西

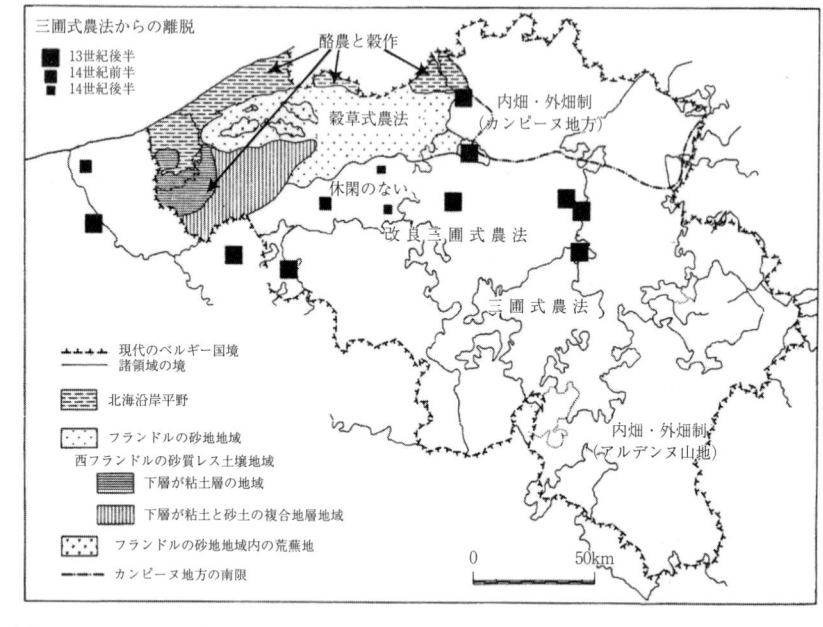

図5-4　近代初期のベルギーにおける農法と農地システムの地域分布

出典：Saey and Verhoeve [1993] p.97.

北ドイツでも泥炭の多い湿原地帯でしばしば焼畑における蕎麦の栽培がおこなわれていたことを指摘しておく必要がある。

おわりに

　西北ドイツ、スコットランド、イーストアングリア、ブルターニュ、低地諸国の内畑・外畑制には、一定の共通性をみいだすことができる。第一に内畑の基本的特徴として、多くの場合穀物生産に適した優等地における開放耕地制と共同体規制を指摘することができる。これに対して外畑は新しく開墾された農地であり、あまり穀物生産に適さない劣等地における穀草式農法と共同体規制から自由な囲い込み耕地がその特徴をなす。内畑・外畑制においては、性格の

異なる土地利用方式と耕地形態が同じ共同体のなかに共存していたといえる。その意味で、内畑と外畑は北ヨーロッパの農村共同体における二元的土地利用形態を表現していたといってよい。

　従来、北ヨーロッパ中世の農業と農村共同体にかんして、一般に三圃式農法と開放・共同耕地制のみがとりあげられ、穀草式農法と囲い込み耕地制の意義はあまりかえりみられなかった。だが近代のいわゆる「農業革命」において、三圃式農法と開放・共同耕地制を基礎とした農村共同体は、穀草式農法と囲い込み耕地制を新たに取り入れることによってはじめて共同体規制から解放され、自由な発展をなしえる可能性を得たのであり、それはベルギーのフランドル農法、イングランドのレイ・ファーミングやノーフォク農法の発展にも看取することができる。したがって、内畑・外畑制は北ヨーロッパの穀物生産の条件に恵まれない辺境諸地域に見られた農地システムではあるが、北ヨーロッパ農業と農村共同体の発展にとって決して無視しえない意義をもっていたといわなければならない。

1）　Born [1974] S. 100.
2）　Boserup [1965] pp. 15-18.
3）　こうした「休耕期間の短縮」による土地利用の集約化は、「休閑農業」には妥当するが、アジアの稲作のような休閑を欠いた「中耕農業」（飯沼二郎 [1970]）にはあてはまらないだろう。
4）　これについては、藤田 [2001]。
5）　Möser [1964] S. 56.
6）　Meitzen [1895] S. 53.
7）　Martiny [1926].
8）　Martiny [1926] S. 294.
9）　Martiny [1926] S. 288.
10）　Müller-Wille [1944] Niemeier [1944] ミュラー＝ヴィレによれば、エッシュの「長地条耕地」とは「その名のとおり耕地は長く、細い地条に分かれ、若干くねったS字状の境界によって区切られ、これは犂耕の結果である。地条分割地はニーマイアーによれば300〜600mの長さで、幅は15m（5〜30m）である。」また、耕作者は隣人の土地をとおらずに、タテ方向から自分の土地に入ることができ、地

条の長さは不均一であり、耕地の形も不規則である。こうした「長地条耕地の普及についての証拠はあまり豊富とはいえないが、それでも私はマルティニーとともに、一つの作業仮説を提起したい。すなわち、あらゆる西ゲルマニアの古定住地域で長地条耕地は土地占取時代の末期に存在し、普及していた」。また、南ドイツでは「8～9世紀より長地条耕地は拡大によってゲヴァン制度へと変化した」。

ニーマイアーによれば、「今日の定住地の中世以前の原型耕地はおそらく小さくて、西北ドイツのエッシュ定住地の旧耕地ほどの大きさであり、南ドイツのゲルマン人の土地占取の領域における大きなゲヴァン耕地（のすべてではないが）の核をなしたであろう」。「大きなゲヴァン耕地はしばしば1000年以上の発展の産物であり、その中核には起伏に富み土壌に恵まれた集落近くの場所に耕地の一部が確認され、西北ドイツの長地条エッシュもこれと似ている」。

11) クレンツリンはミュラー゠ヴィレの仮説に異論をとなえ、「長地条耕地はゲヴァン耕地の形成に先行する特別な発展段階ではない。その発生はゲヴァン耕地と同じく、ブロック状耕地と広幅地条（Blöcke und Breitstreifen）の緩慢な分割にもとづいている」（Krenzlin [1961] S. 274）と主張した。彼女の見解では、カロリング期以前のフランケン地方の古い定住様式は「ブロック状耕地」（Blockflur）と「散居農家」（Einödhof）であったが、人口増加とともに農業の集約化と穀作化が進む過程で、中世盛期には耕地の「ゲヴァン化」によって三圃制が成立した。しかもこの過程は14世紀のペストと廃村期に中断したが、16～18世紀にも人口増加にともなうゲヴァン耕地の形成が進んだという（Krenzlin [1961], Krenzlin und Reusch [1961]）。クレンツリンの「ゲヴァン化」の過程にかんする議論はイギリスのサースクによって支持され、サースクもクレンツリンと同じく、三圃制における共同耕地の発展過程を中世から近代にわたる長期間の漸次的発展過程ととらえている（Thirsk [1964]）。

12) この論争をめぐる議論については、Nitz [1974], 水津 [1966]。
13) 伊藤栄 [1967-68]、増田 [1959]。
14) Becker [1998] S. 82.
15) Martiny [1926] S. 274.
16) Baasen [1930] S. 49.
17) Baasen [1926] S. 148.
18) Riepenhausen [1938] S. 103. 下層の土地保有者の増加にかんするリーペンハウゼンの見解は今日の西北ドイツ農村史の定説としてうけいれられている。わが国における西北ドイツ農村定住史については、伊藤 [1967-68]、浮田 [1970]、肥前 [1992]、平井 [2007] を参照されたい。

第 5 章　ヨーロッパ耕地制度における「内畑・外畑制」の意義　171

19)　Weddingen [1784].
20)　Arends [1819] S. 300.
21)　Schotte [1912] S. 22.
22)　Schwerz [1836] S. 22.
23)　Uhlig [1961].
24)　Gray [1915] pp. 158-159.
25)　Whittington [1973].
26)　Dodgshon [1981] p. 140.
27)　Dodgshon [1980] pp. 89-102.
28)　西北ドイツのホイアーリングについては、平井 [2007]。スコットランドのコッターについては Whyte [1983]。
29)　スコットランドの農村と農業については、以下を参照。Devine [1994], Dixon [1994], Whyte [1995], Turnock [1995], 松下 [1998] [1999] [2006]。また、アイルランドにも土地の割替制や内畑・外畑制がみられたが、スコットランドに比べて、アイルランド農村にかんする研究は乏しく、さしあたって、McCourt [1954] Buchanan [1973] を参照。
30)　Postgate [1973] pp. 301-303.
31)　Allison [1957] p. 20.
32)　Brittnel [1991] p. 194.
33)　牧羊コースについては、Simpson [1958], Bailey [1990], Cambell [1981], 藤田 [2005]。
34)　ブロック [1959]。
35)　ブロック [1959] 87ページ。
36)　湯浅 [1981] 129ページ。
37)　Uhlig [1961] p. 297.
38)　ドマンジョン [1958]、湯村 [1965]。
39)　Le Roy Ladurie [1987] p. 300.
40)　Slicher van Bath [1963] pp. 178-179.
41)　Say and Verhoeve [1993].
42)　Schwerz [1807] S. 214ff.
43)　Say and Verhoeve [1993] p. 111.

第6章 「大飢饉」前のアイルランド西部農村

はじめに

　アイルランドはしばしば「緑の国」といわれるが、実際には農業の自然条件にはあまり恵まれず、泥炭地や荒蕪地が非常に多かっただけでなく、農村社会は他のヨーロッパ諸国とはかなり異なった歴史と文化をもつことでも知られる。大塚久雄とその影響をうけたアイルランド史家の松尾太郎は、ケルト的土地制度と定住様式を西ヨーロッパのゲルマン的地域とは異質の「アジア的共同体」ととらえている[1]。西ヨーロッパのなかにあって異質とも見えるアイルランド農村とその土地制度を「アジア的」とみなしてもよいのか、その歴史的性格について慎重に検討する必要があるだろう。

　周知のように、アイルランド農村は1847年のジャガイモ病の蔓延によって壊滅的打撃をこうむり、多くの農民がアメリカに移民し、人口は著しく減少し、農村の景観も大きな変貌をとげた。ここではそうした「大飢饉」以前の時代にランデール制はじめ独自の定住様式を維持していたアイルランド西部農村に重点を置いて、その定住史を考察してみたい。ただ、私自身はアイルランド史の専門家ではないので、ここでの叙述は一つの試論であることをことわっておかなければならない。

1 農村定住史と地域区分

(1) 農村定住史

　19世紀以来の中世ヨーロッパ農村定住史研究では、古ケルト人の耕地制度にかんして根本的に対立しあう二つの潮流が存在していた。一つは、イギリスのシーボームとグレイの開放耕地制説である。彼らによれば、スコットランド、ウェールズ、アイルランドには古くより細長い地条が混在する小規模開放耕地制が認められ、これはイングランドの三圃制とは異なるタイプの「ケルト的耕地制度」とみなされる。その特徴を最もよくあらわすのがスコットランドの「ランリグ」と呼ばれる細分化された地条である。「ケルト的耕地制度」においては開放耕地の規模は小さく、定住地は数戸の農家からなる小集落をなし、耕地の均分相続、定期的割り替えがおこなわれた。この開放耕地制説に対立したのはドイツのマイツェンに代表される孤立農圃制説であり、彼によれば、かつてケルト人が住んでいたアイルランド、ウェールズおよびフランスのロワールからピレネーまでの地域は孤立農圃地帯であり、これはドイツのニーダーラインやウェストファーレンに見られる孤立農圃制とも基本的に共通する性格をもっていた。

　これら両説はイギリスとドイツから見たケルト耕地制度論であったが、アイルランド人自身による最初の耕地制度論として知られるのは、1939年のエヴァンズのアイルランド定住史論[2]である。彼は開放耕地制説、孤立農圃制説それぞれに一定の根拠が認められるという立場をとり、これがその後のアイルランド定住史研究の基調をなしたといってよい。彼によれば、初期ケルト時代から「アイルランド式開放耕地制」と「孤立農圃制」という二種類の耕地制度が並存し、前者の開放耕地は「ランデール」(rundale)、その小集落は「クラハン」(clachan) と呼ばれ、後者の孤立農圃は「ラス」(rath) と呼ばれる。エヴァンズの見解では、アイルランドにおける2つのタイプの耕地制度は相互流動的

であり、孤立農圃は共同相続人の間で分割されることによって開放耕地に移行することが可能であった。

　エヴァンズの見解を継承して、アイルランドの定住形態におけるクラハンおよびラスの「二元論」を説いたのはジョンソンである[3]。彼によれば、アイルランドには「クラハンにおける生活と散在開放耕地の耕作」、「孤立分散的な農場」という二つの農業的伝統が共存していた。しかも、クラハンは人口に応じて拡大収縮し、たとえば孤立分散農場が5年以内にクラハンに成長することもあり、両者は17〜19世紀をとおして共存関係をなしていた。ジョンソンと同じく、マキーも西部沿岸のゴールウェイ県にかんして、「クラハンの多数は個別農場（single homestead）のまわりに成長し、集村と散村は決して明確には二分されない。早婚、高い出生率、均分相続が定住地の急速な拡張に貢献した」[4]。と述べている。

　ランデール研究で重要な貢献をしたマコートもエヴァンズやジョンソンの議論を継承して、クラハンと囲い込み農地との相互流動性を強調した[5]。すなわち、17世紀からクラハンと囲い込み農地との間には明確な区別はなく、両者とも定住と土地保有の弾力的な組み合わせの一部であり、その内部で集合と分散、土地の共同所有と個人所有は選択的であり、しばしば共存的発展をとげた。ある場合には土地保有はもっぱら共同でなされ、他の場合には囲い込み農地が局地的に優勢であった。しかし、多くの場合、両形態が同じ村のなかに調和関係を保ちつつ共存し、どちらか一方の優勢は社会的、経済的変化に依存していた。耕地図を17世紀までさかのぼって調べてみると、かならずクラハンと囲い込み農地との間にあってさまざまな大きさをもつ両者の混合パターンがあらわれる。ただし、二つの耕地形態はどこでも同じように分布していたわけではなく、1830年代の政府の測量調査によれば、図6-1に見られるように、アイルランド東半部には囲い込み農地が優勢で、西部、北部および西南部にはクラハンが優勢を占めていた。この分布図は19世紀のものなので、18世紀以前の状態については不明であるが、マコートはその起源をエヴァンズと同様にかなり古い時代に求めている。とくに「ラス」と呼ばれる円形の囲い込み農地はケルト時代

図6-1　1830年代のアイルランドにおける定住形態の地理的分布

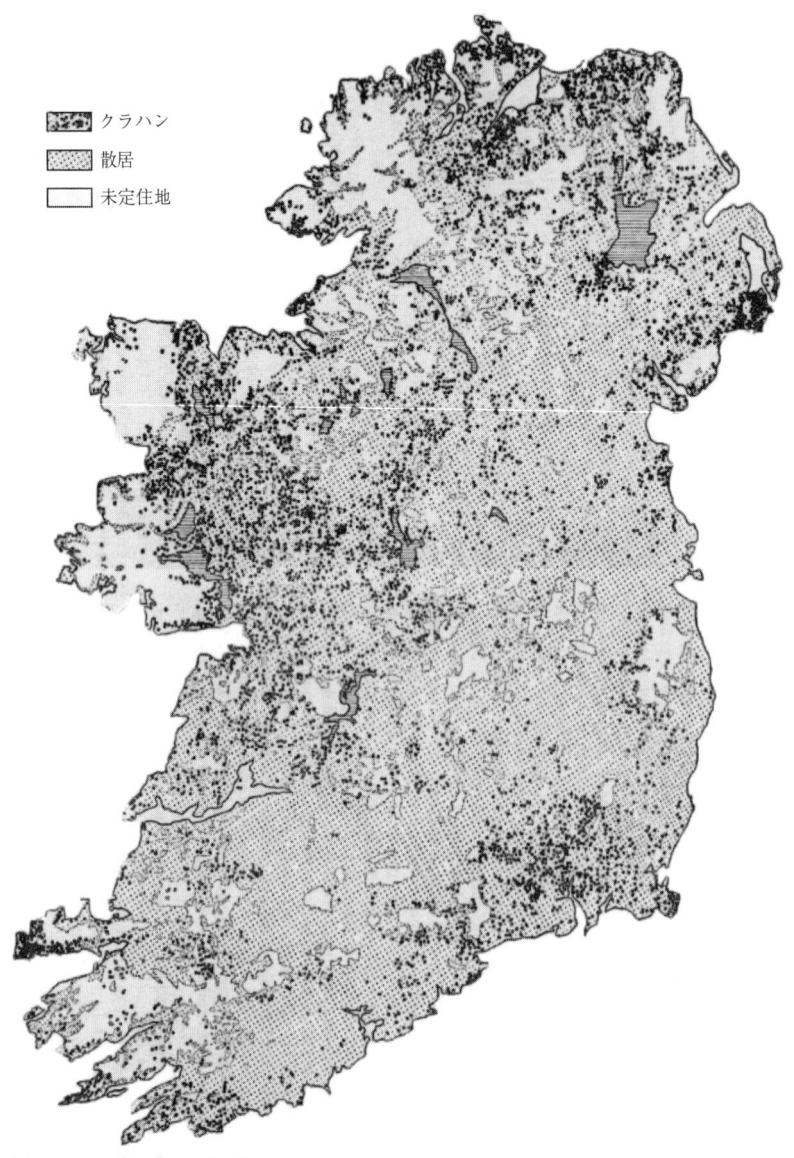

クラハン
散居
未定住地

出典：McCourt [1971] pp. 138-139.

にその存在が確認され、それに対してクラハンにかんする史料は乏しいものの、クラハンの基礎をなす親族集団も非常に早い時期から存続する形態であり、両者の分布は時代により、また社会・文化的環境の変化にしたがって変動してきた。中世からの入植や領主制によって、分散定住地の東部とクラハンが優勢な西部とに分かれた。こうして、「これはエヴァンズによって提示された見解の再生の可能性を示唆しており、アイルランドの前史と歴史を貫通する連続性とも一致する。すなわち親族集団のクラスターに住む法的な隷属耕作民は、領主制の変化にもかかわらず、幾世紀にもわたって不変の要素であり続けた」[6]。

西北部に多いクラハンは「クラスター」(cluster) とも呼ばれ、数戸の住宅からなる小集落であり、一般に教会や学校はなかった。これに対して東南部の「分散定住地」は囲い込み農地であり、とくに18世紀のイギリスの農業革命、囲いこみ運動の影響をうけて普及したといわれる。マコートによれば、「1750年から発展した個人主義的および商業的農業の発展」、「とくにイングランドへの家畜と穀物輸出の増加」[7] が分散定住地を促進した。実際、アーサー・ヤングのアイルランド紀行によっても、この分散定住地域の農業は一部に休閑地を含む古いタイプの農法も残っていたが、基本的に開放耕地制は消滅し、飼料作物のクローヴァーが導入され、休閑地を欠いた多輪作制がかなり普及していた[8]。これに対して西北部のクラハン地域では、19世紀になっても「ランデール」と呼ばれる、古いタイプの開放耕地が残され、共同体による耕地規制のもとで農業がいとなまれていた。

こうした、アイルランドにおける東西間の定住様式の相違は、両地域における農業と土地利用の違いを反映したものかもしれない。図6-2に見られるように、アイルランドの西半部は農地面積における耕地の割合が小さく、ほとんどの諸県で20%未満にすぎず、放牧地の割合の方がはるかに大きい。アイルランド西半部における耕地比率の低さはヨーロッパ主要諸国と比べても際だっており、たとえばフランスの農地における耕地比率52%（1859年）、プロイセンの耕地比率40%（1834年）、イングランドとウェールズの耕地比率30%（1808年）などの数値[9] と比べてみると、アイルランド西部および南部農村の耕作

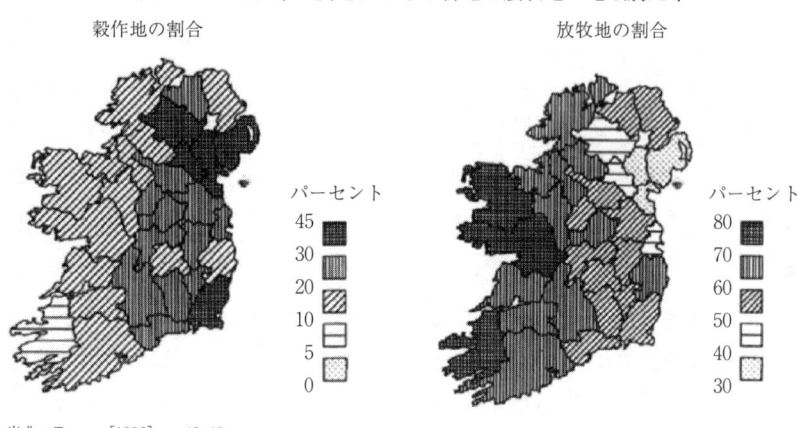

図6-2 1851年の農地における耕地と放牧地の地域別比率

穀作地の割合

パーセント
45
30
20
10
5
0

放牧地の割合

パーセント
80
70
60
50
40
30

出典：Turner [1996] pp. 40-46.

地の割合がいかに少なかったか、明らかであろう。したがって、農業と土地利用という観点からアイルランド農村を見た場合、牧畜と農耕、クラハンと囲い込み農地という複合的要素から成り立っていた伝統的な定住様式は、19世紀には西半部における牧畜中心のクラハン、東半部における農耕中心の囲い込み農地へと分化していったとみることが可能であろう。

(2) 農村の地域区分

エヴァンズ以来の農村定住史論はアイルランドを古来の農業国とみていたが、これに対して異論を唱え、独自のアイルランド農村定住形態の地域区分論を展開したのは、歴史地理学者フィーランである。彼はアイルランドを「農民国」とみなすエヴァンズ以来の見解を批判し、むしろ「全体として早熟的に商業化されていた」社会とみなす立場をとった。彼によれば、アイルランドの農村定住形態は、1）牧牛と酪農を中心とする中西部および西南部の「牧畜地域」、2）穀物生産を中心とする東南部の「農耕地域」、3）麻紡織業が盛んな北部「プロト工業地域」、4）農地開発で小農が急増した西部「小農地域」という4つの相異なる地域に分けられる。これら4地域のうち、牧畜地域はさらに肉牛肥

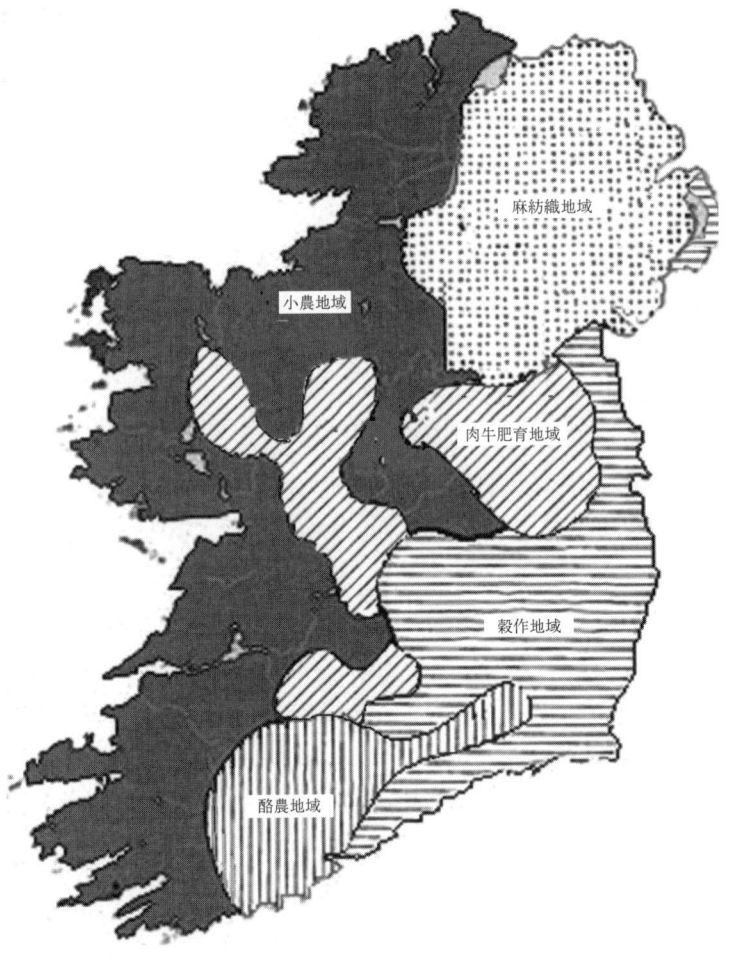

図 6-3　フィーランによる18世紀アイルランド農村の地域区分

(地図中ラベル：麻紡織地域、小農地域、肉牛肥育地域、穀作地域、酪農地域)

出典：Whelan [1997] p. 70.

育地域と酪農地域に分けることも可能であり、これを示したのが図6-3である。

　フィーランよりはるか以前に、こうした農村の地域差に着目していたのは、18世紀末のアーサー・ヤングのアイルランド紀行である。彼は各地の土地保有

者の性格の違いにしたがって、アイルランド農村を次のような諸地域に分類している[10]。

(1) 麻織物業が盛んな北部農村

　　農業は製造業に対して二次的地位を占めるにすぎず、農村織布工の農地は小さく、10エーカーもあれば大きい農業経営で、5～6エーカーでも大きい方だった。

(2) 牧畜が発達した中部や南部各地の農村

　　南部の牧畜地域は「多分世界で最大の牧畜業者、牛飼いがおり、年間3,000～10,000ポンドの地代で借地する者もいる」といわれるほど、大きな牧場が多数存在していた。

(3) 東南部の穀作地域

　　東南部の諸県はアイルランド最大の穀作地であり、小麦とオート麦が生産され、借地農は勤勉であるが、農場は小さく、貧しいとも述べられている。

(4) 貧しい小屋住農が多い山岳地域

　　小農は少しばかりのバター、羊毛、穀物、数頭の雌牛と子羊によって地代を工面したが、彼らの土地の地代は極端に低く、その農業は王国のなかでも最も改良が遅れていた。

ヤングとフィーランの分類基準と結果はかならずしも同じとはいえないが、牧畜、穀作、農村工業および零細小農という4地域への分類法は両者に共通している。フィーランによれば、大飢饉以前の4地域の特徴は次のようにとらえられる。

(1) 牧畜地域

　　この地域では、イギリスにおける牛肉需要と西インド諸島と北米における牛肉とバターの需要の増加によって牛の肥育と酪農が発達し、輸出用の肉牛の肥育はレンスター州東北部およびコナハト州内陸部という二つの中核からなり、酪農は南部のマンスター州中部のリー川とブラックウォーター川流域で発展し、コークの周辺の農村はヨーロッパ最大のバ

ター市場の一つとして発展した。
 (2) 穀作地域
　　イギリスは18世紀後半の産業革命期に食糧自給ができなくなり、しだいに穀物輸入国に転換していき、その多くをアイルランドから輸入するようになった。アイルランドの穀作地帯は比較的土地の肥沃な東南部のコーク、ダンドーク、ウェクスフォードを結ぶ三角形の内部に集中し、イギリス市場向けの穀物生産がおこなわれた。
 (3) 麻紡織業地域
　　麻織物は牛肉とバターに続くアイルランド第三の輸出品であり、北部農村で栽培される麻を原料とする紡織業が農村工業として発展し、アルスター地方では1770～1820年に織布工の数は42,000人から70,000人へ増加した。彼らの多くは農工兼業の小農でもあった。
 (4) 小農地域
　　西部の大西洋沿岸地域は交通の便が悪い辺境にあって、やせた土地が多く、自給自足的小農経営が優位を占めていた。1700年以後のアイルランドの景観の主要な変化の一つは西部の稠密な小農地域への転換であるといわれ、この過程で開墾、土地細分化、かつての非定住地域への農地拡大が、やせた土地に生育するジャガイモの力に助けられておこなわれた。

　これら4地域のうち、クラハンとランデールを定住様式の特徴とする西部小農地域は、「エヴァンズの想定した連続性とは対照的に新しい現象であり、1600～1840年に100万から850万人へと増加したアイルランドの人口史的現象への反応である。この爆発は以前定住されていなかった地域への大量の開墾、集約的な細分化と拡張を必要とし、湿地の薄くてやせた土壌へのジャガイモの繁殖の成功にも助けられた。古典的小農共同体の一部の起源は18世紀にさかのぼることができる」[11]。

　フィーランが想定する西部農村のクラハンの成立から崩壊までの過程は、次のようにとらえられている。
 (1) 18世紀に多数のクラハンが小農たちの共同借地として、これまで定住が

おこなわれていなかった村域（townland）内に創始された。
(2) 18世紀後半の人口成長とともに、小農の共同借地の持分が細分化されて、クラハンの急激な拡大にいたった。
(3) 19世紀前半、人口圧力が強まり、新しい定住地がつくられ、しばしば共同放牧地の継続的占有と村域の2つ以上のランデール制への分割がおこなわれた。
(4) 脆弱な環境を基礎としながらも、こうした制度は、均分相続パターンの結果、大飢饉前夜まで拡大し続けた。
(5) クラハンの多くは人口圧力のもとで崩壊して、大飢饉をとおして崩壊が促進された。周縁地域の二次的定住地はしだいに放棄され、主要クラハンは住民の死亡と移民で収縮した。
(6) 19世紀末期に小作農自身あるいは地主がクラハンをこわして、ランデールの土地を個別分散地、およびしばしば「段畑」(ladder farms) に転換した[12]。

フィーランの描く歴史は、エヴァンズによって想定されたクラハンとランデールのいわば悠久の歴史とはまったく異なり、18～19世紀の西部小農地域だけに限られた短期の定住史であり、端的にいって近代アイルランド西部農村の開墾の所産そのものである。しかし、クラハンとランデールの起源を中世以前の時代に求めるべきか、それとも近代の開墾と定住に求めるべきかを明確に示す史料や研究はみあたらないので、その成立期を確定することは困難といわざるをえない。そこで、大飢饉前の西部小農地域における農地開発と人口成長について、もう少したちいった検討をくわえてみる必要がある。

2　農地開発

(1)　泥炭地の広がり

アイルランド定住史について語ろうとするとき、泥炭地の開発を避けてとお

表6-1 アイルランドの土地利用の割合

単位：(%)

年	耕地	採草地	放牧地	農地全体	森林	山岳	泥炭地と低湿地	不毛地	荒蕪地全体
1841				66.2	1.8				31.9
1851	22.7	6.1	43.0	71.8	1.5				26.6
1861	21.4	7.6	46.9	75.9	1.6				22.6
1871	18.7	9.0	49.5	77.2	1.6				21.2
1881	15.7	9.8	49.6	75.1	1.6	10.4	8.5	4.4	23.3
1891	13.6	10.1	50.6	74.3	1.5	10.9	8.6	4.7	24.2
1901	12.1	10.7	52.0	74.8	1.5	10.9	7.7	5.0	23.7

注：1841年の農地66.2%は採草地と放牧地もあわせた数値である。
出典：Turner [1996] p. 17.

ることはできない。アイルランドは今なお泥炭地が非常に多い国である。今日、北半球で国土面積に占める泥炭地の割合が最も多いのはフィンランドで33.5%、第2位がカナダで18.4%、第3位がアイルランドで17.2%である[13]。泥炭地は燃料用泥炭の採掘には重要であったが、酸性土壌であるため農業には利用できず、近代まで荒蕪地の一種とみなされてきた。その意味で、アイルランドは、農業には恵まれない国であったといってよい。

表6-1に見られるように、19世紀半ばより国土利用の状況が把握され、農地は国土の3分の2から4分の3へ増加した。ただ、1841～71年の統計では荒蕪地の内訳は把握されておらず、1881年から「山岳」(mountain)、「泥炭地と低湿地」(bog and marsh)、「不毛地」(waste) に分類されている。だが、当時のアイルランドでは、泥炭地は概念的に他の荒蕪地とあまり厳密には区別されていなかったようである。たとえば、18世紀末の農業家アーサー・ヤングの著名なアイルランド紀行は、荒蕪地について次のように述べている。「私の理解では、アイルランドの荒蕪地の割合はイングランドほど大きくはない。それはアイルランドには幸いなことにイングランドのような共有地用益権がないためであるが、不毛な山岳 (mountains) と泥炭地 (bogs) の面積は非常に大きい。これらの土地では王国で最も利益の多い農業が可能である。というのは、私は山岳が改良可能な土地だと確信しているからである。ただし、山岳は非常に高い場所にある土地とはかぎらず、アイルランドでは泥炭地でないすべての荒蕪

図6-4　アイルランドにおける泥炭地の分布

■ ブランケット型泥炭地
■ 隆起型泥炭地
── 中位の降雨量

出典：Atlas of the Irish Rural Landscape, p.107.

地は、山岳といわれる。しかし、とくに斜面がかなりの程度南に傾斜しているところでは、その大部分が実際の山岳に連なっている」[14]。

　ここで「山岳」といわれているのは、その大部分が高地に位置する泥炭湿原ではなかったかと推測される。というのは、今日まで残されているアイルラン

ドの泥炭地の大半は高地に見られるからである。ただし、アイルランドのいたるところに泥炭地が多いというわけではなく、それはとくに西北部、中部に集中し、東南部には少ない（図6-4）。しかも、地域によって泥炭地の性質も異なり、主に次のような二種類に分類されている。

(1) 隆起型泥炭地（raised bog）

　これは北ドイツに多い「高層湿原」（Hochmoor）と呼ばれるタイプの泥炭地に類似しており、湖沼の周辺に生える植物が徐々に湖の中央に向かって生長し、それと同時に水中植物や浮遊植物も繁茂し、これら植物の残渣が沈殿して、2～3メートルの厚さの泥炭の基層を形成する。泥炭層が成長するにつれて、その表面は周辺より高くなり、ドーム状の輪郭をつくる。泥炭地の中心部分が小高く隆起しており、泥炭層の厚みは3～12メートル、平均7メートルで、中心部は腐敗しないミズゴケなどの堆積によって周辺より若干高い円頂をなす。主に降雨量が年間800～1,000ミリメートルで河川湖沼の多い中部地域の沼沢地に分布する。その総面積は31万ヘクタールで、アイルランド全泥炭地面積の4分の1を占める。

(2) ブランケット型泥炭地（blanket bog）

　隆起型泥炭地は沼沢地に形成されるが、ブランケット型泥炭地の形成には沼沢は関与せず、湿潤な条件のもとでの降雨量の増加や気候の寒冷化が形成の促進要因をなす。泥炭層の深さは2～6メートルしかなく、隆起型泥炭地に比べて浅い。紀元前1000～2000年に気候悪化と人間の農業のための木材伐採によって土壌浸食が進み、排水の悪い場所に酸性土壌が形成された。土壌の酸化によってヒース、スゲ、イグサなどが繁殖し、その残渣が寒冷で多湿な条件のなかで酸性腐植土として堆積することによって、樹木が滅び、降雨量が1,250ミリメートルを超えるような北部沿岸地域と西部の高地にブランケット型泥炭地が形成された。その面積は80万ヘクタールで全泥炭地の三分の二を占め、そのうち過半は高地に存在する[15]。

こうした泥炭地の現代的分類を基準とすれば、1881年の統計で「山岳」と分類されている荒蕪地の多くは、上述の高地に存在するブランケット型泥炭地に相当し、「低湿地」と分類されている土地は主に低地の沼沢地域にみられる隆起型泥炭地に相当するとおもわれる。いずれにしても、アイルランドの荒蕪地の大部分は実質的に泥炭地からなっていたといってさしつかえない。また、19世紀前半まで農地開発の主たる対象とされた荒蕪地は、とくに「山岳」と呼ばれていた西部や北部のブランケット型泥炭地であったとみなすことができるだろう。

(2) 農地開発

　アイルランドの泥炭地を中心とする農地開発は、他のヨーロッパ諸国、とくに開発の先駆者オランダとはかなり異なった性格をもっていたとおもわれる。ヨーロッパの泥炭湿地における農地開発は、17世紀からオランダ東部のフローニンゲンを中心に着手され、18～19世紀にはこれに隣接する西北ドイツのオストフリースラントやオルデンブルク、東ドイツ諸地域にも拡がっていった。オランダで発達した農地開発の基本をなしたのは、運河建設と泥炭採掘であり、これら両者は不可分の関係をなしていた。開発の直接の目的は燃料用泥炭採掘と販売にあったが、泥炭を掘り出して売るためには、その前提として泥炭の輸送路を確保することが必要であり、まず運河の建設から始めなければならなかった。運河は泥炭湿原からの排水路として役立っただけでなく、泥炭を取り去った後の運河の底土は周辺の土壌改良にも利用することができた。こうしたオランダの運河建設と泥炭採掘事業を推進したのは、商人的企業家と都市フローニンゲンであった。開発事業には多大な資本を要したので、商人的企業家は共同出資によって会社組織をつくり、泥炭地を購入して運河建設をおこない、泥炭の販売と開発地の分譲によって利益をあげた[16]。商人や都市の営利目的の企業活動の性格が強かったオランダの農地開発方式は、オランダと国境を接するドイツのオストフリースラントにも導入され、17世紀のうちに運河建設と泥炭採掘がオランダ商人やこの地域の都市エムデンの商人が創立した民間企業によ

って開始された[17]。だが、ドイツにはオランダのような大資本をもつ商人が少なかったため、農地開発事業の主体としてあらわれたのは領邦国家であった。1744年にオストフリースラントを統合したプロイセンは、この新領域における農地開発を積極的におこなうとともに、プロイセンの本来の領土である東ドイツのマルク・ブランデンブルクやオーデル川流域でもフリードリヒ1世とフリードリヒ大王が農地開発政策を推進した[18]。19世紀には西北ドイツ諸邦でも、オルデンブルクはじめ泥炭湿原における農地開発事業が領邦国家の手で進められ、多くの農民が「コロニー」と呼ばれる新定住地をつくった[19]。

こうして近代ヨーロッパにおける泥炭湿原における農地開発は、その推進主体と開発目的によって、さしあたり (1) 商人的企業家を中心とする土地開発会社の営利活動の性格が強いオランダ型、(2) 領邦国家の国土開発・農業政策の一環として推進されたドイツ型、に分類することが可能であるが、19世紀までのアイルランドの開発はこれらのいずれのタイプにも属していなかったようにおもわれる。というのは、オランダやドイツのような組織的な大規模開発がアイルランドでおこなわれるようになったのは、ようやく1934年の「泥炭開発公社」(Turf Development Board) の設立後のことであり、その事業は1946年の「泥炭開発法」にもとづいて設立された「ボード・ナ・モーナ」(Bord Na Móna) 社へと受け継がれた[20]。それ以前のアイルランドの小規模農地開発事業には、二つの潮流が認められる。一つは小農による集落周辺の未墾地の小規模開拓であり、もう一つは大地主の主導権による比較的規模の大きな開発である。両者は時期的にも違いがあり、農民の開墾は明らかに地主の開墾に先行し、大飢饉前の時代における主要な開発形態であったのに対して、地主の開墾はむしろ大飢饉後のイギリスの囲い込みと農業革命の影響のもとで優勢となっていった。アイルランドでも、とくに19世紀後半には農業改良運動の一環として古い開放耕地制が廃止され、個別農場の囲い込みが進められ、西部ではとくに山岳の斜面に整然とした区画をもつ「段畑」のような農場がつくり出された[21]。

近代アイルランドの農地開発の進展状況については、1841年以降の土地利用

表6-2 州別の農地と荒蕪地の割合

単位:(%)

	1841年		1851年	
州	農地	荒蕪地	農地	荒蕪地
レンスター（東部）	81.2	15.0	82.8	13.7
マンスター（南部）	63.4	31.2	71.1	24.5
アルスター（北部）	62.2	32.2	72.3	21.9
コナハト（西部）	50.6	43.4	56.0	38.1
全国	64.7	30.3	71.1	24.1

出典：Conell [1950] p. 47.

の変化を示す統計からある程度知ることができる。前掲表6-1から、1841～1871年まで農地とくに牧草地の拡大と荒蕪地の減少の傾向を確認しうるだろう。1841年より前の時期については統計がないので、農地開発の進展を正確にとらえることはできないが、1840年代の大飢饉の時期に農業人口が著しく減ったにもかかわらず、農地開発が進められていることから推測して、大飢饉以前には農地開発がもっと活発におこなわれたとおもわれる。

1841～51年の農地開発の概況を州（province）別に示した表6-2で見ると、東部のレンスター以外の地域でかなり農地開発がおこなわれていたことが確認できる。また、とくに西部のコナハトに未墾地が多かったこともわかるだろう。農地開発の状況をもう少し詳細に知るために、1841～1851年の農地開発の進展状況を県（county）別に見たのが、図6-5と図6-6である[22]。ここからわかることは、東部と南部はもともと農地の割合が大きく、これに対して西部大西洋沿岸地域は1841～51年に最も農地開発が進んだにもかかわらず、1851年にいぜんとして農地の割合が最も低い地域だったということである。

アイルランドにおける農地開発の実態についての情報は乏しく、アーサー・ヤングの紀行も荒蕪地、泥炭地の改良についてあまり詳しいとはいえないが、同じ頃の東部のミーズ県の農業事情にかんするトムソンの叙述から泥炭地の開墾方法を知ることができる。それによれば、19世紀初期のミーズ県では27,900エーカーの荒蕪地があり、その大部分は泥炭地からなり、その面積は26,000エーカーに達した。泥炭地は従来あまりかえりみられることがなかったが、この頃ようやく開発がおこなわれるようになった。泥炭地の開墾における最初の改良事業は排水であり、開墾の第一年度の春に幅3フィート、深さ3フィート

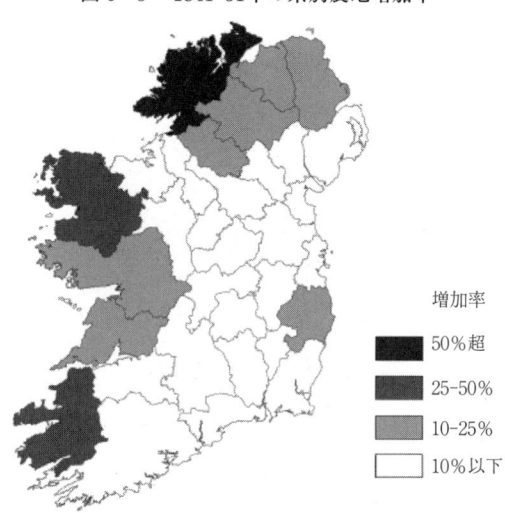

第6章 「大飢饉」前のアイルランド西部農村　189

図6-5　1841-51年の県別農地増加率

増加率
- 50％超
- 25-50％
- 10-25％
- 10％以下

出典：Bourke [1965] p.387.

の排水路が掘られ、これと直角に交わる幅2フィート、深さ2フィートの排水路もつくられ、縦横に走る排水路によって約2エーカーの土地区画が設定された。開墾の第二年度には排水路を幅1フィート、深さ1フィートだけ拡げ、5〜6年間こうした排水路拡張を続けた後は、排水路の底に泥が堆積しないように管理をおこなった。排水路がつくられると、二年目から牛を放牧できる程度に泥炭地の表土が固まり、放牧による施肥と踏み固めも可能となった。区画地がかなり乾燥したところで、区画地の草を焼いて灰をつくり、酸性土壌の改良のために灰を散布し、犂などで土を掘り返し、アブラナを播種し、牧草地として利用した。泥炭地の焼き畑によってアブラナとカブがよく収穫できたという[23]。こうして開墾された土地は、小区画ごとに貧しい労働者に数年間貸与された。彼らは住むための小屋を建て、勤勉に働き、この土地でジャガイモをつくった。またライ麦を播種し、自家用の雌牛を飼い、肥料をつくり、他の土地を開墾するのに役立てた[24]。また、「貧しい人が小区画の泥炭地を得た場合、彼はまずそれを排水し、2年間ジャガイモを植え、その後ライ麦、オート麦を

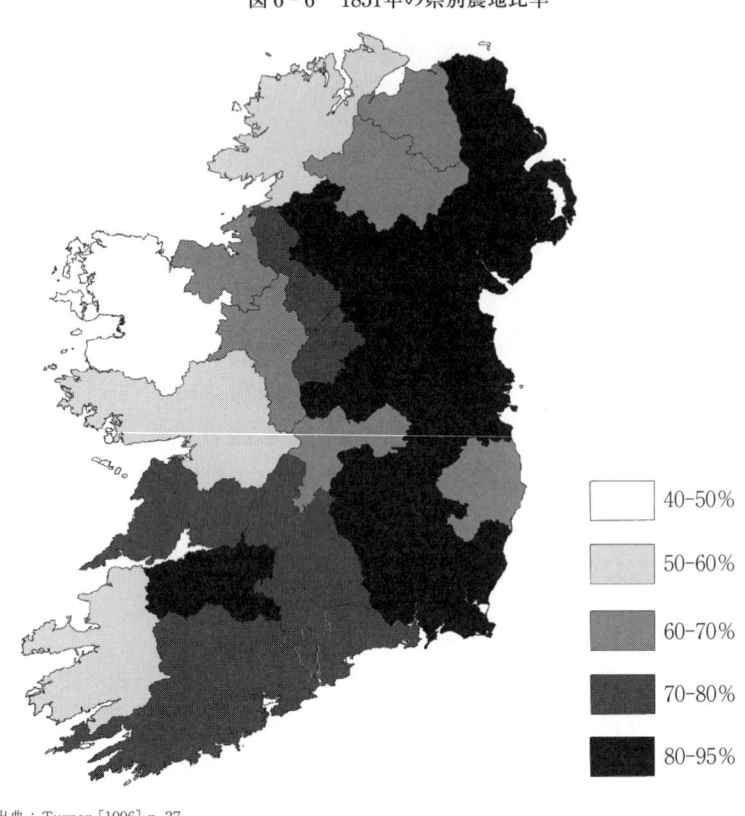

図 6-6　1851年の県別農地比率

凡例：
40-50%
50-60%
60-70%
70-80%
80-95%

出典：Turner [1996] p. 37.

１～２回播種し、その後ジャガイモを施肥してつくる」[25]ともいわれている。

　ここに見られる泥炭地の排水と農地への転換の方法は、排水や焼き畑など、オランダやドイツの湿原における農地開発と共通点が多い。違いが見られるとすれば、オランダやドイツでは農地開発の前提として、かなり大規模な泥炭採掘と運河建設が先行することが多かったのに対して、19世紀初期のアイルランドでは泥炭湿原の開墾が小規模な排水路建設から着手され、あまり大きな資本を必要としなかったということであり、アイルランドの開発は小農による農地開発の性格を強くもっていたといえるであろう。

3 西部農村の土地細分化

(1) 内畑・外畑制

　上述のようにアイルランド西部農村では湿原や泥炭地の開墾によって定住地が拡大されたが、その基本的耕地制度は内畑・外畑制であった。西部農村のクラハン（小集落）近傍の比較的肥沃な土地は常設の継続的開放耕地として利用される内畑をなし、農業にあまり適さない湿原や泥炭地は一時的耕地あるいは放牧地として利用される外畑を形成した。農地全体の20％にも満たない西部農村の耕地は基本的に内畑に属し、60〜80％の放牧地は外畑に属していたとみられる。

　この地域の内畑・外畑制を最初にとりあげたマコートによれば、ドニゴールやメイヨー、キルケニーなどで見られる農地利用システムはスコットランドの内畑・外畑制と同じであり、内畑は継続的耕作地、外畑は一定周期の休閑と耕作、共同放牧がおこなわれる農地で、いずれも耕地形態は細長い地条に区分された開放耕地で、周期的な土地割替えがおこなわれた[26]。

　18世紀末のヤングのアイルランド紀行は、西部農村の農地利用システムについて少なからず記述しているが、その情報はもっぱら内畑における輪作に限られているようにおもわれる。それによれば、当時の内畑の農法は休閑を欠いた多圃制と比較的長い休閑をともなう穀草式農法との二種類に区別される。たとえば、メイヨー県の大西洋沿岸のウェストポート周辺農村では、次のような3種類の3〜4年周期の輪作が見られた[27]。

　A）　1. ジャガイモ、2. 大麦、3. オート麦、4. オート麦
　B）　1. ジャガイモ、2. 大麦、3. オート麦、4. 麻
　C）　1. ジャガイモ、2. 大麦、3. オート麦

　ここで休閑が見られないのは、海岸地帯では主に海藻を肥料として利用することにより、農地の肥沃度を休閑なしに維持しえたためである。

これに対して内陸のロスコモン県の農地では、次のような穀草式農法が採用されていた[28]。

A) 1．ジャガイモ、2．ジャガイモ、3．麻、4．大麦、5．オート麦、6．6～7年間の牧草地

B) 1．ジャガイモ、2．ジャガイモ、3．オート麦、4．オート麦、5．数年間の牧草地

この場合は、4～5年間農作物を収穫した後、耕地を家畜の放牧地に転換して、次の耕作までの数年間農地の肥沃度の回復を待った。こうした輪作農法は、同じ時期のドニゴール県でも確認され、ここでもジャガイモ、大麦、オート麦、麻の4種の作物の組み合わせを基本とする輪作であった[29]。これらの事例で確認できるように、西ヨーロッパでパン用主穀をなした小麦、ライ麦などの冬麦はほとんどまったく作付けされず、大半の諸県で冬麦は耕地面積の2％未満にすぎなかった[30]。北ヨーロッパで最も重要な夏麦の地位を占めていた大麦の作付けも、西南アイルランド以外はごくわずかで、西部地域の耕地の大部分を占めたのはオート麦とジャガイモであった。両方ともやせた土地で収穫できる農作物として知られ、アイルランド西部が肥沃な穀作用耕地に恵まれてなかったことのあらわれといってよい。

このように内畑でジャガイモが作られるようになったのは、「レイジー・ベッド」(lazy bed) と呼ばれる独特の畝作りの技術のおかげだった。一般にヨーロッパの三圃制穀作地は細長い短冊状の地条をなし、犂で土を掘り返すことによって畝と溝（ridge and furrow）がつくられたことはよく知られているが、レイジー・ベッドも地条に畝と溝がつくられた点では三圃制制と同じであった。異なっていたのは、レイジー・ベッドが家畜や犂に頼らず、踏み鋤によって人力で溝を掘り、溝から取った土を盛り上げて畝をつくった点にある。エヴァンズによれば、畝の幅は3.5～10フィート、溝の幅は約2フィートもあり、完成されたレイジー・ベッドは犂で耕耘されたジャガイモ畑と外見上は似ているが、すべて踏み鋤による仕事であり、「レイジー」(不精な) という呼び方は畝の底土が掘り返されないことに由来するという[31]。サラマンによれば、レイジー・

ベッドの利点は溝から取る芝土が肥料としての価値をもつとともに、2～3フィートの深さの溝が優れた排水溝の役割をはたすことにあった[32]。多湿の気候と土壌のアイルランド西部において、レイジー・ベッドの深くて広い溝がジャガイモの生育を可能にしたといってよかろう。

他方、外畑農業にかんする情報はきわめて乏しい。エヴァンズは19世紀初期のドニゴールの二つの集落における内畑・外畑制について述べており、それによれば、Bweltany では6人の土地保有者のうち4人は内畑に耕地を地条形態で保有し、2人は外畑に点在する土地を保有していた。農業は内畑、外畑のいずれも穀草式農法にもとづいて、オート麦とジャガイモが収穫された。もう一つの Glentornan では8人が全体で36エーカーの耕地と2,500エーカーの荒蕪地を共同保有し、そのうち6人が内畑を保有し、2人が集落周辺に孤立した外畑を保有していた[33]。

エヴァンズによって示された外畑を見るかぎりでは、アイルランド西部の内畑・外畑制はスコットランドや西北ドイツほど高度な発展をしていなかったようにおもわれる。スコットランドの場合、内畑と外畑は明確に異なった農法によって耕作がおこなわれ、多くの場合、内畑では三圃式、外畑は穀草式農法が一般的だったといわれる。また同じように内畑・外畑制が見られた西北ドイツでも、内畑と外畑は明確に異なる性格をもち、内畑はエッシュと呼ばれる一圃制開放耕地で、休閑なしに毎年ライ麦がつくられ、外畑はこれと違ってカンプという名の囲い込み地で、穀草式農法が一般的だった[34]。これら両者と比べて、アイルランド西部では内畑と外畑の間に農法の明確な質的差異を見いだしがたく、耕地制度としての内畑・外畑制は存在していたとしても、その成熟度はあまり高くなかったといえるだろう。この点に関連して、サラマンは「アイルランド人はスコットランドのような外畑をもたなかったとおもわれ、そこでは移牧がおこなわれていた」[35]と述べており、外畑は主に放牧地として利用されたとみなしている。

とはいえ、広大な面積を占める湿原や泥炭地が未墾のまま放置されていたわけではなく、レイジー・ベッドに見られるような排水技術を用いて、外畑でも

ジャガイモ生産が拡大されたことは疑いない。その場合、すでに指摘したように、内畑・外畑制の西部小農地域では、「分散定住地」制の東南部のような囲い込み農圃は少なく、少なくとも内畑はクラハンの共同体的規制のもとに置かれた開放耕地であり、外畑も共同利用権のもとにあって、個人の自由な農地開発は制限されていた。次に、西部小農地域におけるクラハン固有の土地取得と割当の方式による農地開発の特徴について検討しよう。

(2) ランデールと農地細分化

広大な湿原や泥炭地をジャガイモ農地に転換するには、既存集落における農民の同意が必要であった。この点で重要な役割をはたしたのは、西部小農地域に多く見られるランデール制である。ランデールとは、複数の農民による共同借地を意味し、アーサー・ヤングはスライゴー県について次のような例を挙げている。すなわち、耕作がおこなわれる農場はきわめて小さく、貧しい人々はそれらを共同出資（partnership）によって取得し、4～5人で100エーカーの犂耕地を5～6エーカーまで細分する。すべての耕作は、これら小土地保有者によっておこなわれる[36]。またメイヨー県では、耕作は主に村民たちによっておこなわれ、彼らは農地を共同で取得する。ときには200エーカーの農地に10～30家族がいる場合も見られるが、6家族より多い共同農地は運営がむずかしいという[37]。

1845年の「デヴォン委員会」[38]による調査によれば、西部のメイヨー県では土地は現在すべて個別借地権で保有されているが、1820年以前は共同で借地がおこなわれていた。農民による共同借地は「ランデール」と呼ばれ、5～15家族が、一つのまとまりある土地（タウンランド townland）を取得した。そのうち耕地は第1級、放牧地は第2級、荒蕪地は第3級に分類され、それらに何かが付属していれば、そのいずれについても、支払う地代に応じた持分が与えられる。一人がもつ保有地は、20カ所にも分散するという[39]。ロスコモンでは普通の耕作経営の大きさは6～8エーカーで、家族が暮らしていくために最低限必要な面積は7～8エーカーであるといわれる[40]。リートリム県では、農業

経営の土地面積は3～30エーカーとさまざまであるが、一般的に言えば、小経営の方が多く、農地の多くはランデールで保有されているという[41]。

　こうした事例に見られるように、多くの小農経営は共同で土地を取得し、これを地代の負担額に応じて分け合って、それぞれ数エーカーの耕地および共同放牧地を利用した。だが、こうした小農による土地の共同借地と地代の共同負担はどこでもおこなわれたわけではない。1845年の調査によれば、全国の農地面積の9.8％が「共同借地」（common or joint tenancy）からなっていた[42]。この数値をみるかぎり、アイルランド全体におけるランデールの意義はかなり限定されていたように見える。比較的豊かな「農耕地域」の東南部農村では、一部の例外を除いて、小農による共同借地はほとんど見られなかった。また農村麻紡織業が盛んな北部のアルスター地方の場合も共同借地はほとんど見られなかったが、西部小農地域に多くの点で類似するドニゴールやデリーなど大西洋沿岸地帯は小農の共同借地が多かった。したがって、小農による農地の共同借地はとくにアイルランド西部に見られた現象であった。

　西部農村のうち、小農の共同借地としてのランデール制がどの地域で多かったのかを示す詳細な地域別統計はないが、デヴォン委員会はランデールについても調査をおこない、「ランデールで保有されている土地は多いか」という質問に対する回答を各地の報告者に求めている。メイヨー県では、3人の報告者全員がほとんど異口同音に「非常に多い」と答えている。リートリム県からも「かなり多い」という回答があり、ドニゴール県では「ランデールまたは共同で保有される農地はあるか」という質問に対して、二人の報告者はともに「ある」と答えている。ゴールウェイ県では「ランデールまたは共同で保有される農地の状態はどうか」という質問に対して、報告者は「最悪の状態にあり、争いがつきない」と述べている[43]。これらの西部諸県はいずれも、ランデール制が小農の間でかなり普及していた地域とみてよい。とくにメイヨーはランデールで共同保有される土地が多く、1845年に58％の土地が共同で保有されていたといわれる[44]。

　ランデール制には共同土地保有者間の平等の原則が強く働いていたと、指摘

されている[45]。実際、1840年代のアイルランド農業事情にかんする報告でも、次のように述べられている[46]。ランデール制では、8～10人が30～40エーカーの農地を共同で取得する。耕圃ごとに各自が一つの持分を割り当てられ、全員が耕作、播種、収穫に従事する。各人に割り当てられた耕地区画は相互に並んで、小さな草地の地条によって隣人と区別される。しかし長い耕圃のなかで土壌の質は場所によって異なるので、持分の均等化をはかるために、最初の持分をもった者は、翌年には第2の持分を取り、最後の持分を耕作するまでこの過程が続く。ここで見られるのは、ロシアのミール共同体に似た土地の割替制である。

前述のデヴォン委員会のメイヨーにかんする報告では、保有者に対する土地の割り当て方式は、耕地と放牧地では異なり、耕地の割当面積は土壌の質に応じて決められ、共同放牧地については各人が放牧しうる雌牛の頭数が割り当てられた。ジョーダンによれば、メイヨーでは耕地は3年ごとにくじ引きによって割替えられ、クラハンの首長はクジ引きを任され、そのほか村内でなすべき仕事として、囲いづくり、新しい耕地の要求、農場に翌年置かれる各種の牛の頭数の割り当てなどの手配をおこなった。彼は村人の助言者であり、一定の事柄にかんするスポークスマン、村落にかかわる多くの問題に影響力をもつ代表者だったという[47]。ドニゴールでは、こうした代表者が地主に対して共同借地のただ一人の名目的借地農としてあらわれ、他の共同借地人は地主と直接の関係をもっていなかった。それは、共同借地人たちが地主に対して地代納入の連帯責任を負っていたからである。こうした連帯責任の基礎をなしたのは、ランデール制における親族関係であるといわれる。共同借地人たちが居住するクラハンには、通例同一姓を名乗る数家族しかいないか、多くても2～3の姓しかなかったという[48]。

だが、ドニゴール県のイースト・イニショウエン教区についてのオドネルの研究によれば、土地保有における平等の実現はそれほど簡単ではなかったようである。1855年同教区のクラスター Lenan における共同借地人は19人で、彼らは4つのサブグループに分かれていたが、4サブグループの間で保有地面積

に違いがあり、サブグループ内部の各土地保有者間にも保有地面積に最大2倍の違いが見られた。こうした不平等はほとんどのクラハンでみられ、「借地人たちのなかでの個人主義の増大」をあらわしていたという。この場合、小作人たちの土地面積が土壌の肥沃度の差をどの程度考慮して決められていたか、明確でないため、確定的なことはいえないにしても、ランデール制においてはかならずしも成員間の完全な平等は厳格には守られなかったようにおもわれる。アーサー・ヤングの紀行によれば、西南部のティッペラリー県では、多くの農地は共同で取得され、100エーカーを3〜5家族で保有し、彼らは自分たちの間で土地を分け、それぞれの資本の大きさに応じて土地を取得するといわれている[49]。この場合、共同借地人のそれぞれの土地の持ち分は、出資額によって決められるので、最初から土地保有の完全な平等は前提とはされていなかったとかんがえられる。

　最初の土地取得の際に借地人たちの間の平等がはかられていたとしても、時間の経過とともに、売買や相続による土地保有権の移転がおこなわれることによって、不平等の発生を回避することは困難とならざるをえなかった。この点にかんして、1845年のデヴォン委員会の報告は次のように指摘している。「農地を有する両親は、それを両親の死後家族に資産を残す手段とみなし、こどもたちが農業以外の仕事に就くようすすめることは稀であり、わずかばかりの農地以外に何も用意してやらず、家族に利益のあがる仕事を与える最小限度以下に保有地を分割するのである。それぞれの息子は結婚して、自分の割り当ての土地をうけとり、場合によっては、義理の息子が花嫁の婚資として農場の持分をうけとることもある。地主またはその代理人が借地人に分割しないように命じても無駄であり、新しい家を建てるのを禁止しても無駄である。こうした土地の又貸しや細分化によって、複数の人が実際の土地占有者であるにもかかわらず、一人の借地人だけが地主によって認められているようなケースは多い。この場合には地代の責任を負う土地は、勤勉な借地人が彼の怠惰な仲間による滞納を支払わざるをえないかもしれない」[50]。

　また、デヴォン委員会の報告では、次のようなドニゴール県の農地細分化の

事例も示されている。すなわち、205エーカーの農場が2世代前に一人の借地人によって取得されたが、その後2つの農場に分けられ、さらに2農場が29保有地に細分され、農地の区画は422ヵ所に分散した。その結果、各保有地の平均耕地面積は4エーカーとなり、14ヵ所に散在し、放牧地の一人あたり平均面積は3エーカーで、共同持ち分として保有された[51]。同じドニゴールの地主ヒルも次のように不満を訴えている。すなわち、「人々はまったく好むままに土地を細分化し、そのうえ地主やその代理人の許可なく売却し、多くの者は、地主にきちんと地代さえ払えば、自分の好きなように土地を処分できるのだと考え、誰かが彼らの土地の編成に干渉するのはむずかしいと考えるにいたったのである。保有地は家族の食料を十分に生産できないほど小さな地片に縮小され、あるいは18～20ヵ所に分散し、ある仕立て屋はその土地を42ヵ所にもち、それを絶望のうちに放棄した」。また、「ランデール制のもう一つの不利益は、個人が他の者より企業心に富み、泥炭地または山岳の一部を耕そうとすると、すべての人々が彼とともに新しい耕地の分割を要求し、多くの時間がその争いに費やされ、誰も隣人より得をすることがないということである。家々は密集しており、女たちはおしゃべりとけんかに時間をとられ、男たちは農場で仕事をしないという弊害がある。地主の世話がないと、これらの小さな農場は保有者の死後子どもたちの間で分割され、それぞれにたんなる小庭園しか残らない」[52]。

　メイヨー県でも、ランデール農地の細分化が問題とされた。ある農地管理人によれば、「一般的に言えば、村の土地はもともと1～4人に貸与されている。彼らは互いに合意して、一人は二分の一を、他の者たちは残りの二分の一を持分として分け合う。そして彼らは家族をもつと、分割と細分化をおこない、かつて20年前には2～3家族でもっていた農場を、今や10～20家族がもつことになる」[53]のであった。また、同じメイヨーの他の報告ではランデールの効果は「絶え間ない口論と争い」であるという。「それは判事に多くの厄介ごとをもたらし、弁護士にたくさんの仕事をもたらす。分割は小作農によっておこなわれ、土地が区切られると、彼らの間の分割をおこなうにあたってたくさんの困難がある。というのは、彼らはこちらで良い土地を得ると、あちらで悪い土地を得

る義務があり、所有権はいかなる特別の分割についても問題とされるからである」[54]。

こうしてみると、ランデール制は耕地の分配の公平性を確保するための土地割替の定期的実施という点ではロシアのミール共同体に似ているようにみえるが、「ドウシャー」という家族の成員数あるいは労働力数を基準として土地の分与と割替がおこなわれたミール共同体のような厳格な土地分配原理[55]は、ランデール制では確認できない。むしろ共同借地における各家族の持分は、土地取得の際の出資額あるいは地代負担額にしたがって決められることもあったようである。また各家族の土地持分の相続や移転は、家父長を中心とする家族内部の意志決定にゆだねられ、ミール共同体に見られるような村落による規制はあまり強く働かず、地主による規制もほとんどなかったといわれる。その意味で、ランデール制は、小規模定住団体としてのクラハンを単位とする土地分配組織として成立しつつも、その内部における平等原理はしだいに弛緩していく傾向にあったとみることが可能であろう。

ランデール制の問題として既存農地の細分化と分散がしばしば取りあげられたが、集落周辺の外畑の拡大、荒蕪地の開墾によって旧集落の分割、旧集落から新集落の派生にいたることも少なくなかったようである。アンダーソンによれば、1715年にはドニゴール県の一つのクラハンだったBallynakellyは1835年までに6つに分割され、家屋数は全体で4戸から20以上に増えた。また1715年に3戸の家屋からなるクラハンだったGlassboleyは1715〜1824年に5つのクラハンに分かれた[56]。こうしたいわばクラハン分裂こそ、アイルランド西部農村の農地開発と人口増加の原動力であったといえるかもしれない。

4 農村人口問題とジャガイモ生産の拡大

(1) 農村人口問題

18〜19世紀の西部農村を中心とする開墾と小農の急増は、ジャガイモ生産の

急速な発展と不可分の関係にあったといわれ、サラマンによれば、ヨーロッパで「アイルランドほどジャガイモが全民衆の日常生活と経済的外観の両者を支配した国はほかにない」[57]。コネルによれば、それは同時に農村過剰人口の形成をもたらし、ジャガイモに依存する貧しい農村人口の増加は大飢饉をひきおこす大きな要因をなした[58]。彼がとくに注目したのは、18世紀末から大飢饉までの時期におけるあまりにも急激な人口増加であった。彼の計算では、1781〜1841年にアイルランドの人口は405万人から818万人へと倍増した。この人口成長の最大の原因は、食料供給の増加、とくにジャガイモ生産の増加による若者の早婚にあった。ジャガイモは穀物に比べて2倍の人口を維持することができたため、零細な農業経営でも生計を立てることが可能であり、とくに1780年代から顕著となったジャガイモの普及とともに、農地細分化が進行し、若者の結婚と世帯形成の機会が増加し、彼らの早婚は不可避的に高い出生率と人口増加をもたらした。

　コネルは農地開発と人口成長の行き過ぎが大飢饉と海外移民をもたらしたことを示唆したが、彼の議論は今日まで多くの批判にさらされてきたといってよい。コネル批判の急先鋒をなしたのは、アメリカの数量経済史家モキアである。モキアは、アイルランドにおける大飢饉の原因といわれた過剰人口説を批判するために、貧困と人口増加の因果関係を統計学的手法によって検証しようと試みた。マルサスの人口論が正しいとすれば、大飢饉前の時期に人口増加によって農村人口一人あたりの農地面積が減少しただけでなく、人口圧力の高まりによって一人あたりの所得も減少したはずであるが、実際にはそうした人口圧力と一人あたり所得との関係は統計学的には検証されなかった。またアイルランドの1821〜41年の人口成長率と所得、宗教、ジャガイモ生産、家内工業、住宅などの諸要因との間の相関関係を統計学的に分析しても、大飢饉前の人口成長を促進した積極的要因を見いだすことはできなかった。モキアの分析結果によれば、「人口変動を経済的変数の関数として設定するマルサス・モデル自体は全体として不適切であり、この意味で彼のモデルは否定される」[59]。つまり、大飢饉前のアイルランドの人口増加と経済的貧困の関係は検証不可能である。

それのみならず、大飢饉前のアイルランドの高い出生率が若者の早婚に起因するとしたコネルの主張も統計学的に否定され、アイルランドの大飢饉の原因を早婚と過剰人口に求めることは誤りとみなさなければならない。

モキアの見解は、大飢饉の歴史研究者として知られるオグラーダによって強い支持をうけた。彼によれば、1840年代までアイルランドの出生率はヨーロッパの他の諸国より高かったことはたしかだが、1830年代から人口増加の速度は鈍化していた。この時期、女性の結婚年齢が若干上昇し、出生率が低下しただけでなく、海外移民も増加して、人口調整がおこなわれたためである。貧困の問題についても、大飢饉以前のアイルランドの貧困はこれまで非常に宿命的なものとして描かれてきたが、実際にはアイルランドの食糧事情は悪くなかったし、暖房も良く、人々は健康で幸福な生活をおくっていた[60]。にもかかわらず、大飢饉を経験しなければならなかったのは、当時のイギリスにおける自由主義経済思想にもとづく行政当局の飢饉対策の不十分さに大きな責任があり、1845～50年のジャガイモの収穫の不足は全体で5,000万トンで、金額にして5,000万ポンドにのぼったのに対して、1846～52年国庫からの飢饉対策への支出はわずかに1,000万ポンドにすぎなかった[61]。イギリス政府の「自由放任」経済政策、不十分な救貧対策に大飢饉の主因を求める見解は、ウッダム＝スミスやキニーリー[62]の著書でも一層強く前面に押し出されている[63]。

こうして、モキアによる批判以来、コネルの過剰人口説は劣勢に立たされているように見えるが、モキアの統計学的検証に使用された統計史料と分析手法には、疑問をさしはさむ余地が小さくない。彼は1821～41年の人口成長率とカトリック住民の一人あたり所得、一人あたりジャガイモ面積、農地面積におけるジャガイモ面積の割合との相関関係を否定しているが、大飢饉前の所得やジャガイモ作付面積の計算にいかなる統計史料を用いたのか、かならずしも明らかとはいえず、史料的根拠に問題がある。また、彼は1821年より前の顕著な人口成長については分析していないし、1821年以後の分析はアイルランド内部の地域差を無視して、アイルランド全体を一まとめにとらえており、分析の緻密さにも疑問が残されている。

表6-3 アイルランドのジャガイモ作付面積

年	面積（万エーカー）
1844	238
1845	252
1846	200
1847	28
1848	81
1849	72
1855	98
1859	120
1872	99
1879	84
1897	68
1951	47

出典：Bourke [1959-60].

(2) ジャガイモ作付面積

18世紀から19世紀前半の人口増加とジャガイモ生産との関連を把握するためには、ジャガイモ作付面積と生産の実情を知らなければならない。だが、ジャガイモ作付面積の増加にかんする正確な統計はなく、ボークによって推計された表6-3がわれわれに唯一利用可能な情報源である。そこには1845年以降の推計値が示されているが、この推計が正しければ、ジャガイモ面積は1845年に発生した疫病によって激減し、以後回復傾向を示したものの、大飢饉以前の水準に戻ることはなかったといえる。

ジャガイモが耕地面積全体に占めた割合は、表6-4に示されている。これによれば、ジャガイモはオート麦に次いで大きな面積を占めていた。これと表6-5のドイツとを比べてわかるように、アイルランドは、1847年の疫病による激減期を除いて、ジャガイモ面積の割合が大きい。また19世紀末の統計ではあるが、表6-6に見られるように、イングランドやスコットランドと比べても、アイルランドのジャガイモ面積比率は際だって高いことが確認される。

こうした統計から、アイルランドがジャガイモの国であったことは疑いの余地はないだろう。とくに大飢饉直前には耕地面積の半分近くがジャガイモで占められ、ジャガイモとオート麦はアイルランドの二大作物をなしていた。ただし、当然ながらジャガイモ生産には地域差があり、図6-7に見られるように、1845年にジャガイモ面積比率がとくに高かったのは東北部の一部、西部および南部の農村地帯である。1859年にはいずれの地域もジャガイモ面積が激減し、とくに南部の減少が最大で、これに対して北部の減少率は相対的に小さかった。減少度が最大だった南部の牧畜地域では、かつての3分の1から4分の1にまで激減し、次いで西部小農地域もほぼ2分の1まで半減したのに対して、東北

表6-4 アイルランドの農作物面積比
(単位:%)

	1845年	1847年	1849年
オート麦	44.0	61.8	54.0
小麦	12.3	20.9	18.0
大麦	5.3	9.3	9.2
ジャガイモ	38.5	8.0	18.8

出典:O'Grada [1933].

表6-5 ドイツの農作物面積比
(単位:%)

	1800年	1850/55年	1883年	1913年
穀物	81.5	66.3	59.5	62.3
ジャガイモ	2.0	10.6	12.2	14.0
飼料作物	10.4	16.0	21.6	16.2
その他	6.1	7.1	6.8	7.5

出典:Rauh [2008].

表6-6 1888年のイギリスとアイルランドの農作物面積比
(単位:%)

	小麦	オート麦	大麦等	ジャガイモ	カブ	クローバー等
イングランド	21.1	15.8	20.9	3.7	12.4	26.1
スコットランド	1.9	27.8	7.0	4.4	13.2	45.8
アイルランド	2.3	33.1	5.2	20.8	7.5	31.1
全体	13.7	21.5	15.1	7.3	11.6	30.8

出典:Mulhall [1892].

部麻紡織業地域は相対的に減少度が小さかった。つまり、ジャガイモ疫病の影響が大きかったのは、とくに南部の牧畜業地域と西部小農地域であった。ここでは、とくに変動が激しかった南部と西部とに焦点をあてて、これら両地域のジャガイモ生産に依存していた零細農、農村労働者層について検討してみよう。

5 ジャガイモに依存する零細農と農村労働者

　1845年のデヴォン委員会の調査によれば、5人家族の農民が農業だけで生活するのに必要な農地面積の最低限度は、6.5〜10.5エーカーであり、「良く改良され経営されている場合の平均最低面積」は8エーカー（3.2ヘクタール）であった。この最低平均面積8エーカー未満の土地保有者はアイルランド全体で326,084人で、土地保有者総数935,448人の34.9％を占めていた[64]。農民が経済的自立に必要とする農地面積は地域や経営者によって異なることはいうまでもないが、ひとまずデヴォン委員会の基準にしたがって、8エーカー未満の

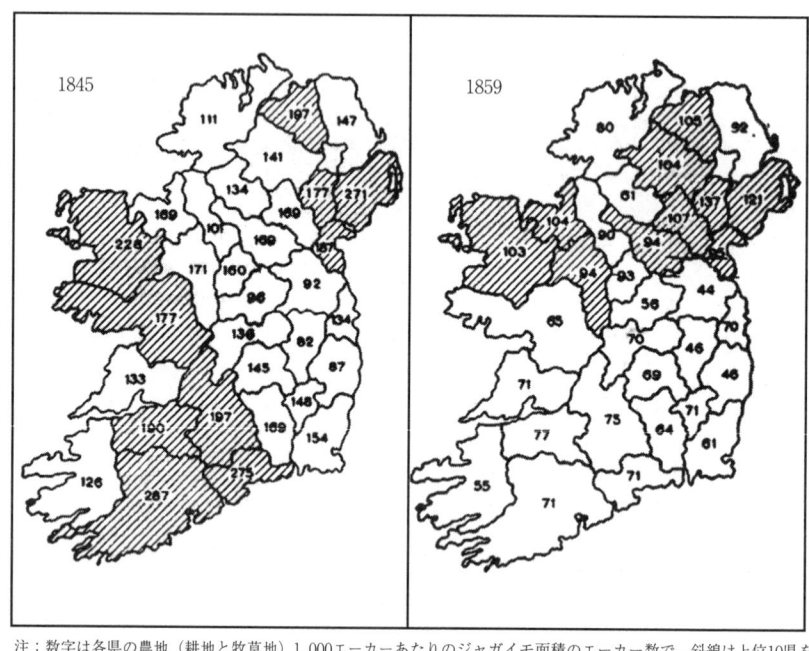

図6-7　1845-59年の農地1,000エーカーあたりの県別ジャガイモ面積比

注：数字は各県の農地（耕地と牧草地）1,000エーカーあたりのジャガイモ面積のエーカー数で、斜線は上位10県を示す。
出典：Bourke [1959-60] p.15.

34.9％の土地保有者を、農業経営だけでは生活できない零細農とみなしてもよいだろう。農村労働者の多くは小規模の土地をもっていたので、8エーカー未満の零細農の階層は農村労働者層と重なりあっていたとかんがえられる。

デヴォン委員会の調査報告では、アイルランドには次のような3種類の農村労働者が挙げられている。「労働者は3階層に区分できる。すなわち、雇用主と一緒に住む未婚の農場奉公人、自分の小屋以外に小区画の土地を固定地代で保有し、一般に労働で地代を支払うコティアー（cottier）あるいはコッター（cottar）、そして小屋と庭畑としておそらく数パーチの土地しかもたず、その生計を主にコネーカーの土地で収穫されるジャガイモに依存する人々である」[65]。

これら３種類の労働者の人数にかんする包括的統計はなく、一部の地域についてのみその人数が知られている。オニールによれば、東北部のキャヴァン県のキラシャンドラ教区は農村麻織物業が盛んな地域であったが、ここでは1841年の世帯主の職業調査で農業経営者757人、農業労働者623人に対して、１エーカー以上の農業経営に雇用される農業奉公人は92人と少数にすぎなかった[66]。これに対して第二のタイプの農業労働者としてのコティアーは、奉公人よりははるかに多く、この教区のプラット地域の４ヵ村の土地保有家族145のうち112はコティアー家族であった。これに対して、第三の「コネーカーに依存する人々」はこの教区ではその存在が確認されていない。

(1) 奉公人

　デヴォン委員会による農業労働者調査でも、奉公人にかんする情報は少ない。奉公人の概況にかんする報告では「農場奉公人は最も恵まれているようにみえる。彼らは食物を支給され、賃金はわずかながらも衣服を得るには十分であり、その稼ぎの一部を蓄えられる場合もある」[67]といわれている。東北部のモナハン県では「労働階級は、雇用主と同居しているほとんど常に未婚の農場労働者とコティアーとに分けられる。前者は階層としては非常に裕福であり、健全な食料を十分に、通常その雇用主の家族とともに食事をする。彼らの賃金も少額とはいえ、衣服費などを支払うのに十分である。しかしコティアーの状態はきわめて悲惨である」[68]といわれる。また南部のリムリック県では「彼らは四半季ごとに10シリングから20シリングで働き、家族とともに食事をする。彼らは一般に良い働き手であるが、ある程度互いに団結し、農場主はしばしば彼らのことをひどく恐れている。彼らはかなり自分の責任で投機をおこない、耕作のためのコネーカーを取得したり、収穫期にジャガイモが非常に安いと、土地を農民に放出し、高いとジャガイモを分割払いで売ろうとするし、その融資に対する大きな対価を得るのである。彼らはしばしば羊をもち、ときには雌牛や馬をもつこともあり、遠くの草地に放牧する。こうして農業奉公人の多くは小農より恵まれており、みずからすすんで土地に高い値段をつけることができる。

この階層は1クウォーターのジャガイモしかもたなくても、小屋あるいは数頭の羊や一頭のめ牛しかもたない女性奉公人と結婚することはよくあることだ」[69]といわれる。奉公人の生活が比較的恵まれていたのは、彼らが常雇いの労働者として安定した雇用を保障されていたためであろう。だが、アイルランドには農業奉公人を雇う農業経営は東南部穀作地帯を除いて一般には少なく、奉公人の数も全体としてあまり多くなかったといってよい[70]。

 (2) コティアー

　1845年の調査ではコティアーあるいはコッターにかんする報告は豊富である。アイルランド西北部のドニゴール県では、彼らは大農から小屋と土地を借り、「一般には任意借地権（tenancy at will）で土地をもつ。その地代は現金と労働で支払われる。多くの場合、年間2～3ポンドで、小屋、ジャガイモ畑およびときには雌牛の牧草のみかえりに週1～2日働く」[71]。またロンドンデリーでは、「労働者は一般にその小屋を農業経営者のもとで保有し、農業経営者はそれを建てはするが、修理ろくにしない。それはあまり耐水性をもっていない。通常の地代は週ぎめで、1週間に1日だけ働いて支払う。彼らは家と小菜園以上のものをもつことはまれである」[72]。

　コティアーは、かならずしもアイルランド固有の農村労働者の存在形態ではない。スコットランドにも、コティアーが多数存在したことが知られている[73]。アーサー・ヤングもアイルランドとスコットランドのコティアーの類似性を指摘しており、コティアー制は「かつては全ヨーロッパで同じだったかもしれない」[74]と述べている。ほかに西北ドイツの農村でも、コティアーと同じ性格をもつ「ホイアーリング」（Heuerling）と呼ばれる階層の農村民が多数いたことで知られている。これらの諸地域でコティアーあるいはホイアーリングが農業労働者の支配的形態をなした理由については、残念ながらこれまで比較史研究もなく、今後の研究課題として残されているといってよいが、そのうち最も研究が進んでいるのは、西北ドイツのホイアーリングであろう。西はオストフリースラントからオルデンブルク、オスナブリュック、ミンデン・ラーヴェン

スベルクを経て東はシュレスヴィヒ・ホルシュタインにいたるゲースト（高燥地）地域、すなわち耕地制度として内畑・外畑制が優位を占める内陸農村では、土地を保有しえない住民の多くは土地保有農民から小屋と若干の土地を借りて、その代償に労働義務を負っていた。農民のなかで長子あるいは末子の優先相続権が支配的だった西北ドイツ農村では、優先相続から排除された子どもは農業奉公人、日雇いなどとして働いた後、比較的富裕な農民のもとでホイアーリングとなることによって若干の土地と雌牛の放牧の可能性を得て、結婚して自分の家族をつくった[75]。この地域にホイアーリングが多かったのは、農村労働者にとって、既存の農民から住居とわずかな土地を借りる以外に、結婚して家族をもつチャンスはなかったからである。

　これと同じような事情は、アイルランドにも見られたとおもわれる。その場合、アイルランドのコティアーは東南部の比較的豊かな穀作地帯や中西部や南部の牧畜地帯のような大経営が多い地域で、農村労働者の主要形態をなしたとみられる。西部小農地帯の農村にもコティアーがいたことはたしかであり、たとえばメイヨー県では、「コティアー労働者の階級は多い」[76]といわれ、ドニゴール県でも「労働諸階級は一般に大農のコティアーである」[77]といわれており、少なからぬコティアーの存在が確認される。だが、ドニゴールで言われているように、コティアーを雇用していたのは主に大農にかぎられ、零細な小農にはコティアーに住宅と土地を貸すほどの余裕は乏しかった。表6-7で見られるように、土地保有者のなかで20エーカーを超える大農の割合が大きいのは東部のレンスター州と南部のマンスター州である。また1エーカー以下の最下層の土地保有者の割合が大きいのも、これら両州である。これに対して、農村工業が盛んなアルスター州、ランデール制による土地取得機会があったコナハト州では5〜20エーカーの零細農と小農層の割合が大きい。ここから、とくに東部と南部の両州における富裕な大農とコティアーとの間の雇用関係を指摘することは不可能ではあるまい。これら両州では、農地の大部分は比較的富裕な階層によって占められており、未墾地としての泥炭地も比較的少なく、農村労働者にとって土地を取得する機会はきわめて限られ、大農のもとにコティアー

表6-7　1845年の土地保有者数の規模別比率

(単位:%)

州	1エーカー以下	1～5エーカー	5～10エーカー	10～20エーカー	20エーカー超
アルスター（北部）	12.6	18.6	24.0	30.4	14.4
レンスター（東部）	22.5	21.5	14.8	15.9	25.3
マンスター（南部）	16.2	16.5	13.9	17.4	36.0
コナハト（西部）	9.2	23.1	28.3	20.8	18.6
全体	14.8	19.7	20.5	20.2	24.8

出典：Mokyr [1983] p. 18.

として住宅と土地を借りるほかに可能性はあまりなかったといってよい。

　実際これら両州ではコティアーにかんする情報も多く、アーサー・ヤングの紀行によれば、東部ダブリン近郊のファーニスでは200エーカーの農場に雇用されるコティアーは3人と見積もられており、「どの農場主も犂の数だけコッターを雇い、彼らには30シリングの価値の小屋と1エーカーのジャガイモ畑、年間30シリング以上の雌牛1頭を飼うための牧草を給付する」[78]といわれ、南部のティッペラリーでは、「普通の労働様式はコッターの労働である。彼らは30シリングの小屋と1エーカーの土地、30シリング以上の雌牛用の草をうけとる」[79]等々といわれている。これらの地域では、土地保有の機会を制限された農村住民は、大農のコティアーとして働く道を選ばざるをえなかった[80]。

　これに対して、西部農村の小農地帯ではコティアーを雇えるほど余裕のある大農が少なかっただけではない。未墾の泥炭地は豊富に存在していたし、ランデール制に支えられた親族ネットワークと土地の共同保有によって、小農家族の子どもたちに土地取得の機会がかなり平等に与えられたため、奉公人やコティアーになる者は比較的少なかったとおもわれる。ただし、ドニゴールやメイヨーの農業労働者にかんする報告に見られるように、ランデール制農村地帯にもコティアーがある程度存在していたことは否定できない。それは、農村住民の土地需要を充足するランデール制の役割にも限界があり、コティアーとして農民から土地を借りなければならない者が少なからず存在したことを意味するだろう。

(3) コネーカー労働者

　コネーカーとは、一般に1年未満（一般には11ヵ月）あるいは1シーズン限りの短期間の借地を意味した。デヴォン委員会の農地調査の定義によれば、それは「小区画の土地の用益が一つあるいは複数の作物のために譲渡されるが、地主と借地農の関係が貸し手と借り手の間に成立せず、賃貸というよりむしろ土地占有のライセンスのことである」[81]。

　デヴォン委員会によれば、コネーカーがきわめて盛んな地域では、貸し手は土地に施肥し、ジャガイモの作付けに必要な準備の労働すべてをおこなうのに対して、借り手は種子を入手し、それを植え付け、その後の労働すべてをおこなった。コネーカーの価格は県によって非常に異なり、土地の肥料が良いところでは、あるいは肥沃な一時的牧草地（ley）では普通1アイリッシュ・エーカーあたり10ポンドから12～14ポンドになった。他方、やせた土地では価格は6ポンド以下にまで低下した。一部の地域では、施肥されない土地が無償でジャガイモ用地とし供与されることがあるといわれた。この場合は、借り手が施肥することを考慮に入れて、貸し手の農場主に翌年ももたらされる作物の収穫の増加が地代に換算された。コネーカーの地代は現金で支払われることもあれば、しばしば労働でも支払われ、ときには一部が現金、一部が労働で支払われることもあった。かつては滞納のときコネーカーの貸し手は作物を押収する慣わしがあり、地代のかわりに作物の差し押さえをおこなった。だが、デヴォン委員会の見解では、コネーカーの価格は本来の地代とはみなされないので、この行為は不当と考えられた[82]。

　こうしたコネーカーがジャガイモ農地に占める割合を、県別に示したのが図6-8である。これに見られるように、コネーカーの割合が高いのは中部の肉牛肥育地域と南部の酪農地域である。このうち、中部の肉牛肥育地域はジャガイモ農地面積があまり大きくなく、全国のジャガイモ作付用コネーカー農地の過半は南部牧畜地域に集中していた。南部牧畜地域における農村の事情は、上述の西部農村とはなり異なっており、ここでは南部牧畜地域に焦点をあてて、

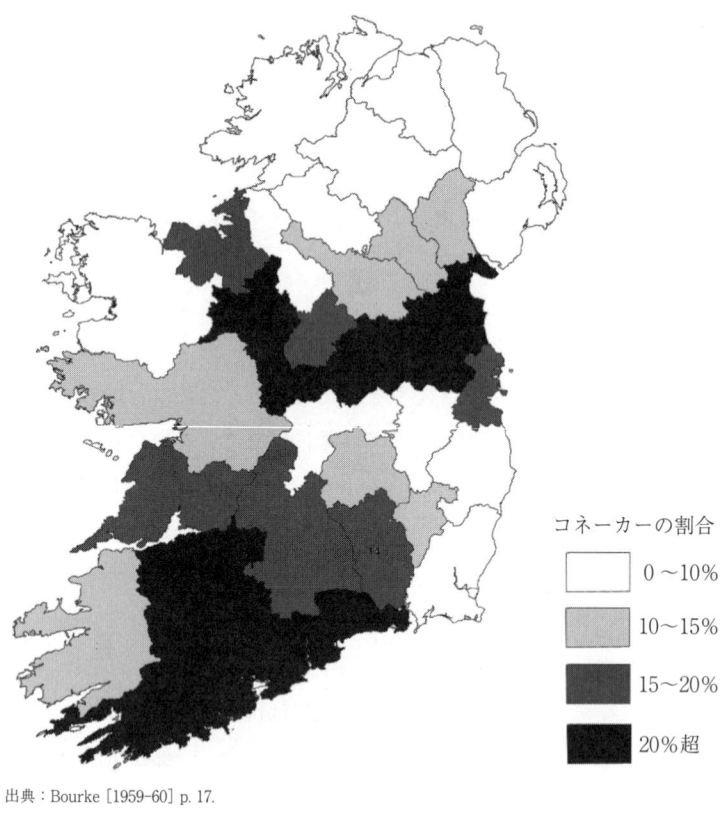

図6-8　1845年のジャガイモ作付地におけるコネーカーの県別割合

コネーカーの割合
- 0〜10%
- 10〜15%
- 15〜20%
- 20%超

出典：Bourke [1959-60] p. 17.

コネーカーの問題を検討しよう。

　デヴォン委員会は南部牧畜地域のコネーカーの実情について、各県ごとに調査をおこなった。ここでは、その調査の一部を紹介しよう。まずアイルランドでコネーカー面積が最も多い酪農県のコークでは、牧場の雇用労働とコネーカー制度が結びついていた。牧場などで雇用される労働者は賃金として現金ではなく、ジャガイモ畑をうけとることが多く、労働者自身も現金よりジャガイモ畑による支払いを望むといわれている[83]。

　またリムリックのコネーカー制度では、自分自身の土地をもたない農村労働

者は牧場主からやせた土地を無償で借りて、自分でこの土地に施肥して、ジャガイモを一回だけ収穫することが許された。非常にやせた土地では労働者は彼の肥料の代償として2回のジャガイモ収穫を許された。土地の質に応じて、労働者は肥料に加えて、4分の1アイリッシュ・エーカーあたり0.2～1ポンドの金額を地代として支払うことがあるという。ジャガイモ用地が無償で提供されたのは、それが労働者による施肥なしにはとうてい農地として利用することが不可能なほどやせた土地だったためである。リムリックでは、労働者は海岸の海藻やシャノン川のカワゴケを拾い集めて肥料として利用することができた[84]。

ティッペラリーの農場管理人の報告によれば、上述のリムリックの例とは異なり、コネーカーは農場主によって施肥された古い草地で、耕作によってジャガイモが2～3回収穫可能であった。しかし、キャッシェル近傍の消耗した農村では、耕地の刈り跡畑にコネーカーが設定されて、しばしば争いが起きた。そうした地域には、コネーカーだけを目的とする用地をもつ農民層がいた。10～30エーカーをもつ農民はたんにその土地に施肥させるために、労働者に小屋を建てさせ、1年に6～20シリングの家賃を課すという[85]。また別の農場管理人によれば、当県にはコネーカーは非常に多く、4分の1あるいは2分の1エーカーの小区画が1エーカーあたり1～14ポンドで貸与された。コネーカーに頼って生活する貧しい人々の数が非常に多いため、コネーカーとして提供された土地には20～30人もの応募者が殺到した[86]。また、同県の農場管理人の報告では、コネーカーなしには生活できない労働者が、数えきれないほど多かった。そのため、「ジャガイモ商売人」と呼ばれる人々が現れた。ある土地保有者は20エーカーの土地を1エーカーあたり10ポンドで貸して、200ポンドを稼いだが、これらの「ジャガイモ商売人」なら、彼に200ポンドを提供し、彼の土地を1エーカーあたり14ポンドで再貸し付けするだろうという[87]。

デヴォン委員会の報告は、こうしたコネーカー制度を「投機」ときびしく批判している。それによれば、「コネーカーの弊害はそれにともなうリスクであるようにおもわれる。コネーカー労働者は重い責任をひきうける恵まれない投

機家である。作柄が良ければ、彼はかなりの利益を得られるが、不作だと彼は滅亡する。彼は負ければ払えない金のために賭け事をする博徒の立場にある。しかも彼はジャガイモ収穫の不安定さのためにしばしば負けるのである」。コネーカーに依存する労働者は農村でも最下級に属し、「みじめな小屋しかもたず、あるいは小屋といわゆる庭畑しかもたず、最低賃金の雇用しか得られず、生計をコネーカーの投機の成功に依存し、アイルランドの多くのみじめな諸階級のなかでも最もみじめであるようにみえる」[88]。

コネーカー制は「投機」と非難されているように、そこから得られるジャガイモの収穫は不安定であった。その一方で、東北部のモナハン県からは、「コネーカーは、不安定な生活様式であるかぎり、制度として決して望ましいわけではないが、アイルランドのほとんどの地域で払われている通常のコネーカー料金は決してその価値を上まわっているわけではないことを証明できるとおもわれる。またコティアーが農場を買おうとするとき、彼の購入資金はコネーカーを採用して、それを利用することによってつくられるということを私は常に見てきた」[89] といわれている。

にもかかわらず、コネーカーに依存する労働者が多かったのは、次のような事情によるものとおもわれる。リムリック県からの報告では、「結婚して父親とはもはや世帯をともにしていない小農の息子、農業経営者の義理の息子、小屋を建てることを許されて小農に多額の家賃を支払うよそ者、これらはジャガイモの植え付け、泥炭採掘、収穫のときだけ雇用にありつき、残りの時期はほぼ失業しているので、きわめて不安定な存在であり、彼らは農繁期に農業経営者と契約を結ぶか、非常に低い賃金で日雇い仕事をする。春や収穫の繁忙期にそうしたひとびとは1日に1シリング6ペンスと食事を得て、他の時期には1日6ペンスでも喜んで働くだろう。これらのひとびとは一般にコネーカーを最もほしがっており、実際にそれは彼らにとって最後のよりどころである。というのは、それを確保できさえすれば、何が起ころうとも、少なくとも年間の大部分食料の不安がないからである」[90]。

またキルケニー県では、「当地のコネーカーは他の地域とは異なり、非常に

第6章 「大飢饉」前のアイルランド西部農村　213

表6-8　南部牧畜地域のジャガイモおよびコネーカー面積の減少

(単位：エーカー)

地区	ジャガイモ面積			コネーカー面積		
	1845年	1846年	減少率	1845年	1846年	減少率
コーク	394,036	321,261	18%	87,684	64,956	26%
リムリック	108,197	85,612	21%	22,618	13,336	41%
ティッペラリー	165,021	112,577	32%	27,467	15,507	44%
ウォーターフォード	89,366	73,196	18%	19,544	14,068	28%
4地区合計	756,620	592,646	22%	157,313	107,867	31%
アイルランド全体	2,515,817	1,999,068	21%	348,843	214,395	39%

出典：Bourke [1959-60] pp. 8-9.

　古い一時的草地を耕耘した土地か、あるいは非常に高度に施肥された土地のどちらかであり、酪農地を取得し、ジャガイモを売ることによって生まれた小農は多い」といわれており、労働者・コティアーがコネーカーのジャガイモを売って土地購入資金を貯め、小農に上昇することも不可能ではなかったようである。そのため、1エーカーのジャガイモ畑を得られれば暮らせるという考えが男女にあって、男が4分の1エーカーをもっていれば、女は結婚を拒まないため、コネーカーは早婚を促進するという意見も聞かれたという[91]。

　こうしたコネーカーは1845年以降のジャガイモ疫病によって大打撃をうけざるをえなかった。図6-8や表6-8に見られるように、1845年にアイルランド全体で35万エーカーだったコネーカー面積は、翌年には21万エーカーへと40%近くも激減した。南部牧畜地域のコーク、ウォーターフォード、ティッペラリー、リムリックの4県だけで全国のコネーカー面積の45%を占めていたが、1845年から46年の1年間にその面積は31%減少し、その減少率はジャガイモ面積の減少率22%をかなり上まわった。

　ただし、これら4県のコネーカーはジャガイモ面積全体の2割程度だったので、ジャガイモ作付面積の減少はコネーカーの減少だけによるのではなく、それ以外の要因が作用したことも確かである。当時、この地域ではダブリン市場に向けてジャガイモの生産と販売がおこなわれ、とくにコーク市が船によるジャガイモ輸送の中心的役割を担ったといわれており[92]、コネーカー労働者だけ

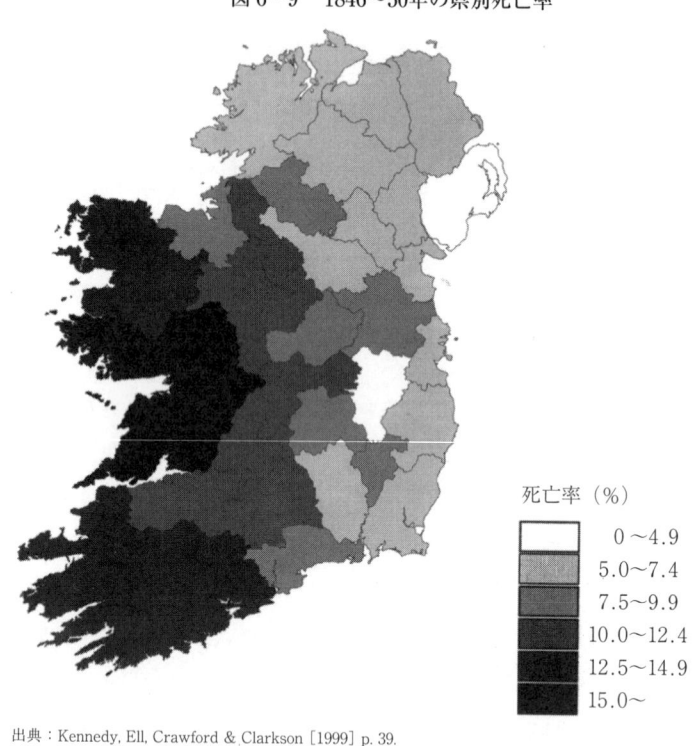

図 6-9　1846〜50年の県別死亡率

死亡率（％）
0〜4.9
5.0〜7.4
7.5〜9.9
10.0〜12.4
12.5〜14.9
15.0〜

出典：Kennedy, Ell, Crawford & Clarkson [1999] p. 39.

でなく、一般の農民や農場主もジャガイモ生産にたずさわっていたと見られる。彼らもジャガイモ疫病の大きな影響をうけざるをえなかったが、最も深刻な打撃をうけたのは、もっぱらコネーカーに依存して生計を立てていた労働者であったことはいうまでもあるまい。

　こうして、農村労働者のうち奉公人とコティアーの多くは主に東南部穀作地域と南部牧畜地域に多い大農のもとに雇用され、比較的安定した地位にあったが、これに対してコネーカーに依存する労働者は南部牧畜地域に最も多く、ジャガイモ凶作の影響を最もうけやすい不安定な存在であった。ランデール制による土地取得機会があった西部小農地域にはそうした農村労働者は相対的に少なかったが、ランデール農民のなかにはジャガイモ生産に依存する小農が多か

ったため、彼らもジャガイモの豊凶に大きな影響をうけざるをえなかった。他方、東北部農村工業地域の小農らはジャガイモよりも麻紡織業の市況に敏感であった。したがって、小農と農村労働者のうち、とくに南部牧畜地域のコネーカー労働者と西部小農地域のランデール農民が大飢饉によって最も深刻な打撃をこうむったとみられる。図6-9に見られるように、大飢饉の時期における死亡率が西部と南部でとくに高かった要因の一つとして、そうした事情も挙げられるだろう。

おわりに

　アイルランド農村の定住様式は一様ではなく、他のヨーロッパ諸国と同様に、いくつかの異なった地域に区分しうる。フィーランによれば、アイルランドの農村定住形態は、1）中西部および西南部の「牧畜地域」、2）東南部の穀作「農耕地域」、3）北部「プロト工業地域」、4）西部「小農地域」に分類される。そのなかで、シーボームやグレイ以来注目されてきた「ケルト・システム」が最も顕著にあらわれるのは西部農村であり、そこには小集落としてのクラハンにおいて土地利用システムとしては内畑・外畑制、土地保有システムとしてはランデール制が小農たちの間で広範囲に普及していた。こうした土地制度はスコットランドやウェールズにも共通して見られるので、これを「ケルト・システム」と呼ぶのはまったく根拠がないわけではない。しかし、内畑・外畑制は西北ドイツはじめヨーロッパ各地の非ケルト人定住地域にも見いだされる。またランデールはフランスのケルト人地域のブルターニュには欠如しており、ランデールに似た土地割替制はドイツのトリーア周辺の非ケルト人地域にも「ゲヘーファーシャフト」の名で近代まで存在する。したがって、内畑・外畑制とランデールからなる土地制度を一括して民族的性格をもつ「ケルト・システム」と呼ぶのは正しくないといわなければならない。

　他方、わが国の大塚久雄や松尾太郎はマルクスにしたがって、土地割替制をともなうケルト人の土地所有システムを「アジア的共同体」とみなしているが、

土地割替制はかならずしもアイルランドのケルト人居住地帯全域に見いだされる土地制度ではなく、農業立地に恵まれない西部小農地域に限られていた。しかも、西部の小農たちがつくる小集落としてのクラハンは、国家や領主権力のいわゆる「アジア的専制」のもとに編成された「血族共同体」というよりも、むしろ泥炭地の多い西部農村において小農家族の農地開発の過程で形成された定住形態の性格が強く、その多くは教会も学校もない散村であった。土地保有における親族関係と土地割替制のみに注目して、クラハンのなかに共同体の「アジア的形態」を見いだすのは、いささか強引な解釈というべきだろう。ランデール制との関連でとくに参照されるべきは、ドイツのモーゼル川流域の「ゲヘーファーシャフト」にかんするランプレヒトの学説であろう。彼は「ゲヘーファーシャフト」を開墾によって新たにつくられた外畑における土地割替団体であると主張したが、「ゲヘーファーシャフト」と「クラハン」とは多くの点で共通性を示しており、両者の比較史的考察は今後の研究課題として残される。

1) 松尾 [1973][1978][1998]。松尾は大塚にしたがって、アイルランドの共同体をマルクスの『資本主義的生産に先行する諸形態』における三形態、すなわち「アジア的」、「古典古代的」、「ゲルマン的」の諸形態のうちの最も原始的な「アジア的共同体」とみなしている。彼によれば、「アジア的共同体」の社会的規範は家族主義的恭順と温情の体系として立ち現れ、個人の所有は共同態規制によってきわめて強く制約された薄弱な権利にとどまる。共同体の内部では血縁関係にもとづく冠婚葬祭や農業における相互扶助的労働、共同労働がおこなわれた。それは「血族共同体」として、「ヨーロッパにおけるアジア」ともいうべき特質をもつ。耕地と牧草地の割替をともなうランデール制では、ゲルマン的共同体に見られるような土地保有の形式的平等性は確立しておらず、18～19世紀をとおして一般的だった均分相続と考えあわせると、アイルランド血族共同体には実質的平等原理が温存されたと考えられる。
2) Evans [1939][1977].
3) Johnson [1961].
4) Mac Aodha [1965] p. 23.
5) McCourt [1971].

6) McCourt [1971] p. 153.
7) McCourt [1971] p. 137.
8) Young [1780] vol. I.
9) Munhall [1892].
10) Young [1780] vol. II, pp. 101-104.
11) Whelan [2000] p. 198.
12) Whelan [1997] p. 80.
13) Cabot [1999] p. 122.
14) Young [1780] vol. II, pp. 171-172.
15) Cabot [1999] p. 126. Feehan [1997] p. 108.
16) Hugenberg [1891] S. 358ff.
17) Hugenberg [1891] S. 69ff.
18) Gudermann [2000], Blackbourn [2006].
19) 藤田 [1999]。
20) Feehan [1997] p. 111. Bord Na Mona [1998].
21) Aalen and Whelan [1997] p. 142.
22) 以下、地方行政区の province を「州」、county を「県」、parish を「教区」と表示する。
23) Thompson [1802] pp. 256-262.
24) Thompson [1802] p. 81.
25) Thompson [1802] p. 158.
26) Mccourt [1954], Anderson もほぼ同じ立場に立ちつつも、一群の家屋のまわりにある内畑では周期的割り換えがおこなわれ、典型的には春から9月までオート麦と大麦が継続的に作付けされ、協同で耕作と収穫がおこなわれるが、集落から遠く離れた外畑は、booleying と呼ばれる移牧 (transhumance) が5〜11月におこなわれる夏季放牧地であると述べている (Anderson [1995] p. 448)。だが、夏季放牧地を外畑と同一視するのは適切ではあるまい。というのは、内畑・外畑制は基本的に継続的耕作地としての内畑と一時的耕作地としての外畑とによって成り立つ重層的耕地利用システムであり、純然たる放牧地は外畑には属さないからである。ヨーロッパの農村の大部分、とくに三圃制農村は共同放牧地をもつことが多かったが、三圃制を本来の内畑・外畑制の一類型とみなすことはできない。
27) Young [1780] vol. 1, p. 314.
28) Young [1780] vol. 1, p. 257.
29) Mcparlan [1802] p. 32.

30) Kennedy, Ell, Crawford and Clarkcon [1999] p. 179.
31) Evans [1942] p. 91.
32) Salamann [1985] p. 234.
33) Evans [1939].
34) 藤田 [2008]。
35) Salamann [1985] p. 195.
36) Young [1780] vol. 1, p. 282.
37) Young [1780] vol. 1, p. 335.
38) 「デヴォン委員会」とは1843年アイルランドの借地問題の実情を調査するために、イギリスの首相ロバート・ピールによって任命された委員会であり、デヴォン伯が委員長職をつとめたことから、「デヴォン委員会」と呼ばれる。その報告書はジャガイモ飢饉発生期の農村の小農や労働者の実態を知るうえで、貴重な史料である。
39) Devon Commission [1847] vol. 1, p. 446.
40) Devon Commission [1847] vol. 1, p. 414.
41) Devon Commission [1847] vol. 1, p. 445.
42) Devon Commission [1847] vol. 1, p. 394.
43) Devon Commission [1847] vol. 1, pp. 417-450.
44) Jordan [1994] p. 57.
45) Buchanan [1973] p. 586.
46) On the Conditions of the Agricultural Classes [1842] p. 37.
47) Jordan [1994] p. 55.
48) O'donell [1995].
49) Young [1780] vol. 2, p. 31.
50) Devon Commission [1847] vol. 1, p. 418.
51) Devon Commission [1847] vol. 1, p. 422.
52) Devon Commission [1847] vol. 1, p. 372.
53) Devon Commission [1847] vol. 1, p. 446.
54) Devon Commission [1847] vol. 1, p. 447.
55) 肥前 [1986]、鈴木 [1990] [2004]、佐藤 [2000]、崔 [2007]。
56) Anderson [1995].
57) Salaman [1985] p. 182.
58) Conell [1950] [1968].
59) Mokyr [1983] p. 53.
60) O'Grada [1994] p. 23.

61) O'Grada [1999] p. 83.
62) Woodham-Smith [1962], Kinealy [2006].
63) 大飢饉をめぐる問題については、斎藤 [2005]。
64) Devon Commission [1847] vol. 1, pp. 398-399.
65) Devon Commission [1847] vol. 1, p. 474.
66) O'Neill [1984] pp. 101, 160.
67) Devon Commission [1847] vol. 1, p. 474.
68) Devon Commission [1847] vol. 1, p. 480.
69) Devon Commission [1847] vol. 1, pp. 492-493.
70) とくに晩婚と非婚率の高さを特徴とする「ヨーロッパ的結婚パターン」と深いかかわりをもつといわれる奉公人は、イギリスやドイツで広範囲に見られ、ヘイナルやミッテラウアーによってサンクト・ペテルスブルクとトリエステを結ぶ線以西のヨーロッパ圏における多数の未婚奉公人の存在が重視されている。だが、アイルランド、とくに西部ではランデール制のおかげで、若者は奉公人となることなく、土地取得と結婚の機会を得ることができた。したがって、サンクト・ペテルスブルクとトリエステを結ぶ「ヘイナル線」は修正されなければならないだろう。ところが、アイルランドでも「大飢饉」以後の経済的逼迫によって若者の非婚率は異常に高くなり、19世紀後半にはヨーロッパのなかでもアイルランドの晩婚と非婚、人口の流出と減少は際立っていた。
71) Devon Commission [1847] vol. 1, p. 480.
72) Devon Commission [1847] vol. 1, p. 480.
73) Devine [1994].
74) Young [1780] vol. 2, p. 109.
75) ホイアーリングにかんしては、平井 [2007].
76) Devon Commission [1847] vol. 1, p. 515.
77) Devon Commission [1847] vol. 1, p. 479.
78) Young [2006] vol. 2, p. 6.
79) Young [2006] vol. 2, p. 34.
80) この点は西北ドイツのでもホイアーリングの大部分は、農村の限られた土地取得機会から排除された住民であり、農民家族の優先相続権から排除された子どもや、零細農やホイアーリングの子どもはホイアーリングとして働く以外に、あまり選択の余地はなかったといってよい。これについては、平井 [2007] を参照。
81) Devon Commission [1847] vol. 1, p. 519.
82) Devon Commission [1847] vol. 1, pp. 519-520.

83) Devon Commission [1847] vol. 1, p. 487.
84) Devon Commission [1847] vol. 1, p. 533.
85) Devon Commission [1847] vol. 1, p. 535.
86) Devon Commission [1847] vol. 1, p. 536.
87) Devon Commission [1847] vol. 1, p. 536.
88) Devon Commission [1847] vol. 1, p. 475.
89) Devon Commission [1847] vol. 1, p. 532.
90) Devon Commission [1847] vol.1, p. 492.
91) On the Conditions of the Agricultural Classes [1842] p. 53.
92) Bourke [1959-60] p. 17.

あとがき

　最近の歴史研究において、農村史はもはやポピュラーなテーマとはいえない。それを承知のうえで、あえてヨーロッパ農村史をテーマとする小著の刊行をおもいたったのは、これまでの研究生活のなかで農村共同体にかんする通説に違和感をおぼえ、そうした問題に一つのけじめをつけておく必要を強く感じたためである。

　小著は専門研究書というより、これまで書きためてきたエッセイ集の性格を強くもっているので、全体をまとめるにあたって、なるべく各章の間に整合性をもたせるように努めたものの、なお重複部分が残されていることをことわっておこなわなければならない。本書のうち、次の各章はすでに公表されている小論に若干の修正を加えたものである。

　　第3章　イギリスの開放耕地における牧羊の歴史的意義
　　　「近代イギリスにおける牧羊の歴史的意義」、『一橋論叢』134号、2005年12月
　　第5章　ヨーロッパ耕地制度における「内畑・外畑制」の意義
　　　「ヨーロッパ農村共同体論における『内畑・外畑制』の意義」、『一橋経済学』2-2、2007年12月

　本書では筆者の専門外のイギリス、フランス、アイルランドなどにも言及しており、そこにはさまざまな難点も含まれているかもしれないが、門外漢による試論としてうけとめていただければ幸いである。本書のうち、とくにユストゥス・メーザーにかんする叙述は、メーザー研究会の肥前栄一先生や坂井栄八郎先生をはじめとする皆さんから少なからぬご教示を賜ったにもかかわらず、私自身は研究会に何ら資することがなかったことをおわび申しあげなければならない。ヨーロッパ各国の農村史については、ヨーロッパ農村史研究会の鈴木

健夫（ロシア）、金子邦子（ドイツ）、伊藤栄晃（イギリス）、平井進（ドイツ）、佐藤睦朗（スウェーデン）、松下晴彦（スコットランド）その他の諸氏の非常に高度な実証的研究から多くを学ばせていただいたことに、謝意を表したい。イギリス農村史にかんして、イギリスにはなぜ羊が多いのかという素朴な疑問を抱いて、かつてオックスフォードにお住まいだった三好洋子先生をお訪ねする機会があり、先生の御帰国後もひきつづきご教示をたまわることができたのは幸いであった。フランスとドイツの農村社会の歴史的性格の違いについて、かつて橡川一朗先生からくり返しいただいたご指摘が、今なお私の研究の導きとなっていることにあらためて強い感銘をおぼえる。

　日本経済評論社の栗原哲也社長と谷口京延氏の暖かいご理解とご支援なしには、あまりポピュラーとはいえないテーマをあつかった小著が日の目を見ることはなかったであろう。こころより感謝申しあげたい。

　2014年10月1日

欧文参考文献

Aalen, F. H. A., Whelan, K. and Stout, M. [1997] *Atlas of the Irish Rural Landscape*, Cork and Toronto.

Abel, Wilhelm [1962] *Geschichte der deutschen Landwirtschaft vom frühen Mittelalter bis zum 19. Jahrhundert*, Stuttgart.

Abel, Wilhelm [1964] *Die drei Epochen der deutschen Agrargeschichte*, II. Afl.(アーベル、三橋時雄・中村勝訳『ドイツ農業発達の三段階』未来社、[1977])。

Allison, K. J. [1957] The Sheep-Corn Husbandry of Norfolk in the Sixteenth and Seventeenth Centuries, in: *The Agricultural History Review*, vol. 5.

Anderson, James [1995] Rundale, Rural Economy and Agrarian Revolution: Tirhugh 1715-1855 in: *Donegal. History and Society*, ed. by W. Nolan, L. Ronaye and M. Dunlevy, Dublin.

Arends, Friedrich [1819] *Ostfriesland und Jever in geographischer, statistischer und besonders landwirtschaftlicher Hinsicht*, 2. Bd. Emden.

Arends, Friedrich [1820] *Ostfriesland und Jever in geographischer, statistischer und besonders landwirtschaftlicher Hinsicht*, 3. Bd. Emden.

Arensberg, Conrad M. and Kimball, Solon T. [1968] *Family and Community in Ireland*, Harvard University Press, 2. edition (1. edition [1940]).

Auhagen, Otto [1896] *Zur Kenntniss der Marschwirtschaft*, Berlin.

Baasen Carl [1926] *Das Oldenburger Ammerland. Eine Einführung in die siedlungsgeschichtlichen Probleme der nordwestdeutschen Landschaft*, Oldenburg.

Baasen, Carl [1930] *Niedersächsische Siedlungskunde*. Oldenburg.

Bailey, Mark, [1990] Sand into Gold: the Evolution of the Foldcourse System in West Suffolk, 1200-1600, in: *The Agricultural History Review*, vol. 38.

Barnes, Gerry & Williamson, Tom [2006] *Hedgerow History. Ecology, History & Landscape Character*, Macclesfield.

Barry, Terry [2000] Rural Settlement in Medieval Ireland, in: *A History of Settlement in Ireland*, ed. by Terry Barry.

Bath, B. H. Slicher van [1963] *The Agrarian History of Western Europe, AD. 500-1850*, London.(バート、速水融訳『西ヨーロッパ農業発達史』日本評論社 [1969])。

Becker, Hans [1998] *Allgemeine Historische Agrargeographie*, Stuttgart.

Behrend, Herald [1964] *Die Aufhebung der Feldgemeinschaften. Die große Agrarreform im Herzogtum Schleswig unter Mitwirkung der Schleswig-Holsteinschen Landkommission 1763-1823*, Neumünster.

Bell, Jonathan [1995] Changing Farming Methods in Donegal, in: *Donegal. History and Society*, ed. by W. Nolan, L. Ronaye and M. Dunlevy, Dublin.

Bell, Johnathan and Watson, Mervyn [2008] *A History of Irish Farming 1750-1950*, Portland.

Below, Georg von [1937] *Geschichte der deutschen Landwirtschaft des Mittelalters*, hrsg. v. Fr. Lütge, Jena. (ベロウ、堀米庸三訳『独逸中世農業史』創元社 [1944]).

Blackbourn, David [2006] *The Conquest of Nature. Water, Landscape, and the Making of Modern Germany*, New York.

Bloch, Marc [1931] *Les Caracteres originaux de L'histoire rurale Francaise*, Oslo. (マルク・ブロック、河野健二・飯沼二郎訳『フランス農村史の基本性格』創文社 [1959]).

Bord Na Móna [1998] *Peatland*.

Boserup, Ester [1965] *The Conditions of Agricultural Growth. The Economics. of Agrarian Change under Population Pressure*, London. (ボズラップ著、安澤秀一・安澤みね共訳『農業成長の諸条件』ミネルヴァ書房 [1975]).

Bourke, P. M. Austin [1959-60] The Extent of the Potato Crop in Ireland at the Time of the Famine, in: *Journal of Statistical and Social Inquiry Society of Ireland*, xx.

Bourke, P. M. Austin [1965] The Agricultural Statistics of the [1841] Census of Ireland. A Critical View, in: *The Economic History Review*, New Series, vol. 18, No. 2.

Born, Martin [1974] *Die Entwicklung der deutschen Agrarlandschaft*, Darmstadt.

Bowden, Peter J. [1962] *The Wool Trade in Tudor and Stuart England*, London.

Britnell, R. H. [1991] Farming Practice and Techniques (Eastern England) in: *The Agrarian History of England and Wales*, vol. III 1348-1500, edited by Edward Miller, Cambridge University Press.

Buchanan, Ronald [1973] Field Systems of Ireland, in: *Studies of Field Systems in the British Isles*, ed. by Alan R.H. Baker and Robin A. Butlin, Cambridge.

Cabot, David [1999] *Ireland*, London.

Campbell, Bruce M. S. [1980] Population Change and the Genesis of Commonfields on a Norfolk Manor, in: *The Economic History Review*, 2. Series, vol. 33.

Campbell, Bruce M. S. [1981a] The Regional Uniqueness of English Field Systems ? Some Evidence from Eastern Norfolk, in: *The Agricultural History Review*, vol. 29.

Campbell, Bruce M.S. [1981b] Commonfield Origins The Regional Dimension in: *The*

Origins of Open Field Agriculture, ed. by Trevor Rowley.

Capelle, Thorsten [1997] Die Frühgeschichte (1.-9. Jahrhundert ohne römische Provinzen) in: *Deutsche Agrargeschichte. Vor- und Frühgeschichte*, hrsg. von Friedrich-Wilhelm Henning, Stuttgart.

Connell, K. H. [1950a] *The Population of Ireland 1750-1845*.

Connell, K. H. [1950b] The Colonization of Waste Land in Ireland, 1780-1845, in: *The Economic History Review*, NS, vol. 3, No. 1.

Connell, K. H. [1962] Peasant Marriage in Ireland. its Structure and Development since the Famine, in: *The Economic History Review*, NS. vol. 14, No. 3.

Connell, K. H. [1968] *Irish Peasant Society*, Oxford.

The Cotswold Landscape [1990] A landscape assessment of an area of outstanding natural beauty, prepared by Cobham Resource Consultants.

Crotty, Raymond D. [1966] *Irish Agricultural Production. Its Volume and. Structure*, Cork University Press.

Cullen, L. M. [1972] *An Economic History of Ireland since 1660*, London.

Dahlman, Carl [1980] *The Open Field System and Beyond. A Property Rights Analysis of an Economic Institution*, Cambridge University Press.

Darby, H. C. [1956] *The Draining of the Fens*, Cambridge.

Devon Commission [1847] *Digest of Evidence Taken Before Her Majesty's Commissioners of Inquiry Into the State of the Law and Practice in Respect to the Occupation of Land in Ireland*, volume 1, Dublin.

Devine, T. M. [1994] *The Transformation of Rural Scotland. Social Change and the Agrarian Economy 1660-1815*, Edinburgh University Press.

Dixon, Piers [1994] Field-Systems, Rig and Other Cultivation Remains in Scotland: The Field Evidence, in: *The History of Soils and Field Systems*, ed. by S. Foster and T. C. Smout, Aberdeen.

Dodgshon, Robert A. [1980] *The Origin of British Field Systems: An Interpretation*, London.

Dodgshon, Robert A. [1981] *Land and Society in Early Scotland*, Oxford.

Doherty, Charles [2000] Settlement in Early Ireland, in: *A History of Settlement in Ireland*, ed. by Terry Barry.

Dopsch Alfons [1923-24] *Wirtschaftliche und soziale Grundlagen der Europäischen Kulturentwicklung*, 2. Auflage Wien. (ドプシュ、野崎直治・石川操・中村宏訳『ヨーロッパ文化発展の経済的社会的基礎』創文社 [1994])。

Dopsch, Alfons [1968] Die *freien Marken in Deutschland. Ein Beitrag zur Agrar- und Sozialgeschichte des Mittelalters*, Neudruck der Ausgabe Baden B.W. [1933] Aalen.

Duby, Georges [1968] *Rural Economy and Country Life in the Medieval West*, University of Pennsylvania Press, Philadelphia.

Duffy, Sean (ed.) [1997] *Atlas of Irish History*, Dublin.

Dutton, Hely [1824] *A Statistical and Agricultural Survey of the County Galway with Observations on the Means of Improvement: Drawn Up in the Year 1801 for the Consideration, and by the Direction of the Dublin Society*, Dublin.

Evans, E. Estyn [1939] Some Survivals of the Irish Openfield, in: *Geography*, vol. 24.

Evans, E. Estyn [1977] *Irish Heritage. The Landscape, The People and Their Work*, Dundalk (first published 1942).

Fox, H. S. A. [1981] Approaches to the Adaption of the Midland System, in: Trevor Rawley (ed.), *The Origins of Open Field Agriculture*.

Fox, Harold [2000] The Wolds before c. 1500, in: *Rural England. An Illustrated History of the Landscape*, ed. by Joan Thirsk, Oxford University Press.

Frandsen, Karl Eric [1983] Danish Field Systems in the Seventeenth Century, in: *Scandinavian Journal of History*, vol. 8, no. 4.

Frandsen, K. E. [1990] The Field Systems of Southern Scandinavia in the 17th Century. A Comparative Analysis, in: Ulf Sporrong (ed), *The Transformation of Rural Society, Economy and Landscape*, Stockholm University.

Fustel de Couranges, Numa Denis [1889] *Histoire des Institutions Politiques de L'Ancienne France. L'Alleu et le Domaine Rural pendant L'Epoque Mérovingienne*, Paris. (クーランジュ、明比達朗訳『古代フランス土地制度論』(上・下巻) 日本評論社 [1949]).

Fustel de Couranges, Numa Denis, [2000] (original French edition, 1889) *The Origin of Property in Land*, translated by Margaret Ashley, Ontario.

Gierke, Otto [1868] Das deutsche Genossenschaftsrecht, 1. Bd: *Rechtsgeschichte der deutschen Genossenschaft*, Berlin.

Gonner, E. C. K. [1912] *Common Land and Inclosure*.

Gray, Howard Levi [1915] *English Filed Systems*, Harvard University Press.

Grimm, Jacob [1828] *Deutsche Rechtsaltertümer*, Göttingen.

Gudermann, Rita [2000] *Moratswelt und Paradies. Ökonomie und Ökologie in der Landwirtschaft am Beispiel der Meliorationen in Westfalen und Brandenburg (1830-1880)*, Paderborn.

Guinanne, Timothy W. [1997] *The Vanishing Irish. Households, Migration, and the Rural Economy in Ireland, 1850-1914*. Princeton University Press.

Hajnal, J. [1965] European Marriage Patterns in Perspective, in: D. V. Glass and D. E. Eversley (ed.), *Population in History*, London.

Hanssen Georg [1842] *Das Amt Bordesholm im Herzogthum Holstein. Eine statistiche Monographie auf histroischer Grundlage*, Kiel.

Hanssen Georg [1880] *Agrarhistorische Abhandlungen*, Leipzig.

Harrison, Giles V. [1984] The South-West: Dorset, Somerset, Devon, and Cornwall, in: *The Agrarian History of England and Wales*, vol. V-I. edt. by Joan Thirsk, Cambridge.

Henning, Friedrich-Wilhelm [1991] *Deutsche Wirtschafts- und Sozialgeschichte im Mittelalter und in der frühen Neuzeit*, Paderborn.

Henning, Friedrich-Wilhelm [1994] *Deutsche Agrargeschichte des Mittelalters: 9. bis 15. Jahrhundert*, Stuttgart.

Hey, David [1984] The North-West Midlands: Derbyshire, Staffordshire, Cheshire and Shropshire, in: *The Agrarian History of England and Wales*, vol. V-I. ed. by Joan Thirsk, Cambridge.

Hilton, R. H. [1966] *A Medieval Society. The West Midlands at the End of the Thirteenth Century*, London.

Historischer Atlas Schleswig-Holstein vom Mittelalter bis 1867, 2004. Neumünster.

Hizen Eiiichi, [2013] From the Elbe to St. Petersburg-Trieste Line (the Hajnal-Mitterauer Line): A Shift in the Viewpoint of Comparative Socio-Economic. History, in: *Duai Rak (With Love). Collected Essays. Festshrift for Prof. E. C. Narttsupha on Occasion of his 72nd Birthday, vol. 1: Philosophy and Essence of History and Social Science*, ed. by Chatthip Nartsupha, Bangkok.

Hoffmann, Richard C. [1975] Medieval Origins of the Common Fields, in: *European Peasants and Their Markets. Essays in Agrarian Economic History*, ed. by William N. Parker and Eric L. Jones. Princeton Univ. Press.

Holderness, B. A. [1997] The Reception and Distribution of the New Draperies in England, in: *The New Draperies in the Low Countries and England, 1300-1800*, Oxford.

Holderness, B. A. [1984] East Anglia and the Fens: Norfolk, Suffolk, Cambridgeshire, Ely, Huntingdonshire, Essex, and the Lincolnshire Fens in: Joan Thirsk (Ed.), *The Agrarian History of England and Wales, vol. V 1640-1750, I. Regional Farming*

Systems, Cambridge Univ. Press.

Homans, George Caspar [1960] *English Villages of the Thirteenth Century*.

Hooper, Max [1971] *Hedges and Local History*, London.

Hopcroft, Rosemary L. [1999] *Regions, Institutions, and Agrarian Change in European History*, Michigan.

Hoskins, W. G. [1957] The *Midland Peasant. The Economic and Social History of a Leicestershire Village*, London.

Hudson, William Henry [2004] *A Shepherd's Life. Impressions of the South Wiltshire Downs*.

Hugenberg, Alfred [1891] *Innere Colonisation im Nordwesten Deutschlands*, Strassburg.

Inama-Sternegg, Karl Theodor von [1879] *Deutsche Wirtschaftsgeschichte bis zum Schluss der Karolingerperiode*, Leipzig.

Jacobeit, Wolfgang [1987] *Schafhaltung und Schäfer in Zentraleuropa bis zum Beginn des 20. Jahrhunderts*, Berlin.

Jennings, Bernard [1987] A Longer View of the Wolds, in: Thrsk, *England's Agricultural Regions and Agrarian History*, 1987.

Johnson, James H. [1961] The Development of the Rural Settlement Pattern of Ireland, in: *Geografiska Annaler*, vol. 43, No. 1/2.

Jordan Jr, Donald E. [1994] *Land and Popular Politics in Ireland. County Mayo from the Plantation to the Land War*, Cambridge University Press.

Jullard, E & Meynier, A. [1955] *Die Agrarlandschaft in Frankreich. Forschungsergebnisse der letzten zwanzig Jahre*, Regensburg.

Kennedy, Liam/Ell Paul S./E. M. Crawford/Clarkson, L. A. [1999] *Mapping the Great Irish Famine. A Survey of the Famine Decades*, Portland.

The Kent Downs Landscape [1995] *An Assesement of the Area of Outstanding Natural Beauty*. A landscape assessment prepared by Rebecca Warren and Valerie Alford for the Countryside Commission and Kent County Council.

Kerridge, Eric [1954] The Sheepfold in Wiltshire and the Floating of the Watermeadows, in: *The Economic History Review*, vol. VI, no. 3.

Kerridge, Eric [1992] *The common fields of England*, Manchester.

Kinealy, Christine [2006] *This Great Calamity. The Irish Famine 1845-52*, Dublin.

Klein, Julius [1920] *The Mesta. A Study in Spanish Economic History 1273-1836*, Harvard University Press.

Krenzlin, Annelise [1961] Die Entwicklung der Gewannflur als Spiegel kulturlandschaftlicher Vorgänge, in: *Berichte zur Deutschen Landeskunde*, 27. Bd.

Krenzlin, Anneliese und Reusch, Ludwig [1961] *Die Entstehung der Gewannflur nach Untersuchungen im nördlichen Unterfranken*, Frankfurt am Main.

Lamprecht, Karl [1886] *Deutsches Wirtschaftsleben im Mittelalter. Untersuchungen* über *die Eintwicklung der materiellen Kultur des platten Landes. auf Grund der Quellen zunächst des Mosellandes*, Leipzig.

Landau, Georg [1854] *Die Territorien in Bezug auf ihre Bedeutung und ihre Entwicklung*, Hamburg und Gotha.

Laslett, Peter [1955] Chracteristics of the Western Family Considered over Time, in: *Journal of Family History*, vol. 2, Nr. 2.

Le Roy Ladurie, Emmanuel [1987] *The French Peasantry 1450-1660*, translated by Alan Sheridan, Aldershot.

Lütge, Friedrich [1962] Die *Agrarverfassung des frühen Mittelalters im mitteldeutschen Raum vornehmlich in der Karolingerzeit*, zweite unveränderte Auflage, Stuttgart.

Mac Aodha, Breandan S. [1965] Clachán Settlement in Iar-Chonnacht, in: *Irish Geography*, vol. 5, no. 2.

Macfarlane, Alan [1978] *The Origins of English Individualism: The Family, Property and Social Transition*, Oxford. (マクファーレン、酒田利夫訳『イギリス個人主義の起源』リブロポート 1990).

McCloskey, Donald N. [1976] English Open Fields as Behavior towards Risk, in: Paul Uselding (ed.) *Research in Economic History*, volume 1.

Mager, Friedrich [1955] *Geschichte des Bauerntums und der Bodenkultur in Land Mecklenburg*, Berlin.

Martin, Luc [1997] The Rise of the New Draperies in Norwich, 1550-1622, in: *The New Draperies in the Low Countries and England, 1300-1800*, Oxford.

Martiny, Rudolf [1926] *Hof und Dorf in Altwestfalen. Das westfälische Streusiedlungsproblem. Forschungen zur deutschen Volkskunde*, 24. Bd., Stuttgart.

Maurer, Georg Ludwig von [1856] *Geschichte der Markenverfassung in Deutschland*, Erlangen.

Maurer, Georg Ludwig von [1896] *Einleitung zur Geschichte der Mark-, Hof-, Dorf- und Stadtverfassung der öffentlichen Gewalt*, 2. Auflage, Wien.

McCourt, Desmond [1954] Infield and Outfield in Ireland in: *The Economic History Review*, 2. Series vol. VII.

McCourt, Demond [1971] The Dynamic Quality of Irish Rural Settlement, in: *Man and his Habitat. Essays presented to Emyr Estyn Evans*, edited by R. H. Buchanan, Emrys Jones and Desmond McCourt, New York [1971].

McParlan, James [1802] *Statistical Survey of the County Donegal with Observations on the Means of Improvement: Drawn Up in the Year 1801 for the Consideration, and under the Direction of the Dublin Society*, Dublin.

Meitzen, August [1895] *Siedlung und Agrarwesen der Westgermanen und Ostgermanen, der Kelten, Römer, Finnen und Slawen*, Bd 1, 2, Berlin.

Meynier, Andre [1976] *Atlas et géographie de la Bretagne*.

Mitterauer, Michael [2003] *Warum Europa? Mittelalterliche Grundlagen eines Sonderwegs*, München.

Mokyr, Joel [1983] *Why Ireland Starved: A Quantitative and Analytical History of the Irish Economy 1800-1850*, London.

Möser, Justus [1768] Osnabrückische Geschichte. Allgemeine Einleitung, in: *Justus Mösers Sämtliche Werke*, Bd. 12, 1, Oldenburg [1964].

Möser, Justus [1774] Bauernhof als Aktie betrachtet, in: *Justus Mösers Sämtliche Werke*, Bd. 6. (メーザー、肥前栄一他訳『郷土愛の夢』、京都大学学術出版会 [2009]).

Möser, Justus, Erster Teil [1780] Osnabrückische Geschichte. Erster Teil. in: *Justus Mösers Sämtliche Werke*, Bd. 12-2, Oldenburg [1965].

Möser, Justus, Zweiter und Dritter Teil [1780] Osnabrückische Geschichte. Zweiter Teil und Dritter Teil, in: Justus Mösers, in: *Justus Mösers Sämtliche Werke*, Bd.13, Oldenburg 1969-71,

Mulhall, Michal G. [1892], *The Dictionary of Statistics*.

Müller-Wille, Wilhelm [1944] Langstreifenflur und Drubbel. Ein Beitrag zur Siedlungsgeographie Westgermaniens, in: *Deutsches Archiv für Landes-und Volksforshung*, VIII. Jg. H. 1.

Nichtweiss, Johaness [1954] *Das Bauernlegen in Mecklenburg. Eine Untersuchung zur Geschichte der Bauernschaft und der zweiten Leibeigenschaft in Mecklenburg bis zum Beginn des 19. Jahrhunderts*, Berlin.

Niemeier, Georg [1944] Die "Eschkerntheorie" und das Problem der germanisch-deutschen Kulturraumkontinuität, in: *Petermanns Geographische Mitteilungen*, 90.

Nitz, Hans-Jürgen [1974] Wege der historisch-genetischen Siedlungsforshung, in: *Historisch-genetische Siedlungsforshung. Genese und Typen ländlicher Siedlungen und Flurformen*, hrsg. v. Hans-Jürgen Nitz, Darmstadt.

O'donnell, Martina [1995] Settlement and Society in the Barony of East Inishowen, c. [1850] in: *Donegal. History and Society*, ed. by W. Nolan, L. Ronaye and M. Dunlev, Dublin.

Oetken, Fr. [1913] Die Wirtschaftsbetrieb auf der Oldenburger Geest, in: *Festschrift zur Feier des fünfundsibzigjährigen Bestehens der Oldenburgischen Landwirtschafts-Gesellschaft*, Berlin.

Ó Gráda, Cormac [1994] *Ireland. A New Economic History 1780-1939*, Oxford University Press.

Ó Gráda, Cormac [1999] *Black '47 and Beyond. The Great Irish Famine in History, Economy and Memory*, Princeton University Press.

On the Conditions of the Agricultural Classes of Great Britain and Ireland [1842] volume I, *State of Ireland*, London.

O'Neill, Kevin [1984] *Family and Farm in Pre-Famine Ireland. The Parish of Killashandra*, The University of Wisconsin Press.

Overton, Mark [1996] *Agricultural Revolution in England. The Transformation of the Agrarian Economy 1500-1850*. Cambridge University Press.

Pitte, Jean-Robert [2012] *Hisotoire du paysage français. De la préhitoire à nos Jours*, 5ᵉ édition, Paris. (ピット、高橋伸夫・手塚章訳『フランス文化と風景』上・下巻、東洋書林 [1998]).

Ponting, Kenneth G. [1971] *The Woolen Industry of South-west England*, Bath.

Postan, M. M. [1975] *The Medieval Economy and Society: An Economic History of Britain in the Middle Ages*, (ポスタン、保坂栄一・佐藤伊久男訳『中世の経済と社会　中世イギリス経済史』未来社 [1975]).

Postgate, M. R. [1973] Field Systems of East Anglia, in: *Studies of Field Systems in the British Isles*, ed. by Alan R. H. Baker and Robin A. Butlin, Cambridge.

Power, Eileen [1941] *The Wool Trade in the English Medieval History*, Oxford University Press.

Power, Thomas P. [2001] *Land, Politics, and Society in Eighteenth-Century Tipperary*, Oxford University Press.

Prange, Wolfgang [1971] *Die Anfänge der großen Agrarreform in Schleswig-Holstein bis um 1771*, Neumünster.

Prince, H. C. [1973] England circa 1800, in: *A New Historical Geography of England*, ed. by H. C. Darby Cambridge.

Proudhoot, L. J. [1993] Social Transformation and Social Agency: Property, Society and

Improvement, c. 1700 to c. 1900, in: *An Historical Geography of Ireland*, edited by B. J. Graham and L. J. Proudhoot, London.

Rackham, Oliver [2004] *The History of the Countryside. The classic history of Britain's Landscape, flora and fauna*, Eights impression, London.

Rauh, Sebastian [2008] *Der Einfluß der Kartoffel auf die Bevölkerungsentwicklung in Europa im 18. und 19. Jahrhundert*, München.

Riepenhausen, Hans [1938] *Die bäuerliche Siedlung des Ravensberger Landes bis 1770*, Münster.

Rösener, Werner [1993] *Die Bauern in der europäischen Geschichte*. (レーゼナー、藤田幸一郎訳『農民のヨーロッパ』平凡社 [1995]).

Saey, Peter and Verhoeve, Antoon [1993] The Southern Netherlands. Parts of the Core or Reduced to a Semi-Peripheral Status? in: *The Early-Modern World-System in Geographical Perspective*, ed. by Hans-Jürgen Nitz, Stuttgart.

Salaman, Redcliffe [1985] *The History and Social Influence of the Potato*, Cambridge University Press.

Schlüter, Otto [1911] Dorf, in: *Reallexikon der germanischenAltertumskunde*, 1. Bd. hrsg. von Johaness, Hoops, Straßburg.

Schotte, Heinrich [1912] Die rechtliche und wirtschaftliche Entwicklung des westfälischen Bauernstandes bis zum Jahre [1815] in: *Beiträge zur Geschichte des westfälischen Bauernstandes*, hrsg. v. E. von Kerckernick, Berlin.

Schröder-Lembke, Getrud [1978] *Studien zur Agrargeschichte*, Stuttgart.

Schwerz, J. N. [1807] *Anleitung zur Kenntniß der Belgischen Landwirtschaft*. 1. Bd. Halle.

Schwerz, J. N. v. [1836] *Beschreibung der Landwirtschaft in Westfalen und Rheinprovinz*, 1, Teil, Stuttgart.

Sée, Henri [1906] *Les Classes Rurales en Bretagne du XVIe Siècle a la Révolution*, Paris.

Seebohm, Frederic [1915] *The English Village Community: Examined in its Relations to the Manorial and Tribal Systems and to the Common or Open Field System of Husbandry: an Essay in Economic History*, Reprinted from the fourth edition (1905), London.

Sereni, Emilio [1997] *History of the Italian Agricultural Landscape*, trans-lated, with an Introduction by R. Burr Litchfied, Princeton University Press.

Simpson, Alan [1958] The East Anglian Foldcourses: Some Queries, in: *The Agricultural History Review*, vol. VI , Part 2.

Staatsarchiv Oldenburg Best 298Z, No. 2046.
Swart, Friedrich [1910] *Zur friesischen Agrargeschichte*, Leipzig.
Thirsk, Joan [1964] The Common Fields, in:*The Past and Present*, no. 29.
Thirsk, Joan [1967] The Farming Regions of England, in: H. P. R. Finberg (ed.), *The Agrarian History of England and Wales, vol. IV. 1500-1640*, Cambridge University Press.
Thirsk, Joan [1984a] *The Agrarian History of England and Wales, vol. V: 1640-1750, I. Regional Farming Systems*, ed. by Thirsk, Cambridge Univ. Press.
Thirsk Joan [1984b] *The Rural Economy of England. Collected Essays*, London.
Thirsk Joan [1987] *England's Agricultural Regions and Agrarian History, 1500-1750*.
Thompson, Robert [1802] *Statistical Survey of the County of Meath, with Observations on the Means of Improvement*, Dublin.
Thorpe, H. [1964] Rural Settlements, in: *British Isles: A Systematic Geography*, ed. by Wreford Watson with J. B. Sissons, London [1964].
Trow-Smith, Robert [1957] *A History of British Livestock Husbandry to 1700*, London.
Turner, Michael [1993] Rural Economies in Post-Famine Ireland, c.1850-1914, in: *An Historical Geography of Ireland*, edited by B. J. Graham and L. J. Proudhoot, London.
Turner, Michael [1996] *After the Famine. Irish Agriculture, 1850-1914*, Cambridge University Press.
Turnock, David [1995] *The Making of the Scottish Rural Landscape*, Aldershot.
Uhlig, Harald [1961] Old Hamlets with Infield and Outfield Systems in Western and Central Europe, in: *Geografiska Annaler*, vol. 43, no. 1/2.
Verhulst, Adruian [2002] *The Carolingian Economy*, Cambridge University Press.
Vinogradoff, Paul [1892] *Villenage in England Essays in English Mediaeval History*, Oxford University Press.
Waitz, Georg [1854] Über *die altdeutsche Hufe*, Göttingen.
Wakefield, Edward [1812] *An Acount of Ireland, Statistical and Political*, vol. 1, London.
Weber, Max [1923] *Abriss der universalen Sozial-und Wirtschaftsgeschichte, aus den nachlassenen Vorlesungen*, hrsg. von S. Hellmann und Palyi. (ウェーバー、青山秀夫・黒正巌訳『一般社会経済史要論』上・下巻、岩波書店 [1954]).
Weddingen, M. P. F (Hrsg.) [1784] *Westfälisches Magazin zur Geographie, Historie und Statistik*, 1. Bd. H. 3.
Whelan, Kevin [1997] The Modern Landscape: from Plantation to Present, in: *Atlas of*

the Irish Rural Landscape, ed. by F. H. A. Aalen, Kevin Whelan and Mathew Stout, Cork and Toronto.

Whelan, Kevin [2000] Settlement and Society in Eighteenth Century Ireland, in: *A History of Settlement in Ireland*, ed. by Terry Barry.

Whittington, G. [1973] Field Systems of Scotland, in: *Studies of Field Systems in the British Isles*, ed. by Alan R.H. Baker and Robin A. Butlin, Cambridge.

Whyte, Ian D. [1995] *Scotland before the Industrial Revolution. An Economic History c.1050-c.1750*, New York.

Whyte, I. D. and Whyte, K. A. [1983] Some Aspects of the Structure of Rural Society in Seventeenth-Century Lowland Scotland, in: *Ireland and Scotland 1600-1850. Parallels and Contrasts in Economic and Social Development*, ed. by T. M. Devine and David Dickson, Edinburgh.

Wiese, Heinz [1966] Der Rinderhandel im nordwesteuropäischen Küstengebiet vom 15. Bis zum Beginn des 19. Jahrhunderts, in: H. Wiese und J. Bölts, *Rinderhandel und Rinderhaltung im nordwesteuropäischen Küstengebiet vom 15. bis zum Beginn des 19. Jahrhunderts*, Stuttgart.

Woodham-Smith, Cecil [1962] *The Great Hunger, Ireland 1845-1849*, London.

Wordie, R. [1984] The South: Oxfordshire, Buckinghamshire, Birkshire Wiltshire, and Hampshire. in: Thirsk (ed.) *The Agrarian History of England and Wales*, vol. V-I.

Young, Arthur [1780] *A Tour in Ireland with General Observations on the Present States of that Kingdom Made in the Years 1776, 1777 and 1778. and Brought Down to the End of 1779*. 2. edition in 2 volumes.

Young, Arthur [1903] *A Six Weeks Tour, throughout the Southern Counties of England and Wales* (1772) third edition, London.

Young, Arthur [1929] *Travels in France during the Years 1787, 1788 and 1789* edited by Constantia Maxwell, Cambridge.

邦文参考文献

安達新十郎［1982］『大革命当時のフランス農業と経済——アーサー・ヤング「フランス旅行記」の研究』多賀出版
飯田恭［2012］「『ヨーロッパ』のなかの近世ブランデンブルク農村——領主制の経路規定的影響力に注目しながら——」,『西洋史研究』新輯第41号
飯沼二郎［1970］『風土と歴史』岩波新書
飯沼二郎［1983］『世界農業文化史』八坂書房
飯沼二郎［1987］『増補農業革命論』未来社
五十嵐一成［1985］「15-17世紀の移牧業とメスタ」,『札幌大学教養部紀要』第27号
石井光次郎［1985］「19世紀第2四半期のアイルランド農業と農業労働者——レンスター地方を中心に——」,『社会経済史学』vol. 51 no. 4
伊藤栄［1967-68］「中世ドイツの村落形態と荘園支配——中世前期ウェストファリアを中心に——」(1)-(4),『国学院経済学』第15巻3号、16巻1号、3号、17巻1号
伊藤章治［2008］『ジャガイモの世界史 歴史を動かした「貧者のパン」』中公新書
伊藤栄晃［2010］「19世紀初頭のウィリンガム教区における『沼沢＆酪農』経済」,『関東学園大学経済学紀要』第35集
伊藤栄晃［2012］「近代イングランドにおける共同耕地制論の変容」,『関東学園大学経済学紀要』第37集
伊藤栄晃［2012b］「ウィリンガムの共同耕地制と村社会」,『関東学園大学経済学紀要』第37集
浮田典良［1970］『北西ドイツ農村の歴史地理学的研究』大明堂
エンゲルス、フリードリヒ［1973］「マルク」、大内力編訳『マルクス・エンゲルス農論集』岩波文庫
オーウィン、チャールズ＆クリスタベル［1980］三澤嶽郎訳『オープン・フィールド——イギリス村落共同体の研究——』御茶の水書房
及川順［2007］『ドイツ農業革命の研究』全2巻、農文協農業書センター
大内輝男［1991］『羊蹄記 人間と羊毛の歴史』平凡社
大塚久雄［1981］『近代欧州経済史序説』岩波書店
大塚久雄［2000］『共同体の基礎理論』岩波現代文庫
小野塚知二・沼尻晃伸編［2007］『大塚久雄「共同体の基礎理論」を読み直す』日本経済評論社

勝田俊輔［2009］『真夜中の立法者キャプテン・ロック──19世紀アイルランド農村の反乱と支配──』山川出版社
加用信文［1996］『農法史序説』御茶の水書房
國方敬司［1993］『中世イングランドにおける領主支配と農民』刀水書房
國方敬司［2011］「イギリス農業革命からみたフェンとマーシュ」、東北学院大学『経済学論集』第177号
コスミンスキー［1960］秦玄龍訳『イギリス封建地代の展開』未来社
小谷汪之［1982］『共同体と近代』青木書店
崔在東［2007］『近代ロシア農村の社会経済史──ストルィピン農業改革期の土地利用・土地所有・協同組合』日本経済評論社
堺憲一［1988］『近代イタリア農業の史的展開』名古屋大学出版会
斎藤英里［1984］「一九世紀前半アイルランドの農村社会と麻工業──比較地域史的考察──」、『社会経済史学』vol. 50-3
斎藤英里［2005］「アイルランド大飢饉と歴史論争──「ミッチェル史観」の再評価をめぐって──」、『三田商学研究』第48巻5号
坂井榮八郎［2005］『ユストゥス・メーザーの世界』刀水書房
佐久間弘展［1999］『ドイツ手工業・同職組合の研究──14〜17世紀ニュルンベルクを中心に──』創文社
佐藤彰一［1997］『修道院と農民──会計文書から見た中世形成期ロワール地方』名古屋大学出版会
佐藤芳行［2000］『帝政ロシアの農業問題』未来社
佐藤睦朗［2001］「東中部スウェーデンにおける農業景観と開墾──フェーダ教区を対象とした一考察：769〜1874年──」、神奈川大学『商経論叢』第37巻第2号
佐藤睦朗［2002］「フェーダ教区における原初村落──1789〜1843年──」、神奈川大学『経済貿易研究所年報』no. 28
芝修身［1978］「16世紀カスティーリャ王国における移動性牧羊業の対立──法令面よりの検討──」『アカデミア経済経営学編』第59号
芝修身［2003］『近世スペイン農業──帝国の発展と衰退の分析──』昭和堂
清水由文［2002］「20世紀初頭におけるアイルランドの農民家族──ドニゴールとテッペラリーの比較史──」、『桃山学院大学社会学論集』第36巻第1号
清水由文［2004］「19〜20世紀におけるアイルランドの家族変動」、『桃山学院大学社会学論集』第37巻第2号
清水由文［2009］「アイルランドの家族とアイルランド人移民の家族」、法政大学比較経済研究所／後藤浩子編『アイルランドの経験──植民・ナショナリズム・国際統合』

法政大学出版局
水津一朗［1965］「中世ヨーロッパにおける村落と耕地について――農牧混合地域における『基礎地域』の内部構造に関する村落地理学」、『京都大学文学部紀要』10
水津一朗［1976］『ヨーロッパ村落研究』地人書房
鈴木健夫［1990］『帝政ロシアの共同体と農民』早稲田大学出版部
鈴木健夫［2004］『近代ロシアと農村共同体――改革と伝統――』創文社
住谷一彦［1985］『共同体の史的構造論　増補版』、有斐閣
タキトゥス、コルネーリウス［1979］泉井久之助訳『ゲルマーニア』岩波文庫
立石博高［1984］「十八世紀スペインの移動牧畜業」、都立大学『人文学報』167号
谷岡武雄［1965］『フランスの農村――その地理学的研究――』古今書院
寺尾誠［1965］「ヨーロッパ封建領主制の基礎構造」、高村象平・小松芳喬監修『西洋経済史』世界書院
椽川一朗［1972］『西欧封建社会の比較史的研究』青木書店
ドマンジョン、A.［1958］（小川徹訳）「フランス農村集落の諸類型とその地理的構造――集村、小村、および孤立農家――」、『法政大学文学部紀要』4
野崎直治［1958］「ゲルマン古代の村と支配秩序――ゲルマン農制史の再検討――」、『社会経済史大系Ⅱ　中世前期』弘文堂
肥前栄一［1986］『ドイツとロシア――比較経済史の一領域』未来社
肥前栄一［2008］『比較史のなかのドイツ農村社会　ドイツとロシア再考』未来社
平井進［2007］『近代ドイツの農村社会と下層民』日本経済評論社
平井進［2009］「ヨーロッパ農村社会史研究と共同体再考――北西ドイツ農村史の視点から――」、『村落社会研究』44
藤田幸一郎［1998］「オルデンブルクの共有地分割と農地開発」、一橋大学社会科学古典資料センター『Study Series』No. 39
藤田幸一郎［1999］「19世紀オルデンブルクにおけるコロニー建設」、一橋大学『経済学研究』41号
藤田幸一郎［2001］「19世紀初期のドイツ北海沿岸低湿地（マルシュ）における農村景観と農業の特質」、一橋大学『経済学研究』43
ブローデル、フェルナン［1991］浜名優美訳『地中海Ⅰ　環境の役割』藤原書店
船山栄一［1967］『イギリスにおける経済構成の転換』未来社
堀越宏一［1997］『中世ヨーロッパの農村世界』山川出版社
本多三郎［1973］「19世紀後半アイルランドにおける土地所有関係とイギリス地主制度――19世紀後半アイルランドの土地問題（2）――」、京都大学『経済論叢』第112巻5号

本多三郎［1975］「アイルランドにおける農民層分解と地主的土地清掃――19世紀後半アイルランド土地問題（3）――」、京都大学『経済論叢』第116巻3・4号
本多三郎［2009］「アイルランド西部海岸地方は辺境であったか」、法政大学比較経済研究所／後藤浩子編『アイルランドの経験――植民・ナショナリズム・国際統合』法政大学出版局
増田四郎［1959］『西洋封建社会成立期の研究』岩波書店
松尾太郎［1973］「アイルランドにおける共同体的構成の基本的性格とその変容」、川島武宜・住谷一彦編『共同体の比較史的研究』アジア経済研究所
松尾太郎［1978］『先資本主義的生産様式論』論創社
松尾太郎［1998］『アイルランド農村の変容』論創社
松尾展成［1971］「ザクセンにおける牧羊業の興隆と衰退」、『岡山大学経済学会雑誌』第3巻第2号
松尾展成［1972］「ザクセン牧羊業の発展と農民経済」、大野英二・住谷一彦・諸田実『ドイツ資本主義の史的構造』有斐閣
松下晴彦［1998］「スコットランド・ハイランドにおけるクリアランス運動について――19世紀初頭サザランド・クリアランスの検証――」、『英米文化』第28号
松下晴彦［1998］「スコットランド・ハイランドの農村集落における生活習慣――18世紀ハイランドの shieling について――」、『CALDONIA』第26号
松下晴彦［1999］「ハイランドにおける農地の変化――18世紀のインプルーブメントの影響について――」、『CALEDONIA』第27号
松下晴彦［2006］「ハイランドの農業」、木村正俊・中村正史編『スコットランド文化事典』248-256ページ、原書房
マルクス、カール［1963］手島正毅訳『資本主義的生産に先行する諸形態』大月書店国民文庫
三好洋子［1981］『イギリス中世村落の研究』東京大学出版会
森本芳樹［2003］『中世農民の世界――甦るプリュム修道院所領明細帳』岩波書店
山本紀夫［2008］『ジャガイモのきた道――文明・飢饉・戦争』岩波新書
湯浅赳男［1981］『フランス土地近代化史論』木鐸社
湯村武人［1965］『フランス封建制の成立と農村構造』御茶の水書房
米村昭二［1981］「アイルランド農民家族の婚姻――大飢饉を中心にして――」、『家族史研究』3
和辻哲郎［1979］『風土　人間学的考察』岩波文庫

索　引

事　項

あ行

アジア的共同体　173, 216
アルデンヌ山地　167
アルベラータ　33
アルム　103
アルメンデ　71, 80
生け垣　43, 59, 61, 111, 119-131, 134-136, 141-144
イーストアングリア・システム　27-29
一時的耕地　45, 149, 191
一圃制　38-39, 134-135, 155
移牧　7, 19, 101-102, 193
内畑・外畑制　27, 29, 31-32, 37-40, 50, 52, 107, 114, 121, 131, 134-135, 149-169, 191-194, 207, 215
ヴァーゲイト　28-29, 57, 84-86, 89-90
ヴィクス　76
ヴィラ　76-79
ヴェーアゲート　57, 60
ウーステッド　101
ウッドランド　14, 30, 104-105, 121
ウールン　101
エッシュ　26, 39, 65, 114, 134-136, 151-160, 166-167, 191
エルブケッター　136, 156
エルベ（Erbe）　57-60
エンクロージャー運動　119-122, 131, 144-145
円村　46-47

か行

街道村落　46-48
開放耕地制　13, 24, 26-27, 29, 31-32, 35-36, 38-41, 45, 104, 109, 113, 115, 119-123, 127-128, 132, 134, 141, 144-145, 168, 174, 177, 187
開放コッペル　137-138, 143
解放奴隷　77-78

囲い込み地制　29-30, 32, 37-39, 41, 52, 67, 86, 120-122
カルティエ　85-86
カロリング期　12, 24, 33, 58-60, 63-64, 66, 73-74, 82-84, 87-89, 91
干拓地　15, 38, 44, 99, 128, 132, 134, 145
カンピーヌ　167
カンプ　26, 39, 65, 114, 134-137, 140-142, 144, 151-160, 163, 166-167, 191
議会エンクロージャー　115, 120, 125, 144
休閑耕　17
休閑除草農業　16-17, 19
休閑保水農業　16-17, 19
共同耕地制　12-15, 24, 26, 31, 35-36, 40-41, 47, 50, 66, 90, 109, 127, 132, 138, 155, 169
共同借地　181, 194-197, 199
共同体固有の二元性　9, 149
共同地分割　99, 119, 138, 144
共有地　25, 30, 41-42, 67, 72, 75, 78-79, 113-115, 120, 127, 149, 155-156, 159, 165, 183
グーツヘルシャフト　137
クニックス　142-143
クラスター　177, 196
クラハン　161, 174-175, 177, 181-182, 191, 196-197, 199, 215-216
計画的につくられた田園　122
軽量犂　32
ゲヴァン耕地　152-155
ゲヴァン村落　47-48
ゲースト　15, 131, 134, 136-138, 151-152, 155, 159, 207
ゲヘーファーシャフト　40, 68, 79-82, 216
ケルト式耕地　122
ケルト・システム　14, 27-29, 38, 121, 161, 215
ケルト的共同体　24
ゲルマン的共同体　11-15, 17, 24, 74, 77, 84
原初村落　68, 71-72, 155
ケント・システム　14, 27-29, 37, 121

耕区　　11, 24, 36, 81, 132, 135, 141, 152, 153, 164
耕区制　　11, 13, 30
耕地共同体　　25, 65-71, 79-80, 82, 91
公有地　　9, 11, 75
穀草式農法　　8, 18, 27, 34, 37, 39-40, 69-70, 74, 105, 110, 114, 151, 159-160, 162-163, 165-169, 191-193
古ゲルマン社会　　69-71, 73-74, 82
小作地　　77
国家株式　　63
コッター　　163, 204, 206, 208
コッペル　　104, 137-139, 141-144, 166
コッペル化　　137
コッペル農法　　69-70, 137, 139, 142-143
コティアー　　204-208, 212-214
コネーカー　　204-205, 209-214
古典古代的共同体　　9
古典荘園　　58, 64, 88
古来の田圃　　122, 131, 144
孤立農圃制　　14-15, 25-28, 30, 38, 47, 59, 64-68, 71, 74, 85, 91, 119, 131, 152, 174
コロヌス　　77-79
混合耕作　　33, 52
混在地制　　11, 25, 35

さ行

採草地　　4-5, 33-34, 58, 68
細分耕地制　　36
サリカ法典　　76
散居（制）　　64, 67, 105, 151-152, 155-157, 161, 166
サン・ジェルマン・デ・プレ修道院　　78
散村　　50, 52, 60, 67-68, 104-105, 175, 216
湿原　　6-7, 61-62, 65, 107, 121-122, 136, 156, 168, 184-187, 190-191, 193-194
ジャガイモ　　173, 181, 189-194, 199-215
集村　　41, 46, 59, 64, 67, 71, 104-105, 121-122, 128, 131, 151-152, 154, 157, 166, 175
シュラーク　　139-142
シュラーク農法　　139
自由民　　63, 73, 76-78, 83
重輪犂　　17, 32
樹木性作物　　32-33, 40
小耕区　　140

召集軍　　61-64
常設耕地　　39, 69, 149
新制度派経済学　　36
死んだ垣根　　141
森林フーフェ　　46-48, 133
水路　　15, 37-38, 107, 119, 134, 144, 186, 188-190
西欧家族　　88-89

た行

大開墾時代　　6
大飢饉　　173, 180, 182, 187-188, 200-202, 215
多圃制　　40, 45, 69, 140-141, 143, 191
短期休耕　　151-152
段畑　　182, 187
チャンピオン　　14, 104, 121
長期休耕　　151-152
長地条耕地　　134, 136, 153-155, 160
直営地　　58, 77, 80, 141
ツェルゲ　　141
定住史　　41, 47-48, 64, 173-174, 178, 182
定住牧畜　　104
定住様式　　23-24, 28, 41-42, 47-48, 50, 65-66, 105, 119, 131, 133, 152, 156, 173, 177, 181, 215
泥炭採掘　　149, 186, 190, 212
デヴォン委員会　　194-197, 203-205, 209-211
テネメンタム　　29
ドイツ歴史学派　　24
特別所有　　72, 75
土地総有　　68, 79, 82
取引コスト　　36
ドルッペル　　154, 160
奴隷　　75, 77-79

な行

二分された荘園制　　58
二圃制　　13-14, 27, 29-30, 32-42, 44, 50, 86, 110, 128, 130, 145, 155
農業革命　　5-8, 18, 65, 97, 151, 169, 177, 187
農地開発　　6, 156, 178, 182, 186-190, 194, 199-200, 216
農地細分化　　29, 87, 194, 197, 200
ノーフォク農法　　116, 164-165, 169

索引 241

は行

ハイデ　7, 59, 65, 134, 136, 153, 156, 160
ハイド　57, 67, 84-87, 91
ハイランド　104, 121-122, 144
白亜　105, 108-109, 112-113
白亜丘陵地域　18, 105, 107-108, 110, 113, 116
ピアンタータ　33
ヒース　7, 105, 107, 115
ヒースランド　107, 108, 113-116
羊囲い　109-110, 113, 116
被保護民　64
フェーデ　159-160
フェンランド　128, 144
賦役荘園　58, 73, 80-81, 85
フォー　27, 161
フォールド　27, 161
不規則開放耕地制　32, 45
部族法　75-76
フーパーの法則　124-125, 136
フーフェ　7, 11-12, 57-58, 60, 64, 66, 68-70, 74, 78-84, 86-91, 132, 140-141
フーフェ制　12-15, 23, 28, 57, 60, 63-66, 68-69, 71, 74, 78-79, 81, 83-84, 87-91
フランク王国　10, 12, 24, 58-59, 73, 76-77, 79
ブランケット型泥炭地　185-186
フランドル農法　167, 169
ブレック　114, 164-165
ブロック農地　132
閉鎖コッペル　137
ヘッジ・レーイング　126, 142
ヘレディウム　10-11
ホイアーリング　155, 157, 163, 206-207
ボインデ　80
奉公人　89, 204-208, 214
放牧地　4-8, 18, 29, 37, 39, 61-62, 68-72, 78, 80, 104-105, 107, 109-110, 122, 127, 130, 134-136, 140, 142-143, 149, 153, 159, 163, 177, 182, 191-196, 198
ボーヴェイト　84, 86, 89-90
ボカージュ　14-15, 30, 37-39, 43-44, 104, 124, 128-131, 134, 144, 166
牧場的風土　2-5, 7-8
牧羊・穀作混合農法　18, 105, 107-108, 110, 113-116
牧羊コース　29, 113, 114-115, 165
ボール　67, 84

ま行

マニー　61-65
マルク　61-62, 64, 67-68, 70-76, 82-83, 135, 156
マルク共同体　65, 67, 70-76, 79-84
マルクケッター　136, 156
マルサス・モデル　200
マルシュ　15, 47, 131-138, 144, 151-152
マルシュフーフェ　46, 48, 133, 151
マルトンヌの乾燥指数　16
マン　61, 64
マンス　12, 57-58, 77-79, 84-87
マンスス　57-60, 63-67, 70, 73-74, 77, 81, 88, 91
マンス分解　84-87, 91
ミクロ開放耕地　129
ミッドランド・システム　13-14, 26-29, 35, 121
ミール共同体　68, 163, 196, 199
無輪犂　30, 32
メクレンブルク式コッペル農法　142
メクレンブルク式多圃制　143
メジュー　39-40, 129-131, 134, 141, 166
メスタ　7, 102
メリノ羊　100
メロヴィング期　10, 12, 76-77, 79

や行

焼畑　18, 45, 167-168
ヤードランド　24, 86, 90
遊牧　7, 102
有輪犂　30
ユグム　28-29
ヨーロッパ的結婚パターン　88-89

ら行

ラス　174-175
ランデール　25, 40, 68, 173-175, 177, 181-182, 194-199, 207-208, 214-217
ランリグ　25, 28, 40, 68, 174
隆起型泥炭地　185-186

レイジー・ベッド　192-193
レイ・ファーミング　169
ローランド　104, 121-122, 127, 144

わ行

割替制　40, 68, 71, 73, 79, 163, 196, 215-216

人名

あ行

アウハーゲン　Auhagen, Otto　132
アーベル　Abel, Wilhelm　87
アリソン　Allison, K. J.　164-165
アーレンツ　Arends, Friedrich　134
アンダーソン　Anderson, James　199
飯沼二郎　15-19, 32
イナマ・シュテルネック　Inama-Sternegg, Karl Theodor von　75
ヴァイツ　Waitz, Georg　66
ヴィーゼ　Wiese, Heinz　139
ヴィノグラドフ　Vinogradoff, Paul　74
ウィリアムソン　Williamson, Tom　126
ウェーバー　Weber, Max　15
ウッダム-スミス　Woodham-Smith, Cecil　201
ウーリッヒ　Uhlihg, Harald　159-161, 166
エヴァンズ　Evans, E. Estyn　174-175, 177-178, 181-182, 192-193
エンゲルス　Engels, Friedrich　74, 79
及川順　137
大塚久雄　8-15, 173, 215
オーヴァトン　Overton, Mark　29, 31, 90, 162
オグラーダ　O'Grada, Cormac　201
オドネル　O'donnell, Martina　196
オニール　O'Neill, Kevin　205
オルフセン　Olfusen　66-67, 70

か行

加用信文　17-18
カール大帝　59, 61-63, 87
キニーリー　Kinealy, Christine　201
ギールケ　Gierke, Otto　66, 74
キャンベル　Campbell, Bruce M. S.　29, 31, 90, 113
グリム　Grimm, Jacob　66-67

グレイ　Gray, Howard Levi　13-14, 26-29, 31, 33, 35-38, 86, 121, 161, 174, 215
クレンツリン　Krenzlin, Annelise　155
ケリッジ　Kerridge, Eric　36, 90, 109-110
コスミンスキー　Kosminsky, E. A.　89
ゴナー　Gonner, E. C. K.　41

さ行

サースク　Thirsk, Joan　13, 31, 36, 41, 90, 104-105, 121-122, 124
サラマン　Salaman, Redcliffe　192-193
シーボーム　Seebohm, Frederic　13, 24-27, 74, 174, 215
ジェニングズ　Jennings, Bernard　34
ジュイヤール　Jullard, E.　129
シュヴェルツ　Schwerz, J. N. v.　34, 137-138, 143
シュリューター　Schlüter, Otto　47-48
シュレーダー-レムプケ　Schröder-Lembke, Getrud　34
ジョーダン　Jordan Jr., Donald E.　196
ジョンソン　Johnson, James H.　175
水津一朗　119
スヴァルト　Swart, Friedrich　135
セー　Sée, Henri　130
セレーニ　Sereni, Emilio　32

た行

タキトゥス　Tacitus　10, 12, 24, 69, 71-72, 75-76, 79, 81, 83
ダールマン　Dahlman, Carl　36
デュビー　Duby, Georges　12, 85-86
ドッジション　Dodgshon, Robert A.　36, 162-163
ドプシュ　Dopsch Alfons　81-84
ドマンジョン　Demangeon, Albert　128, 166

索引 243

な行

ニーマイアー　Niemeier, Georg　154

は行

バーゼン　Baasen, Carl　156
バート　Bath, B. H. Slicher van　91
ハドソン　Hudson, Wiliam Henry　111
パウアー　Power, Eileen　98
ハリソン　Harrison, Giles V.　127
バーンズ　Barnes, Gerry　126
ハンセン　Hanssen Georg　65-71, 74
ヒルトン　Hilton, R. H.　34, 86, 109
フィッティントン　Whittington, G.　39, 161-162
フィーラン　Whelan, Kevin　178-182
フォックス　Fox, Harold　13, 34
フーパー　Hooper, Max　124-126, 136
フュステル・ド・クーランジュ　Fustel de Couranges, Numa Denis　74-79, 81, 84, 87
ブリュネ　Brunet, Pierre　33, 42, 50-51
フルフュルスト　Verhulst, Adruian　12, 58, 63, 88
ブロック　Bloch, Marc　12, 14, 29-32, 35, 37-38, 84-87, 128-129, 165
ブローデル　Braudel, Fernabd　7
ヘイ　Hey, David　127
ヘイナル　Hajnal, J.　89
ヘニング　Henning, Friedrich-Wilhelm　87
ベロウ　Below, Georg von　74
ボウドン　Bowden, Peter J.　100
ポスタン　Postan, M. M.　89
ポストゲイト　Postgate, M. R.　164
ホップクロフト　Hopcroft, Rosemary L.　36
ホフマン　Hoffmann, Richard C.　48-49
ホーマンズ　Homans, George Caspar　14, 34, 36, 90, 104, 121-122, 124

ま行

マイツェン　Meitzen, August　12, 23-28, 31, 37-38, 47-48, 66, 74, 152, 161, 174

マウラー　Maurer, Georg Ludwig von　12, 24, 58, 66, 70-79, 81, 83-84, 87
マーガー　Mager, Friedrich　143
マキー　Mac Aodha, Breandan S.　175
マクファーレン　Macfarlane, Alan　91
マクロスキー　McCloskey, Donald N.　36
マコート　McCourt, Desmond　175, 177, 191
松尾太郎　173, 216
マルクス　Marx, Karl　8-10, 74, 79, 216
マルティニー　Martiny, Rudolf　135, 152-153, 155-156
マルホール　Mulhall, Michal G.　100
ミッテラウアー　Mitterauer, Michael　12, 87-91
ミュラー−ヴィレ　Müller-Wille, Wilhelm　134, 136, 153-155, 159-160
メーザー　Möser, Justus　57-66, 69-70, 73-74, 77, 152
メニエ　Meynier, Andre　129-130
モキア　Mokyr, Joel　200-201

や行

ヤング　Young, Arthur　110-111, 115, 131, 177, 179-181, 188, 191, 194, 197, 206, 208

ら行

ラスレット　Laslett, Peter　88-89
ラッカム　Rackham, Oliver　112, 122-124, 144
ランダウ　Landau, Georg　66
ランプレヒト　Lamprecht, Karl　40, 79-82, 84, 87, 216
リスト　List, Friedrich　87
リーペンハウゼン　Riepenhausen, Hans　26, 156-157, 159, 163
リュトゲ　Lütge, Friedrich　12, 83
レーゼナー　Rösener, Werner　12, 34, 87-88

わ行

ワーディ　Wordie, R.　110
和辻哲郎　1-8, 16-17, 19

【著者略歴】

藤田幸一郎（ふじた・こういちろう）

　1944年生まれ
　1977年　東京大学大学院経済学研究科修了　博士（経済学）
　現在　一橋大学名誉教授
　主著　『近代ドイツ農村社会経済史』（未来社、1984年）
　　　　『都市と市民社会』（青木書店、1988年）
　　　　『手工業の名誉と遍歴職人』（未来社、1994年）
　訳書　ヴェルナー・レーゼナー著『農民のヨーロッパ』（平凡社、1995年）

ヨーロッパ農村景観論

2014年10月15日　第1刷発行	定価（本体4800円＋税）

　　　　　　著　者　　藤　田　幸　一　郎
　　　　　　発行者　　栗　原　哲　也
　　　　　　発行所　株式会社　日本経済評論社
　　　　〒101-0051　東京都千代田区神田神保町3-2
　　　　　電話　03-3230-1661　FAX　03-3265-2993
　　　　　　　　　info8188@nikkeihyo.co.jp
　　　　　　　URL：http://www.nikkeihyo.co.jp
装幀＊渡辺美知子　　　　印刷＊文昇堂・製本＊高地製本所

乱丁・落丁本はお取替えいたします。　　　　Printed in Japan
Ⓒ Fujita Kouichirou 2014　　　　ISBN978-4-8188-2352-5

・本書の複製権・翻訳権・上映権・譲渡権・公衆送信権（送信可能化権を含む）は、㈱日本経済評論社が保有します。

・ JCOPY 〈㈳出版者著作権管理機構　委託出版物〉
　本書の無断複写は著作権法上での例外を除き禁じられています。複写される場合は、そのつど事前に、㈳出版者著作権管理機構（電話03-3513-6969、FAX03-3513-6979、e-mail: info@jcopy.or.jp）の許諾を得てください。

永山のどか著
ドイツ住宅問題の社会経済史的研究
―福祉国家と非営利住宅建設―

A5判　六〇〇〇円

1920年代に非営利住宅建設がドイツで最も効果的になされたゾーリンゲン市をとりあげ、福祉国家成立と都市社会との関係を描く。

森宜人著
ドイツ近代都市社会経済史

A5判　五六〇〇円

世界の「模範」となったドイツの都市。電力がもたらしたダイナミズムを軸に、都市の近代化の歩みを実証的に解明する。

柳澤治著
ナチスドイツと資本主義
―日本のモデルへ―

A5判　六五〇〇円

ヒトラー・第三帝国と資本主義、戦争準備・総力戦体制と企業のナチス的組織化との関連を解明し、このドイツ的官民協働方式がいかに日本の戦時経済機構へ受容されたかを描く。

平井進著
近代ドイツの農村社会と下層民

A5判　五六〇〇円

ドイツにおける地域自治の歴史を紐解く上で外せない問題のひとつに、農村下層民の問題がある。本書は17世紀末から19世紀中頃の地域の自律性の一側面に、下層民に対する定住管理問題という観点から接近する試みである。

ハルトムート・ケルブレ著／永岑三千輝監訳
冷戦と福祉国家
―ヨーロッパ1945～89年―

A5判　三五〇〇円

「多様性の中の統一」・自由と民主主義の理念の下、統合の拡大深化を実現してきた今日の到達点から、欧州をグローバルな諸関係の中に位置づけ、政治、社会、文化、経済の歴史を俯瞰した入門書。

（価格は税抜）

日本経済評論社